全国环境保护优秀培训教材（JG 2016—01—005）
21 世纪环境类专业新编数字融合系列教材

环境信息技术与统计分析

（第 3 版）

主　编　杨　婵　胡振华
副主编　董敏慧　陈志颖

内容提要

本书系统地介绍了数据整理、概率论基础、环境统计检验、方差分析、相关与回归分析、污染物核算、数据整理与修约的理论方法等内容，并结合教材理论基础与行业应用实例，依托 Excel 的统计工具以及 Python 语言，详细介绍了统计分析的计算机辅助运算。

本书可作为高职高专及职业本科院校环境类专业的教材，也可供从事环境保护工作的各类技术人员参考。

图书在版编目(CIP)数据

环境信息技术与统计分析/杨婵，胡振华主编. —3 版. —武汉：武汉理工大学出版社，2023.12(2024.8 重印)

ISBN 978-7-5629-6930-3

Ⅰ. ①环… Ⅱ. ①杨… ②胡… Ⅲ. ①环境信息-信息技术 ②环境统计学 Ⅳ. ①X32 ②X11

中国国家版本馆 CIP 数据核字(2023)第 240536 号

项目负责人：彭佳佳　陈军东　徐　扬

责任编辑：彭佳佳

责任校对：陈　硕

排版设计：芳华时代

出版发行：武汉理工大学出版社

地　　址：武汉市洪山区珞狮路 122 号

邮　　编：430070

网　　址：http://www.wutp.com.cn

经　　销：各地新华书店

印　　刷：武汉市洪林印务有限公司

开　　本：787×1092　1/16

印　　张：13.75

字　　数：350 千字

版　　次：2023 年 12 月第 3 版

印　　次：2024 年 8 月第 2 次印刷

定　　价：49.00 元

凡购本书，如有缺页、倒页、脱页等印装质量问题，请向出版社发行部调换。

本社购书热线：027-87391631　87664138　87523148

出版说明

早在2002年我社就组织了全国十多所院校参与编写本套教材，时任教育部高等学校环境工程专业教学指导委员会秘书长、清华大学张晓健教授担任系列教材编审委员会名誉主任。全套教材各门课程的教学大纲、具体内容均由教学指导委员会审订，并将此系列教材确定为教学指导委员会向全国推荐的重点教材。

本套系列教材正式出版后，已被众多学校选用，同时也得到了广大师生的一致好评。其中有6种教材被列为普通高等教育“十一五”国家级规划教材，它们是《大气污染控制工程》《环境工程微生物学》《环境工程基础》《噪声控制工程》《环境监测》《水污染控制工程》；在2014年推出的新1版中，《环境监测》《环境信息技术与统计分析》《环境影响评价》《噪声控制技术》被列为第一批全国环境保护优秀培训教材；还有多种教材荣获教育部全国高等学校优秀教材奖或优秀畅销书奖。这充分说明了教材编审委员会关于教材的定位、内容、结构和编写宗旨是符合专业教学需要和专业建设需要的。

随着时代的发展、科技的进步、教学的改革和知识的更新，该系列教材部分内容也渐渐变得陈旧，亟待再次修订。于是我社自2023年开始重新进行大规模调研，并整合相关资源后，组织相关院校的一些知名教授、教学名师，重新根据当前高等院校的最新教学改革要求，参考国家最新标准进行了一次较大的、全面的修订。

此次修订工作中，我们扎实推动党的二十大精神进教材，发挥课程思政在人才培养过程中的引领作用，注重思政要素在教材中的编排与体现。在技术方面，我们积极引用数字融合出版的各类新技术，使教材在课堂教学活动中以更丰富更生动的方式进行知识内容的迁移与转化。此外我们还依据最新教学模式和教学方法，突出案例教学，牢牢把握住理论够用、实践为重的原则，并吸收近年来国内外环境治理工程的最新技术、最新方法，更加强调依据培养目标培养一线从事生产、服务和管理的应用型、技能型人才。

我们将切实做好为教学服务、为科研事业服务的工作，加强与行业的联系，使系列教材能及时地反映国家环保政策的变化、学术界最新的理论成果、行业应用的新设备及工艺流程，以达到提高专业人才培养质量的目的。

我们诚挚地希望使用本教材的师生对教材提出批评和建议，以便我们不断修订、改善、精益求精！

武汉理工大学出版社

2023年5月

第 3 版前言

《环境信息技术与统计分析》出版以后，于 2016 年被中华人民共和国环境保护部评选为“全国环境保护优秀培训教材”（证书编号：JC2016—01—005）。众多选用该书的院校给予了较高的评价，但同时也提出了不少意见：对于多数环境类专业而言，Python 语言的统计分析使用频率并不高；课后习题偏少，学生无法通过足够的练习及时巩固课程知识点；仅通过阅读文字教材，部分学生仍然不会使用 Excel 进行统计运算。故而，此次再版本书针对上述问题对内容进行了调整，对部分欠妥乃至错误的地方进行了修订，删除了纸质教材中 Python 语言的数据分析，将其修改为电子版的扩展资料；各章节增加了配套的在线练习题与教学课件等电子资源；第 8 章还增加了计算机辅助运算操作视频。

此次修订，对参编人员做了调整。第 1 章由杨婵、胡振华编写，第 2 章、第 3 章由唐璐、陈志颖编写，第 4 章由刘琼编写，第 5 章、第 8 章由杨婵编写，第 6 章、第 7 章由董敏慧编写，第 9 章（Python 语言的数据分析电子资源）由杨茜编写，第 8 章计算机辅助运算操作视频由杨婵制作。本书由杨婵、胡振华担任主编，由董敏慧、陈志颖担任副主编，全书由杨婵统稿。

本书在编写、修订中还参考了不少专家的著作与技术成果，在此表示诚挚的谢意。

鉴于编者能力水平所限，书中的不完善之处在所难免，敬请各位专家与读者批评指正。

编　者

2023 年 12 月 1 日

第2版前言

《环境信息技术与统计分析》出版以来，经过几年的教学实践，我们发现书中还存在不足之处，同时行业的发展也对教材内容提出了新的要求。

在延续第1版简化统计运算、注重应用的基础上，为了适应行业发展、保证课程教学的系统性与实用性，修订了如下内容：删除了环境统计制度与环境生态统计等内容；增加了方差分析的理论介绍和可疑值剔除等内容；调整了污染物核算的相关知识；将原有的Microsoft Office Excel 2003统计运算界面调整为Microsoft Office Excel 2010界面；增加了Python语言的数据分析。

本书第1章、第2章由广东环境保护工程职业学院胡振华、河南水利与环境职业学院唐璐编写，第3章由胡振华与资阳环境科技职业学院黄相玲编写，第4章由长沙环境保护职业技术学院刘琼编写，第5章由昆明冶金高等专科学校魏蓉老师编写，第6章、第8章由长沙环境保护职业技术学院杨婵编写，第7章由湖南省环境保护科学研究院李瑾工程师编写，第9章由长沙环境保护职业技术学院杨茜老师编写。京东集团成都分公司技术与数据中心的田野工程师对本书第9章内容进行了审核与修订，全书由杨婵老师统稿。

本书在编写过程得到了诸多老师的支持与帮助，也参考了不少专家的著作与技术成果，在此谨向所有同行表示谢意。

因编者能力与水平所限，书中疏漏之处在所难免，敬请各位专家学者批评指正。

编　者

2021年5月

目　　录

1 绪论

本章提要

环境统计的研究对象是环境，主要研究内容包括统计的基本理论与方法、环境污染与防治统计、自然资源利用与保护统计、环境管理统计、环保系统建设统计等。统计工作包括四个步骤，即全过程设计、搜集资料、整理资料和分析资料。这四个步骤存在着密切的内在联系，是不可分割的，任何步骤的缺陷都会影响统计分析结果。

统计整理是原始资料系统化、条理化的全部过程，包括原始资料的检查、统计分组、统计汇总三个环节。频数分布、统计表与统计图是统计数据的主要显示方式，也是统计分析的重要手段。

平均数是由多个标志值组成的变量数列的代表值，反映了总体中各单位标志值分布的集中趋势，它是频数分布的重要特征值。统计中常用的平均数有算术平均数(均值)、调和平均数、几何平均数等，其中算术平均数最能反映正态分布资料变量值的集中趋势；几何平均数常用来反映等比级数资料和对数正态分布资料的集中趋势。

中位数常用于描述偏态分布资料的集中趋势。

离散趋势是指总体各单位标志值差异的过程或样本观察值之间参差不齐的程度，即离散度。常用的离散度指标有极差、方差、标准差和变异系数等，其中方差和标准差是重要的离散度指标，在统计学上应用十分广泛。

集中趋势和离散趋势是反映现象数量分布规律性的两个方面，它们既对立又统一。

环境统计是环境保护的基础性工作，通过对环境数据与资料的准确分析，可以为环境保护工作的科学决策提供依据。环境统计属于经济统计的范畴，一方面包括传统统计学的内容，另一方面包含对污染物实物量的核算。在统计学方法基础上为环境保护工作提供准确的环境数据、准确核定污染物的产排量是环境统计工作的重点任务。

本章将介绍环境统计工作的范围与内容、统计数据整理与公布的基本原则与方法，同时讲解常见的统计参数，如表征统计数据集中趋势的平均值，表征统计数据离散情况的标准差、方差、变异系数，为后续章节的学习奠定基础。

1.1 概　　述

1.1.1 环境统计的概念

环境统计是指用数字反映并计量人类活动引起的环境变化和环境变化对人类影响的过程。环境统计包含环境统计工作、环境统计资料和环境统计学三方面的内容。

环境统计工作是指为取得和提供统计资料而进行的各项工作。它的全部内容和过程包括：环境统计设计、环境统计调查、环境统计整理和环境统计分析等几个方面。

环境统计资料是环境统计工作的成果，包括两个方面的内容：一是统计数字资料，它反映社会经济现象，人对自然环境的利用、改造，污染的规模、水平，发展速度和比例关系；二是统计分析报告，它反映社会经济发展与环境保护的相互关系及其发展变化的原因和规律。

环境统计学是利用统计学理论研究和阐述环境统计工作规律和方法的科学，是统计学在环境保护工作中实践经验的理论概括，它可以指导环境统计工作，保障环境统计工作提供准确的统计资料。因此，环境统计学与环境统计工作的关系是理论与实践的关系。

环境统计虽不直接研究社会经济现象本身，但环境问题的实质是经济问题，它与社会经济现象密切相关。因此，它仍属于社会经济范畴，并与其他社会经济统计有着密切联系。

1.1.2 环境统计的研究范围与工作任务

1.1.2.1 环境统计的研究范围

环境统计的研究范围涉及人类赖以生产和生活的全部条件，包括影响生态系统平衡的各个因素及变化所带来的后果。目前我国环境统计的范围大致包括以下几个方面：

(1)自然资源统计：反映土壤、森林、草原、水、海洋、气候、矿产、能源、旅游及自然保护区的实有数量、利用程度、保护情况。

(2)生态环境保护统计：反映土地、植被、水域生态、海洋生态和濒危物种等的利用、破坏与建设情况。

(3)区域环境质量统计：反映区域环境质量现状，如区域水环境、大气环境、土壤环境、声环境质量现状。目前多数城市都有固定的在线监测点，可在生态环境保护行政主管部门的官方网站上查阅公布的实时数据。

(4)污染物排放统计：主要工作是准确核定区域或排污企业污染物产生、治理、排放量。准确核算企业污染物产生、排放量是建设项目环境影响评价、排污许可证申报登记、企业排污税申报的基础工作;区域污染物排放现状核定亦是区域规划与政府宏观决策的基础。

(5)环境保护工作统计:主要统计环境法规标准建设、行政管理制度的实施、环境经济手段的利用、宣传教育和科技措施等方面管理工作的实施情况,可反映环保系统的机构、人员、房屋和仪器装备的现有规模和水平。

环境统计的范围不是一成不变的,随着环境保护工作和环境科学的发展,环境统计的范围也会随之改变。计算机技术与大数据技术的发展也会给环境统计工作提供新的发展方向与工作领域。环境统计分析软件开发、环境数据可视化快捷处理、大数据分析环境现状将会是环境统计分析工作的研究发展趋势。

1.1.2.2 环境统计的工作任务

环境统计作为我国国民经济和社会发展统计的重要组成部分,在环境保护行政主管部门有专门的环境统计机构,其具体工作任务如下:

(1)向各级政府及其环保部门提供全国和各地区的环境污染和防治、生态破坏与恢复,以及环境保护事业发展的统计资料,客观地反映环境和环保事业发展变化的现状和趋势,为环境决策和管理提供科学依据。

(2)不断及时、准确地提供反馈信息,检查和监督环境保护计划的执行情况,并及时发现新情况、新问题,以利于及时调整计划和采取对策。

(3)运用环境统计手段对各级政府及其环境保护部门进行环境保护工作方面的评价和考核,如城市环境综合整治定量考核,从而促进环境、经济、社会的协调发展。

(4)依法公布国家和地方的环境状况公报和环境统计公报,提供环境统计资料,提高环境保护的透明度和全民的环境保护意识。我国省级以上政府每年世界环境日都会发布环境公报,向公众和社会各界公布上一年的环境保护工作、环境质量和排污情况。

(5)系统地积累历年的环境统计资料,包括综合统计资料、专业统计资料和部门统计资料,并根据信息需求进行深度开发和分析,为环境决策和管理提供优质的环境统计信息咨询服务。

作为国民经济统计的重要组成部分,环境统计工作为区域规划和发展战略提供了重要的基础资料。

1.2 环境统计资料的收集与整理公布

1.2.1 环境统计资料的类型

环境统计资料是指可以推导出某项论断的数字或事实,是环境统计分析、推断和预测的基础。环境统计资料可以分为计量资料、计数资料、等级资料。

(1)计量资料

计量资料是指对每个观察单位用定量方法测定获得的标志值。计量资料通常有单位,一般为连续型的资料,如某交通干道的噪声监测值为 74 dB(单位:dB),某排污口的二氧化硫排放浓度为 60 mg/m^3(单位:mg/m^3),某个人的体重为 50 kg(单位:kg)。其大小具有一定的意义,如地表水中溶解氧浓度越大表示地表水水质越好,废气排放口二氧化硫浓度超过标准即为超标。计量资料也称为数值型数据。

(2)计数资料

计数资料是指对观察对象性质或类别进行清点,获得的观察对象的个数或序号。如某地区二氧化硫排放单位为 345 家。计数资料通常没有计量单位,通常没有小数,属于离散资料。

(3)等级资料

等级资料是根据某种分类规则对观察对象进行分组,各组观察单位的资料即为等级资料。如根据各项水质指标的优劣情况可将地表水水质分为Ⅰ、Ⅱ、Ⅲ、Ⅳ、Ⅴ类。虽然每个观察值没有确切的量,但是分组有程度差异,因此等级数据也称为半计数数据。等级数据不能计算平均数。

1.2.2 环境统计资料的收集与整理

1.2.2.1 环境统计资料的收集

环境统计调查是根据统计研究目的和任务,运用各种科学的调查形式和方法,有计划、有组织地收集反映总体单位特征的原始资料的过程,它是收集环境统计资料的基础工作。我国已经形成完善的环境统计制度,环境统计资料的收集已经有一套规范化的程序与质量管理体系,本教材就不再赘述,读者可以查阅相关法规标准扩展学习。

通常来讲环境统计资料收集的方法主要包括如下四种:

(1)观察法:观察法即调查人员对调查对象进行观察、点数获得统计资料。如排污口的数量、位置等,排放废水的颜色等。直接观察法可直观地调查出部分环境信息。

(2)采访法:调查人员通过问卷、走访、口头询问等方式收集调查对象的统计资料,即为采访法。如环境保护意识的调查、企业运行实况的调查等。

(3)监测法:不少环境资料需要通过一定的技术手段才能获取,如排放废水或废气中污染物的浓度、交通主干道噪声值等。监测法有相应的监测规范标准,通过标准化监测获得的数据才有意义。

(4)证据推导法:根据调查对象的基础资料,推导出其他的需要调查的信息。如通过企业用水量根据排水系数推导出排水量,根据企业的原材料使用量或产品生产量,通过产排污系数推导出企业的污染物产生量。

1.2.2.2 环境统计资料的整理

环境统计原始资料是分散零乱的,要从中获得有用信息,为环境保护工作提供依据,还需要对原始数据进行检查、审核、整理,使之系统化、合理化,以便于分析。这个过程就称为环境统计资料的整理,大致包括检查、分组、汇总三个环节。

(1)检查

环境统计资料的检查是对原始资料的准确性进行审核的过程，确保原始资料及时、准确、完整。主要检查数据的统计口径是否一致、计算方法是否正确、计量单位是否符合要求等，包括逻辑性审核与计算审核。

逻辑性审核是根据调查项目的含义和项目之间的内在联系，判断数据是否合理。例如，同一个水样中 COD 的浓度应该大于 BOD_5 的浓度；某企业同一个时期总氮排放量应该大于氨氮排放量等。

计算审核是审核统计资料中关于数字资料的计算是否正确的过程。在环境统计资料中，污染物排放量、污染物去除效率都会涉及计算。

(2)分组

统计资料分组是根据不同的类别把统计资料划分为若干个部分或类别。分组的目的是按照不同的标志，把统计研究对象的本质特征正确地反映出来，通过分析各组差异与组内同质性，分析统计资料提供的信息，为环境保护工作提供依据。

(3)汇总

汇总是根据一定的管理层次，对区域数据或分组后的某组数据进行汇总的过程。汇总可以从总体上判断环境统计资料的情况，如某辖区 COD 排放总量、某行业二氧化硫产生量、某辖区污水处理投资总费用等。现有的环境统计软件均有汇总的功能。

1.2.3 频数表与频数图

1.2.3.1 频数分布的概念

在统计分组的基础上，将各观察单位按组归类整理，并按一定顺序排列，标出各组单位数，形成观察单位在各组分的分布，称为频数分布。频数分布情况可用频数分布表、频数分布图表示。频数分布表简称频数表，亦称频数分布数列或分配数列。

频数分布有两个构成要素：一是品质标志的各种具体表现或数量标志（变量值）所形成的组。二是与各组相对应的观察单位数，即次数或频数；或各组单位数占总体单位总数比重，即频率，可用百分数表示，也可以用小数表示。

编制频数分布表，绘制频数分布图，是统计整理结果的一种重要形式，也是统计分析中经常采用的一种重要方法。用它可以研究总体单位在某一标志上的分布特征和结构变化，研究分组标志的平均水平和变异规律。

频数分布中的分组标志可以是品质标志，也可以是数量标志。按品质标志分组后形成的频数分布数列称为品质分布数列，简称品质数列，如表 1.1 所示。

表 1.1 某年全国环保信访情况

来信原因	来信数(封)	比率(%)
水污染	12560	22.5
大气污染	20481	36.7
固体废物污染	1461	2.6

续表 1.1

来信原因	来信数(封)	比率(%)
噪声污染	16845	30.2
其他污染	4428	8.0
合计	55775	100.0

按数量标志分组形成的频数分布数列称为变量分布数列，简称变量数列，如表 1.2 所示。

表 1.2　某个山区 78 个县小流域治理试点分布

试点数(个)	县数(个)	比率(%)
1	9	11.6
2	18	23.1
3	27	34.6
4	14	17.9
5	10	12.8
合计	78	100.0

1.2.3.2　频数分布表的编制

编制频数分布表，首先应根据研究目的选择最适宜的分组标志。选用品质标志分组来编制频数分布表比较简单，只需要将所选标志的各种具体表现罗列出来，然后计数与具体表现相对应的观察单位数，计算各组单位数占总单位数的比重，即可编制出频数分布表。

选用数量标志分组，当变量的变动范围很小或变量值的个数较少时，可采用单个变量值分组。采用单个变量值分组得到的频数分布数列称为单项变量分布数列或简称单项数列，其编制方法十分简单(表 1.2)。

如果变量值的变动范围大，采用单个变量值分组后得到的组数很多，难以反映现象的分布规律，则应该采用组距分组，即用表示一定变动范围或距离的两个变量进行分组。用这种方法编制的频数分布表称为组距变量分布数列，简称组距数列。采用组距分组时，由于决定事物性质的数量界限会因人的主观认识不同而不同，所以会对同一资料得到不同的频数分布数列。频数表(图)编制步骤如下：

(1)计算全距(极差)

观察值中最大值“$x_{\max}$”与最小值“$x_{\min}$”之差称为全距或极差，常用 R 表示，如式(1.1)。

$$R = x_{\max} - x_{\min} \tag{1.1}$$

(2)组数

频数表分组多少与极差大小、观察值(变量值)多少有关，极差大或观察值数据量较多，分组可以多一些。在统计学上分组的方法见式(1.2)。

$$K = \sqrt{n} \tag{1.2}$$

式中　K —— 组数；

n—— 观察值(变量值)数。

在实际工作中,分组组数由数据的多少而定,要求以说明资料的规律性为准。表 1.3 给出的是经验分组组数表,可供参考。

表 1.3 经验分组组数表

数据个数(个)	组数(组)
<50	5～6
50～100	6～10
100～250	7～12
250	10～30

考虑组数时,通常使每组平均至少排 5 个数据。常见的分组范围为 8～15 组,组数过多,编制过程和计算较繁,组数过少,计算误差大。

(3)确定组距与组限

用两个变量值组成的一个区间作为一个组时,该组的较小变量值叫下限,较大变量值叫上限,下限与上限之差叫组距。组距即组与组之间的间隔,常用 i 表示,它取决于极差与组数之比,见式(1.3)。

$$i=\frac{R}{K}=\frac{x_{\max}-x_{\min}}{K} \tag{1.3}$$

式中 R —— 极差;

K —— 组数;

$x_{\max}$—— 最大值;

$x_{\min}$—— 最小值。

如果每个组的组距相等,叫等距分组;若各个组的组距不完全相等,叫异距分组。通常采用等距分组,以便于分析总体的内部结构。有时也可以根据研究目的和资料的特殊性采用异距分组。在等距分组时,根据组数和全距确定组距。

组限是相邻两组的界限。变量的性质不同,组限的确定方法也不同。对于离散型变量,相邻组的组限相连但不重叠,即相邻组的上下限不等,称为异限分组。对于连续型变量,相邻组的组限必须重叠,即用同一值表示相邻的上下限,称为同限分组。同限分组时,如果遇到某变量值恰好等于相邻组的组限时,按例行规定将这个变量值划入下限所在一组,称之为"上限不在内"原则。

划分组段时,要求第一组的下限略小于或等于最小变量值,最后一组的上限要略大于或等于最大变量值。如果资料中存在极小值或极大值,往往在首、末组采用某数值"以下"、某数值"以上"的不确定组限形式。这种形式叫作"开口组",而组的上下限都齐全的称为"闭口组"。

(4)计算组中值

采用组距式分组时,为体现数据的分布情况,因此常用组中值表示每个分组的特征(即数据的集中趋势),通常一般均假设同组各变量为均匀分配,在此假定下,用组中值作为该组的变量代表值。每一个组的中点称为组中值(M_e),其计算公式见式(1.4)。

$$M_e = \frac{x_2 - x_1}{2} \tag{1.4}$$

开口组的组中值的确定，一般是以相邻组的组距为开口组的组距，则其组中值为相邻组的组中值加(或减)相邻的组距。

(5)变量数列的表达方式

各分组包含的观察值(变量值)数量，称为变量数列各组的次数或频数。各组的频数反映了各组变量对现象标志水平的作用程度，频数愈大，则该组变量对总体标志的作用也愈大。

为了更明确地说明各组变量对总体的作用程度，引入频率概念。

$$频率 = \frac{f}{\sum f} \tag{1.5}$$

式中　f—— 每组频数；

$\sum f$ —— 总体单位频数。

(6)绘制频数图

频数图是以横坐标为变量，纵坐标为频数或频率绘制的统计图，现有的统计软件均能实现频数图的绘制。

除了用统计图表示频数或频率外，还可以使用统计表。统计表指用表格表示统计分组的各组序号、组界、频数、累计频数、频率、累计频率。图示有直方图、折线图、曲线图。下面就以例 1.1 为基础讲解频数表的编制。

例 1.1　某地点环境噪声值(dB)，见表 1.4，请根据监测数据编制该地点噪声值频数表，绘制频数图。

表 1.4　某地点环境噪声测量值(dB)

64	73	67	71	67	71	68	70	68	70
59	63	68	70	66	73	71	87	76	74
58	84	63	76	66	74	68	73	70	71
58	82	75	63	74	66	73	69	68	71
80	57	62	75	66	74	68	72	69	71
81	75	74	72	71	69	67	65	62	56
79	73	75	70	72	67	69	62	65	56
55	61	64	67	69	72	70	75	73	79
78	54	74	60	73	64	72	67	70	68
52	78	51	77	60	74	59	74	64	73

解：第一步，确定最大值和最小值计算全距

$$R = x_{max} - x_{min} = 87 - 51 = 36$$

第二步，定组数、组距和组限

观察值个数为 100 个，本例选择组数 $K=9$，组距 $i=36/9=4$，第一组的下限为 51，各组组限如表 1.5 所示。

第三步，列表画记，编制频数分布表。

列表画记见表 1.5，用计“正”字的方法给各组观察值数量计数，为后续制作频数表和频数图打好基础，画记部分是频数图的草稿环节。

表 1.5　某地点环境噪声测量值画记整理表

噪声测量值(dB)	画记	频数 f
51～55	下	3
55～59	正一	6
59～63	正下	8
63～67	正正下	13
67～71	正正正正正	25
71～75	正正正正正下	28
75～79	正正	10
79～83	正	5
83～87	丅	2
合计		100

画记完成后，清点各组内变量值个数即得各组频数 f，合计各组频数为总频数 $\sum f$，根据画记结果编制频数表，必要时还可计算出各组频率 $\frac{f}{\sum f}$，有时还需要计算累计频数和累计频率，如表 1.6 所示。

表 1.6　某地点环境噪声测量值的分布

噪声值(dB)	频数 f	频率(%)	累计频数	累计频率(%)
51～55	3	3	3	3
55～59	6	6	9	9
59～63	8	8	17	17
63～67	13	13	30	30
67～71	25	25	55	55
71～75	28	28	83	83
75～79	10	10	93	93
79～83	5	5	98	98
83～87	2	2	100	100
合计	100	100	—	—

1.2.3.3　频数图绘制

为了更直观地了解频数分布情况，通常在编制频数分布表的基础上，绘制频数分布图，频数图横坐标为分组，纵坐标为频数或频率，常见的频数图形式有直方图和折线图，如图 1.1(a)及(b)所示。

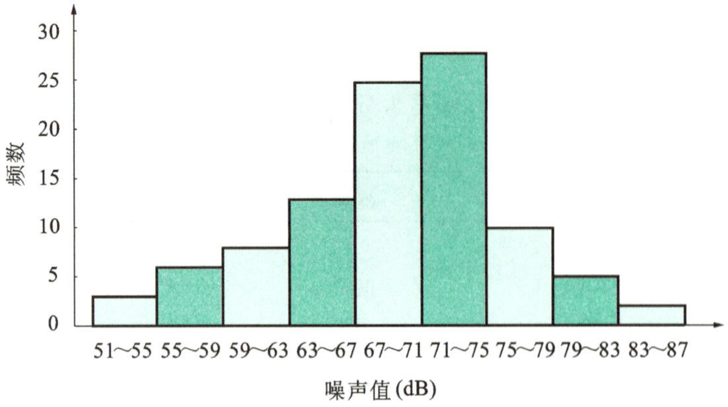

(a)

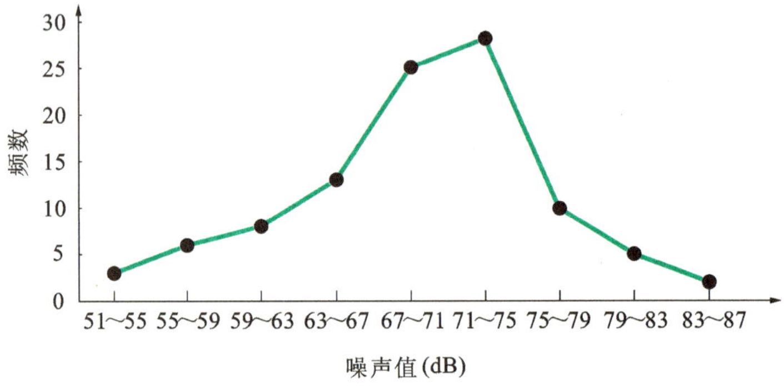

(b)

图 1.1　频数图类型

(a)直方图;(b)折线图

1.2.4　统计表与统计图

统计表和统计图是公布数据与分析数据的重要形式。统计图与统计表能避免冗长的文字叙述,使得数据系统化、条理化,便于理解与分析。设计合理的统计图与统计表能起到画龙点睛的作用,帮助读者了解枯燥复杂的数据。

1.2.4.1　统计表

(1)统计表的结构

经过统计汇总,计算出总体的单位数和系列的标志总量资料,把这些资料用表格形式表现出来,这种表格叫作统计表,广义上任何用以反映统计资料的表格都称为统计表。统计表和统计图是系统地表述数字资料的基本形式。

统计表能够系统地组织和安排大量统计数字资料,使统计资料的表现显得紧凑、鲜明,给人以完整简明、一目了然的印象,同时又便于资料的比较。

从形式上看,统计表是由纵横交叉的线条绘制的表格。统计表的结构如表 1.7 所示,统计表的结构由横行、总栏、标题和数字资料四部分组成。总标题是表的名称,放在统计表上端中央,它用来简要说明表的内容。横栏标题是横行的名称,在统计表左方纵向排列，表明表中各横行的内容；纵栏标题在统计表上方横向排列，表明表中纵栏的内容。数字资料填写在各横行标题和纵栏标题的交叉处。统计表中任何一个数字的内容由它对应的横行标题和纵栏标题说明。

例 1.2 某省某年部分重点污染企业废水排放的情况，如表 1.7 所示。

表 1.7 废水排放情况统计表

		企业数(个)	工业总产值(亿元)	废水排放量(亿 t)
横行标题	冶金	15	59.5	1.48
	化工	34	30.7	1.33
	机械	17	11.1	0.21
	矿业	15	17.8	1.49
	合计	81	119.1	4.51

主词栏　　宾词栏

从内容上看，统计表由主词和宾词两部分组成。主词是统计表要说明的总体、总体的分组、各个单位名称或各个时期。宾词是用以说明主词的各个指标的名称。主词一般位于列表的左方，宾词位于列表的右方，当宾词栏目太多，表过长时，也可将宾词与主词变换一下位置排列。

(2)统计表的种类

①统计表的种类可根据主词的结构、是否分组和分组的程序，分为简单表、分组表和复合表三种。

a. 简单表：简单表是主词未分组的统计表。例如，主词由主体的各个单位名称排列组成的一览表，主词由国家、地区、城市等名称排列组成的地域目录表，主词由时间顺序排列组成的编年表等都属于简单表。表 1.8 就是简单表。

表 1.8 某年某市企业废水排放达标统计表

企业名称	外排废水量 (10^4 t/a)	达标排水量 (10^4 t/a)	达标率(%)
甲企业	520	460	88.5
乙企业	167	126	75.4
丙企业	44	26	59.1
…	…	…	…
合计	1952	1273	65.2

b. 分组表：分组表是主词按某一标志分组后形成的统计表。利用分组表可显示不同类型、不同特征研究总体的内部构成，如表 1.9 所示。

表 1.9 某年某省重点企业废水排放量统计表

按行业分组	企业数(个)	工业总产值(亿元)	废水排放量(亿 t)
矿业	15	33.4	1.85
化工	34	57.7	1.76
冶金	15	28.5	3.12
…	…	…	…

c.复合表:复合表是主词按两个或两个以上标志进行综合分组的统计表。复合表能把更多的标志结合起来,更深入地分析社会经济现象的规律性,如表1.10所示。

表1.10　某年某省工业企业数统计表

企业分组	企业数(个)
企业总数	33596
全民所有制企业	6262
其中:中央企业	387
地方企业	5875
集体所有制企业	27334
其中:城(镇)街道工业	7428
乡镇工业	19906

②统计表还可以按用途分类,分成调查表、整理表和分析表。

a.调查表:调查表是统计调查中用于登记原始资料的表格,调查表根据调查单位的多少又分单一表和一览表。

b.整理表:整理表是在统计整理过程中用的表格,表中数字是经过汇总的总量指标。整理表也称汇总表或综合表。

c.分析表:分析表是在统计分析中,用于整理所得到的统计资料,进行统计分析的表格。表中数字既有总量指标,又有在总量指标基础上计算出来的相对指标和平均指标。

1.2.4.2　统计图

统计图是利用线条高低、图块大小或颜色差异来表示数据特征的图形。

(1)统计图绘制基本要求

统计图的绘制没有统一标准,但前提是能正确、直观地表达数据,统计图应该满足如下要求:

①根据统计资料的性质和分析目的,选择适当的图形。

②要有标题,且标题能简明扼要地说明资料的内容,必要时注明时间、地点,一般写在图下面中间的位置。

③横纵两轴要有坐标标题与单位。

④纵轴尺度自下而上,横轴尺度自左而右,数量一律由小到大,并需用等距标明。

⑤图线应粗细适当,绘制时定点要准确,比较不同的事物要用不同的线条(实线、虚线、点线)或颜色表示,并附图例说明。图例一般放在图内右上角空隙处或图外适当位置。

⑥图形绘制要准确、美观,给人以清晰印象。要注意纵横轴比例,一般以3∶4～1∶2之间为宜,过大或过小易造成错觉。统一资料若按不同比例绘制,给人的印象也会不同。

(2)常用统计图

①条形图

条形图是用宽度相同的直条的长短或高低来表示统计数字的大小和比较资料的一种统计图。条形图有单式条形图和复式条形图两种。

图1.2为简单条形图,即在同一基准线上,用不同长度的单条形来反映指标间的对比的图形。单式条形图绘制时要先定基线,然后定尺度,接下来绘制条形,最后写标题和

资料来源。绘制时应注意各条形宽度应相等，各条间隔应相等。

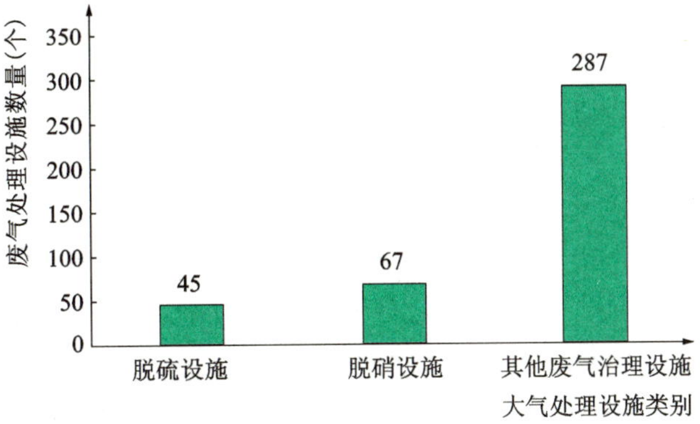

图 1.2　京津冀地区大气污染治理设施数量

复式条形图是以两个或两个以上的条形为一组，用以比较多种指标数值大小的图形，见图 1.3。复式条形图绘制时应注意：同组的条形应紧靠一起，各组条形之间要有相同间隔，每组内代表不同指标条形，应用不同的条纹或颜色区别开来，写出不同指标的图例。

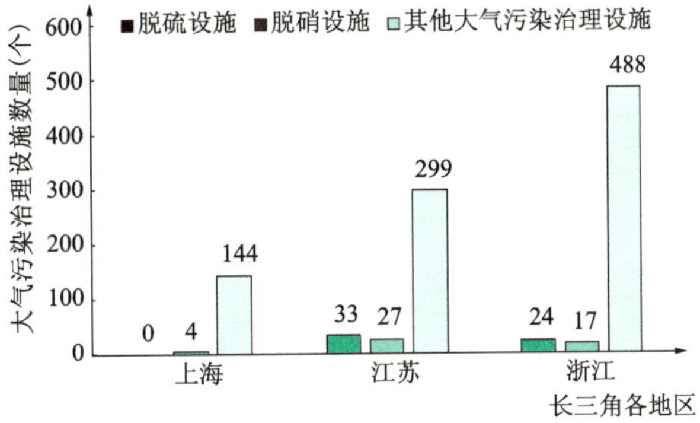

图 1.3　长三角地区大气污染治理设施数量

②曲线图

曲线图又称为折线图，是以曲线的高低、起伏和升降来表明统计资料变动的图形。常见的曲线图有动态曲线图、进度曲线图、次数分配分布图等。具体范例见图 1.4、图 1.5、图 1.6、图 1.7。

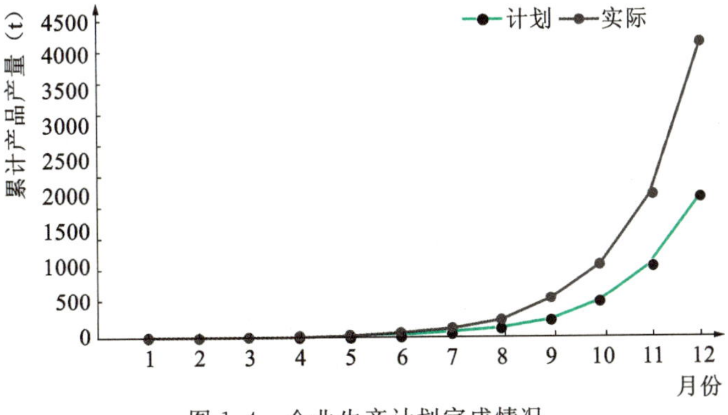

图 1.4　企业生产计划完成情况

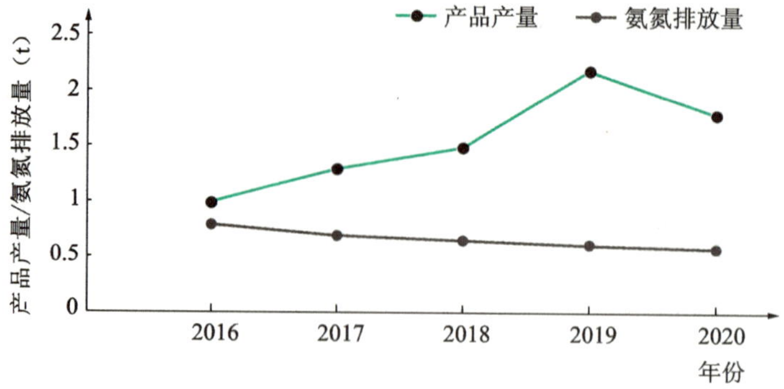

图 1.5　某企业“十三五”期间产品产量与污染排放量

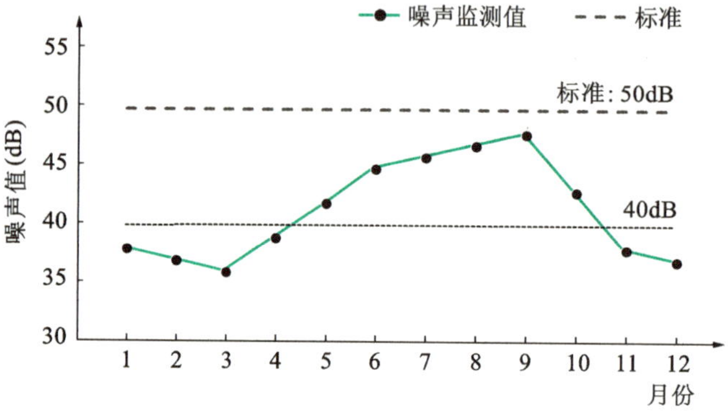

图 1.6　居民区全年噪声变化

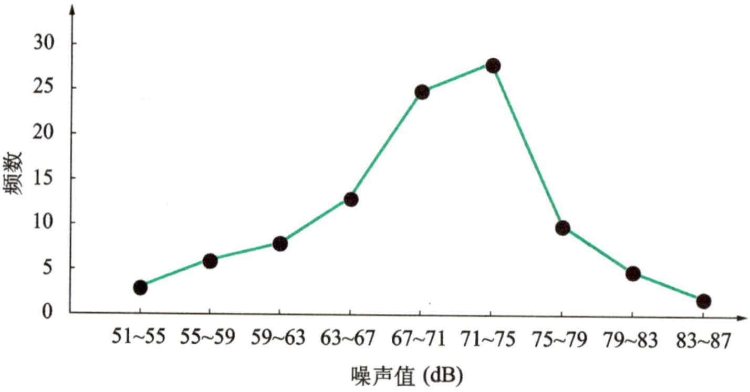

图 1.7　交通主干道噪声频数图

曲线图用横轴来划分数据类别，主要为数据时距、次数、分配组织，纵轴表示统计指标的数量尺度或不同时期分组的指标数量或频数。绘制折线图时要注意横轴间隔与纵轴的尺度要适当，纵轴尺度过大或横轴间隔太小，曲线波动会偏大；反之纵轴尺度过小，曲线变化又不明显。

曲线的起点一般不一定从原点或纵轴开始。折线图可同时列举多条曲线，但需要用不同形状的曲线或不同颜色的线条加以区分，但同一图内不宜画太多的折线，以免线条重叠交错，难以区分。

分布曲线图是表明某一变量取值的分布规律的曲线图，是在直方图基础上再绘制折线图或曲线图的图形。

③平面图

平面图是以几何图形的面积大小表明指标数值或事物内部结构的图形。常用的平面图有正方形图、长方形图和圆形图三种。

正方形图和长方形图是以其面积表示指标值的大小，单位面积表示一定的指标数量。绘制长方形图时，几个图的长和宽应呈一定比例，如图 1.8 所示。

圆形图是用圆面积表示事物的总量，各部分的数量划分成若干个扇形面积，总量的1%相当于圆心角 3.6°的扇形面积。各部分所占的扇形应以不同的线条或颜色区别，并加以文字说明，如图 1.9 所示。

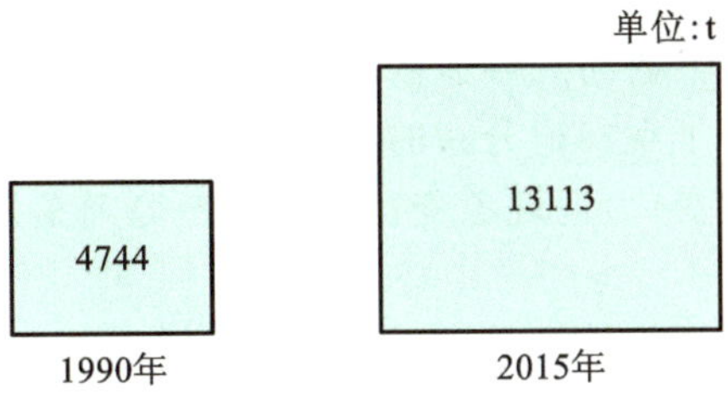

图 1.8 深圳市污水排放量

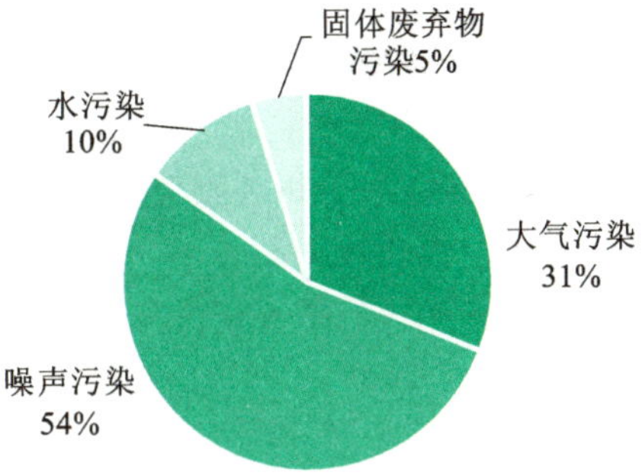

图 1.9 不同污染事故信访投诉案例

④象形图

象形图是以实物形象表示统计资料的图形。它是一种统计图与绘图相结合的形式，具有生动活泼、鲜明、吸引读者注意力等优点。如比较全国小麦和玉米产量，可以用小麦、玉米图形标以数据进行分析。

⑤统计地图

统计地图是用以表示统计资料在地域上的分布的图形。这种图是以地图为背景，运用各种线条或颜色说明统计数量的大小分布。常用的统计地图有等值线图、密点图和背景图等。

统计地图的绘制，是先给出地图轮廓，绘出行政区、功能区或污染源等统计地图所研究的项目，然后以点、线条或颜色去表达各区域的指标值。用点的疏密反映指标大小，为密点图；以等值线表明污染物在某地区扩散和稀释程度，为等值线图；将地图中区域按指标大小分成若干部分，用不同的背景、颜色或纹饰表示各部分，为背景图。

⑥散点图

散点图通常可直观表征数据的分布情况，作为平面坐标的散点图也称 X/Y 散点图，是用以表征自变量与因变量关系的统计图，具体内容参见第 5.3 节一元线性回归相关内容。

统计图比统计表更容易理解和比较统计资料，但它对数量的表达较粗略，不便于做深入细致分析，所以在绘制统计图时，会根据需要附统计表。

1.3 数据集中趋势的度量

实际工作中某个变量的观察值有大有小，表现各不相同，例如某地大气中 SO_2 的浓度，这个数量标志在一年中每天的数值有高有低，存在着差异。虽然某观察值有大有小且存在着差异，但这些差异有一定限度，观察值在一定条件下存在着数量的一般水平和集中趋势，常用一般水平代表总体各单位数量标志的具体表现。平均数就是在同质总体内，将各单位数量差异抽象化，作为代表值来反映总体各单位某标志值的一般水平。如用日平均废水排放量来衡量一个企业某年废水排放强度，用某监测点大气中 PM_{10} 的年平均浓度来衡量该点的 PM_{10} 环境质量水平，平均数表征的是变量的一般水平。

在统计学角度，分析观察值数据分布会发现，多数的观察值数据分布在平均数周边，偏离平均数较大的数据量较小。所以平均数反映了观察值分布的集中趋势，它是重要的统计量。尽管平均数随着观察条件的不同会发生变化，但现象变动的集中趋势则是始终存在的。

1.3.1 平均数

平均数在数理统计中又称为数学期望，是质量中心的坐标，表征一组数据的平均水平。平均数具有以下几个特点：

(1)平均数是对总体或样本各单位某一数量标志值的平均。品质标志通常很难计算平均数，如性别、污染物质的种类等。

(2)只有同类现象才能计算平均数。计算平均数的各单位必须具有同类性质，这是计算平均数的前提。如废水排放量与废气排放量不能混在一起计算平均排放量，气态污染物排放浓度不能与颗粒污染物排放浓度混合计算平均排放量。虽然这两种量都属于污染物质，但其种类不同，放在一起计算平均数没有任何意义。

(3)平均指标只能说明在一定历史条件下的一般水平。环境统计所研究的环境现象是具有历史性的，它随着时间、地点、条件的不同而变化。因此，平均数不是永恒不变的，不能用某一时期的平均数来长期推断未来事物的一般水平。

(4)平均数是由多个标志值所组成的变量数列的代表值，反映了总体中各单位标志值分布的集中趋势。

平均数在环境统计中的应用是非常广泛的，但要使平均数真正成为反映环境现象总体数量特征的代表值，就必须注意环境现象总体的同质性，这是计算和应用平均数的基本要求。

环境统计中常用的平均数有算术平均数(均值)、调和平均数、几何平均数等。除平均数以外，表征数据集中趋势的统计参数还有中位数和众数等。

1.3.1.1 算数平均数(均值)

算数平均数简称均值,是统计中最常用的一种平均数。总体均值用符号 μ 表示,它是总体指标总量除以总体单位总量所得之商。样本均值用符号 $\bar{x}$ 表示,是样本观察值相加后除以观察值个数所得的商。

均值最适用于表征对称分布,尤其是正态分布资料的平均水平和数据变量集中趋势。对于样本资料,当变量值个数较少,而其频数分布基本对称或专业上可判断其总体为正态、近似正态者,也可用均值作为其集中趋势指标。均值计算公式见式(1.6)或式(1.7)。

$$\mu = \frac{X_1 + X_2 + X_3 + \cdots + X_N}{N} = \frac{\sum_{i=1}^{N} X_i}{N} \tag{1.6}$$

$$\bar{x} = \frac{x_1 + x_2 + x_3 + \cdots + x_n}{n} = \frac{\sum_{i=1}^{n} x_i}{n} \tag{1.7}$$

式(1.6)是总体均值的计算公式,式(1.7)是样本均值的计算公式。

式中 μ——总体单位标志值;

$\bar{x}$——样本单位标志值;

N——总体单位数;

n——样本单位数;

$\sum$——求和符号,其上下标表示求和是从第 1 个数值一直到第 N 个或第 n 个数值。下面如不单独说明,$\sum$ 表示对全部观察值求和。

例 1.3 测定某废水样品中的含铬量,10 次测定结果分别为 0.92 mg/L、0.83 mg/L、0.82 mg/L、0.91 mg/L、1.06 mg/L、0.88 mg/L、1.07 mg/L、0.84 mg/L、1.01 mg/L、0.96 mg/L,求平均测定值。

解:直接将各测定值代入式(1.7),得

$$\bar{x} = \frac{0.92 + 0.83 + 0.82 + 0.91 + 1.06 + 0.88 + 1.07 + 0.84 + 1.01 + 0.96}{10}$$

$$= 0.93(\text{mg/L})$$

如果数据中相同观察值较多或者是分过组的频数表资料,可采用下面公式做近似计算:

$$\bar{x} = \frac{f_1 x_1 + f_2 x_2 + \cdots + f_k x_k}{f_1 + f_2 + \cdots + f_k} = \frac{\sum_{i=1}^{k} x_i f_i}{\sum_{i=1}^{k} f_i} \tag{1.8}$$

式中 x_k——各组观察值或组中值(组中值是本组段下限与相邻较大组段的下限相加除以 2);

f_i——第 i 组观察值的个数(频数);

k——组数。

例 1.4 某市区大气中 SO_2 浓度见表 1.11,用式(1.8)计算其平均浓度。

表 1.11 某市区大气中 SO_2 浓度均值的计算

SO_2 浓度分组(mg/m³)	组中值 x_i	频数 f_i	$x_i f_i$
0.42～0.46	0.44	3	1.32
0.46～0.50	0.48	5	2.40
0.50～0.54	0.52	9	4.68
0.54～0.58	0.56	3	1.68
0.58～0.62	0.60	5	3.00
合计	—	25	13.08

解：

$$\bar{x}=\frac{\sum_{i=1}^{k}x_i f_i}{\sum_{i=1}^{k}f_i}=\frac{13.08}{25}=0.52(\text{mg/m}^3)$$

对于频数表资料用式(1.8)计算其平均数时，是以组中值来代表该组段中的每个观察值，以各组段的组中值乘相应的频数，即 $x_i f_i$ 来代表该组段各观察值之和，将各组段的 $x_i f_i$ 相加，即得所有观察值之总和，再除以总频数即为均值 $\bar{x}$。式(1.6)和式(1.7)为直接算术平均数计算公式，式(1.8)为加权算术平均数计算公式。由此可见，式(1.8)把式(1.7)的许多加法运算变成了少数几次乘法运算，简化了运算过程，当观察值个数较多时，其误差不大。

从式(1.8)可以看出，均值 $\bar{x}$ 的大小取决于各观察值或组中值 x_i 的大小及频数 f_i。由此可见，即频数多的观察值或组中值对均值的影响较大，频数少的观察值或组中值对均值的影响较小。因此把这种计算方法称为加权法。

均值在统计推断和分析中应用非常广泛，它是统计学中非常重要的指标。从统计思想上看，均值之所以重要，因为它反映了一组数据的数量集中的特征，是数据数量规律性的一个特征值，反映了一些统计资料必然性的特点。从其计算公式中还可以看出均值具有两个非常重要的数学性质：

(1)各离均差(即各观察值 x_i 与均值 $\bar{x}$ 之差)的总和等于零，即

$$\sum_{i=1}^{n}(x_i-\bar{x})=0$$

(2)各离均差的平方和小于各观察值 x_i 与任何数 $a\,(a\neq\bar{x})$ 之差的平方和，即

$$\sum_{i=1}^{n}(x_i-\bar{x})^2<\sum_{i=1}^{n}(x_i-a)^2$$

1.3.1.2 调和平均数

调和平均数是各观察值倒数平均值的倒数，又称倒数平均值，用符号 H 表示。调和平均数是均值的另一种形式，在分析研究问题时，需要计算平均数但有时由于掌握资料的局限性，给统计工作带来不便，这时可把调和平均数作为均值的变形使用。计算调和平均数的方法有直接法和加权法两种。

调和平均数直接法计算公式为

$$H=\frac{n}{\frac{1}{x_1}+\frac{1}{x_2}+\cdots+\frac{1}{x_n}}=\frac{n}{\sum_{i=1}^{n}\frac{1}{x_n}} \tag{1.9}$$

调和平均数加权法计算公式为

$$H=\frac{f_1+f_2+\cdots+f_k}{\frac{f_1}{x_1}+\frac{f_2}{x_2}+\cdots+\frac{f_k}{x_k}}=\frac{\sum_{i=1}^{k}f_i}{\sum_{i=1}^{k}\frac{f_i}{x_i}} \tag{1.10}$$

例 1.5 3个工厂的废水处理量和废水处理率如表1.12所示，试计算3个工厂的平均废水处理率。

表 1.12 3个工厂的废水处理量和废水处理率

工厂	废水处理量(t)	废水处理率(%)
甲	30000	18
乙	25000	23
丙	18000	30

解:本例未给出各厂的实际废水量，需以各厂的废水处理量为权数 f，以废水处理率为观察值 x，按式(1.10)计算平均废水处理率，即

$$H=\frac{30000+25000+18000}{\frac{30000}{18\%}+\frac{25000}{23\%}+\frac{18000}{30\%}}=21.76\%$$

即3个工厂的平均废水处理率为21.76%。

例 1.6 3个工厂的污水处理设施月运行费和吨水运行费资料如表1.13所示，试计算平均吨水运行费。

表 1.13 3个工厂的污水处理设施运行费用情况

工厂	月运行费(元)	吨水运行费(元)
甲	12000	0.21
乙	5000	0.27
丙	8000	0.25

解:本例未给出各厂每月废水的处理量，需以月运行费为权数 f，以吨水运行费为观察值 x，按式(1.10)计算平均吨水运行费，即

$$H=\frac{12000+5000+8000}{\frac{12000}{0.21}+\frac{5000}{0.27}+\frac{8000}{0.25}}=0.23(\text{元})$$

故3个工厂的平均吨水运行费为0.23元。

1.3.1.3 几何平均数

几何平均数是 n 个观察值的连乘积的 n 次方根，常以符号 G 表示。几何平均数常用来反映下列资料的集中趋势:对数正态分布或近似对数正态分布资料;等比级数资料。

上述资料不宜采用算数平均数来反映集中趋势。

例如有一组数据为10、10、20、20、40、80、160、320。如果计算算数平均值，$\bar{x}=82.5$，显然，这个均值没有较好的代表性，因此算数平均数并不适用于此类等比分布的数列，资料中特别大的数值使均值偏向较大值这一边，以致得出的平均数歪曲了观察值的平均水

平。若采用几何平均数(如这几个观察值的几何平均数为 60),则有很好的代表性。

几何平均数的计算类似于均值计算,亦可采用直接法和加权法,分述如下:

(1)直接法

直接将 n 个观察值的乘积开 n 次方,即

$$G = \sqrt[n]{x_1 x_2 \cdots x_n} \tag{1.11}$$

为方便起见,可写成对数形式,则

$$G = \lg^{-1}\left(\frac{\lg x_1 + \lg x_2 + \cdots + \lg x_n}{n}\right) = \lg^{-1}\left(\frac{\sum_{i=1}^{n} \lg x_i}{n}\right) \tag{1.12}$$

例 1.7 有 8 个观测值分别为 10 mg/L、10 mg/L、20 mg/L、20 mg/L、40 mg/L、80 mg/L、160 mg/L、320 mg/L,试计算其几何平均数。

解:按式(1.12)用直接法求几何平均数:

$$G = \lg^{-1}\left(\frac{\lg 10 + \lg 10 + \lg 20 + \lg 20 + \lg 40 + \lg 80 + \lg 160 + \lg 320}{8}\right) = 40$$

(2) 加权法

当资料中相同观察值的个数较多或为频数表资料时,可按式(1.13)计算:

$$G = \lg^{-1}\left(\frac{f_1 \lg x_1 + f_2 \lg x_2 + \cdots + f_k \lg x_k}{f_1 + f_2 + \cdots + f_k}\right) = \lg^{-1}\left(\frac{\sum_{i=1}^{k} f_i \lg x_i}{\sum_{i=1}^{k} f_i}\right) \tag{1.13}$$

式中 $\sum_{i=1}^{k} f_i \lg x_i$ ——各观察值或组中值的对数与频数乘积之和。

例 1.8 测定某地土壤中汞元素背景值,结果如表 1.14 所示,试求其几何平均数。

表 1.14 某地土壤中汞元素背景值几何平均数的计算

汞元素背景值 x_i(ppm)	频数 f_i	$\lg x_i$	$f_i \lg x_i$
0.002	1	−2.698970	−2.698970
0.007	2	−2.154902	−4.309804
0.008	4	−2.096910	−8.387640
0.009	4	−2.045758	−8.183032
0.015	2	−1.823909	−3.647818
0.018	3	−1.744727	−5.234183
0.019	3	−1.721246	−5.163738
0.020	2	−1.698970	−3.397940
0.023	3	−1.638272	−4.914816
0.026	2	−1.585027	−3.170054
0.035	2	−1.455932	−2.911864
0.048	1	−1.318759	−1.318759
0.064	1	−1.193820	−1.193820
合计	30 $(\sum_{i=1}^{13} f_i)$	—	−54.532438 $(\sum_{i=1}^{13} f_i \lg x_i)$

解:按式(1.13)用加权法求几何平均数(土壤中汞元素背景值服从对数正态分布):

$$G = \lg^{-1}\left[\frac{\sum_{i=1}^{13} f_i \lg x_i}{\sum_{i=1}^{13} f_i}\right] = \lg^{-1}\left(\frac{-54.532438}{30}\right) = 0.0152(\text{ppm})$$

故该地土壤汞元素背景值的几何平均数为 0.0152ppm。

几何平均数实际上是均值的一种变形,它在计算现象的平均发展速度等方面有着重要的作用。计算几何平均数时,应注意以下两点:①观察值中不能有 0;②观察值不能同时有正值和负值,若观察值全是负值,计算时可先把负号去掉,得出结果后再加负号。

1.3.2 众数

众数是指在一组观察值中重复出现次数最多的数值,用符号 M_0 表示。在实际工作中,也可用众数作为平均指标。

例 1.9 一组样本的观察值为 15、16、18、18、17、16、18、19、18、21,试求其众数。

解:本例重复出现次数最多的观察值是 18,因此本组观察值的众数 $M_0=18$。

未分组或单项数列资料,可以直接确定众数。对于组距式频数表资料,首先确定频数最多的一组为众数所在组。然后按式(1.14)计算众数的近似值。

$$M_0 = L + \frac{\Delta_1}{\Delta_1 + \Delta_2} i \tag{1.14}$$

式中 M_0——众数;

L——众数所在组段的下限;

i——众数所在组段的组距;

Δ_1——众数所在组频数与前一组频数之差;

Δ_2——众数所在组频数与后一组频数之差。

例 1.10 炼钢企业耗水量资料如表 1.15 所示,试求其众数。

表 1.15 炼钢企业耗水量

炼钢吨耗水量(t)	企业数(个)
10~20	1
20~40	2
40~60	4
60~80	15
80~100	20
100~120	5
120~140	3
合计	50

例:本例频数最多组(即众数所在组)的频数为 20,即 80~100 组段,因此,$L=80$,$i=20$,$\Delta_1=20-15=5$,$\Delta_2=20-5=15$,按式(1.14)计算,得

$$M_0 = 80 + \frac{5}{5+15} \times 20 = 85(\text{t})$$

即炼钢企业炼 1 t 钢耗水量的众数为 85 t。

1.3.3 百分位数和中位数

百分位数是一种位置指标，以符号 P_x 表示。一个百分位数 P_x 将总体或样本的全部观察值分为两部分，即占比分别为 $x\%$ 和 $(100-x)\%$ 的观察值，通常占比 $x\%$ 的观察值小于 P_x，另外，占比 $(100-x)\%$ 的观察值大于 P_x。如有 n 个观察值，取第 5 百分位数 P_5，理论上有 $n\times 5\%$ 个观察值比 P_5 小，有 $n(100-5)\%$ 个观察值比 P_5 大。因此，百分位数实际上是一个界值。

中位数是一个特定的百分位数，即 P_{50}，在全部观察值中，有一半比它大，有一半比它小。将全部观察值按大小顺序排列，位次居中的那个数值就是中位数，它在所有百分位数中应用最为广泛，特用符号 M 表示。

除了 P_{50} 外，常用的百分位数还有 P_{25} 和 P_{75}，P_{25} 和 P_{75} 也称为四分位数，与 P_{50} 不同的是，P_{25} 和 P_{75} 常用于表示数据的离散分布情况。

1.3.3.1 中位数和百分位数的计算

（1）直接由原始数据计算中位数

先将观察值按大小顺序排列，然后计算中位数。数据个数为奇数或偶数时，中位数的计算方法略有不同。当观察值个数 n 为奇数时，按式(1.15)计算中位数；当 n 为偶数时，按式(1.16)计算中位数。

$$M = x_{\left(\frac{n+1}{2}\right)} \tag{1.15}$$

$$M = \frac{x_{\left(\frac{n}{2}\right)} + x_{\left(\frac{n}{2}+1\right)}}{2} \tag{1.16}$$

式中 $\left(\frac{n+1}{2}\right),\left(\frac{n}{2}\right),\left(\frac{n}{2}+1\right)$——有序数列中观察值的位次；

$x_{\left(\frac{n+1}{2}\right)}, x_{\left(\frac{n}{2}\right)}, x_{\left(\frac{n}{2}+1\right)}$——相应位次上的观察值。

例 1.11 测得某排污口 5 份水样的含铬浓度分别为 0.2 mg/L、0.3 mg/L、0.4 mg/L、0.5 mg/L、1.2 mg/L。求其中位数。

解：本例 $n=5$，为奇数，按式(1.15)计算，得

$$M = x_{\left(\frac{5+1}{2}\right)} = x_3 = 0.4(\text{mg/L})$$

即中位数为 0.4mg/L。

例 1.12 某大气采样点 8 个气样 SO_2 的测定结果分别为 0.03 mg/m³、0.10 mg/m³、0.17 mg/m³、0.18 mg/m³、0.20 mg/m³、0.20 mg/m³、0.31 mg/m³、0.42 mg/m³。求其中位数。

解：本例 $n=8$，为偶数，按式(1.16)计算，得

$$M = \frac{x_{\left(\frac{8}{2}\right)} + x_{\left(\frac{8}{2}+1\right)}}{2} = \frac{x_4 + x_5}{2} = \frac{0.18+0.20}{2} = 0.19(\text{mg/m}^3)$$

即中位数为 0.19mg/m³

（2）用频数表计算中位数和百分位数

先按所分组段由小到大计算累计频数和累计频率，列中位数和百分位数计算表，按式(1.17)计算中位数，按式(1.18)计算其他百分数。

$$M = L + \frac{i}{f_M}\left(\frac{n}{2} - \sum f_L\right) \tag{1.17}$$

式中 L——中位数所在组段的下限；

i——中位数所在组段的组距；

f_M——中位数所在组段的频数；

n——总频数；

$\sum f_L$—— 小于 L 的各组段累计频数。

$$P_x = L + \frac{i}{f_x}\left(\frac{nx}{100} - \sum f_L\right) \tag{1.18}$$

式中 P_x——第 x 百分位数；

L——P_x 所在组段的下限；

f_x——P_x 所在组段的频数；

i——P_x 所在组段的组距；

n——总频数；

x——所求百分位数的秩次；

$\sum f_L$—— 小于 L 的各组段累计频数。

从式(1.17)和式(1.18)可以看出，中位数实际上是百分位数的一个特例，$M=P_{50}$。

例 1.13 某市大气中 SO_2 的日平均浓度资料如表 1.16 所示，分别求第 25、75、95 百分位数及中位数。

表 1.16 某市大气中 SO_2 日平均浓度

SO_2 浓度(μg/m³)	频数 f	累计频数	累计频率(%)
25～50	39	39	10.8
50～75	67	106	29.4
75～100	64	170	47.1
100～125	63	233	64.5
125～150	45	278	77.0
150～175	30	308	85.3
175～200	17	325	90.0
200～225	9	334	92.5
225～250	7	341	94.5
250～275	6	347	96.1
275～300	5	352	97.5
300～325	3	355	98.3
325～475	6	361	100.0
合计	361(n)	—	—

解：列计算表，由小到大计算累计频数和累计频率，见表 1.16，本例 $n=361$。

①求 P_{25}：由表中累计频率可见，25%在 10.8%与 29.4%之间，故 P_{25} 在 50～75 组段。$L=50$，$f_{25}=67$，$\sum f_L = 39$，代入式(1.18)，得

$$P_{25}=50+\frac{25}{67}\times\left(\frac{361\times 25}{100}-39\right)=69.12(\mu g/m^3)$$

②求 P_{75}：同理，P_{75} 在 125 ~ 150 组段。$L=125$，$f_{75}=45$，$\sum f_L=233$，代入式(1.18)，得

$$P_{75}=125+\frac{25}{45}\times\left(\frac{361\times 75}{100}-233\right)=145.97(\mu g/m^3)$$

③求 P_{95}：同理，P_{95} 在 250～275 组段。$L=250$，$f_{95}=6$，$\sum f_L=341$，代入式(1.18)，得

$$P_{95}=250+\frac{25}{6}\times\left(\frac{361\times 95}{100}-341\right)=258.12(\mu g/m^3)$$

④求中位数 M：因 $M=P_{50}$，同理，M 在 100～125 组段。$L=100$，$f_M=63$，$\sum f_L=170$，代入式(1.17)，得

$$M=100+\frac{25}{63}\times\left(\frac{361}{2}-170\right)=104.17(\mu g/m^3)$$

从上述计算结果可以看出，某市大气中 SO_2 日平均浓度是正偏态分布，中位数为 104.17$\mu g/m^3$，有半数的 SO_2 日平均浓度在 69.12～145.97$\mu g/m^3$ 之间，有 5%的 SO_2 日平均浓度在 258.12$\mu g/m^3$ 以上。

1.3.3.2 中位数和百分位数的应用

(1)中位数常用于描述偏态分布资料的集中趋势。中位数不是由全部观察值综合计算出来的，它不受个别特大或特小观察值的影响。分布末端无确定数据，不能求均值或几何平均数，但可求中位数。对于频数分布类型不明的资料也适宜采用中位数。对于对称分布资料，中位数和均值在理论上是相同的。

(2)百分位数常用于描述一组观察值(样本或总体)在某百分位置上的水平和分布特征。多个百分位数结合使用，可更全面地描述环境现象总体或样本的分布特征。

(3)百分位数不受资料中个别极端值的影响，因而具有较好的稳定性。但当样本容量不够大时，靠近两端的百分位数不够稳定，因此不宜取太靠近两端的百分位数。

均值、众数、中位数在正态分布资料中理论上是完全相等的，但在偏态分布资料中则有差异。在正偏态分布资料中，均值＞中位数＞众数；而在负偏态分布资料中，均值＜中位数＜众数。根据均值、中位数和众数的这一特性，可用三者差别的大小判断频数分布类型或频数分布对称与非对称的程度。

1.4 数据离散趋势的度量

前面讨论了表征数据描述统计集中趋势的参数，数据分布还有一个重要特征就是离散趋势。离散趋势是指总体各单位标志值差异的程度或样本观察值之间参差不齐的程度。集中趋势和离散趋势是反映现象数量分布规律性的两个方面，它们既对立又统一，

只有将两者结合起来，才能比较全面地认识事物。

例如有如下 A、B、C 三组观察值：

A 组：16、18、20、22、24；

B 组：12、19、20、21、28；

C 组：16、19、20、21、24；

上述三组数据的均值都是 20，即这 3 组数据平均水平是一致的。若将上述数据标入坐标中，可以看出，各组数据之间的间隔却有不同程度的差异，说明各组的 5 个数据间参差不齐的程度（即变异度）是不一致的。描述数列或观察值变异度的统计参数有极差、方差、标准差和变异系数，其中方差和标准差极为常用。

1.4.1 极差

极差又称为全距，以符号 R 表示，是一组观察值中最大值与最小值之差，反映个体变异的范围，是数据离散或差异程度的最简单的测度值。如上述 3 组数据，A 组和 C 组的极差都是 24－16＝8，而 B 组的极差为 28－12＝16，计算结果显示 B 组的极差大，各变量值的离散程度相对 A 组和 C 组较大。

用极差反映变异程度计算方便，容易理解，但只反映了最大值和最小值的差异，不能反映组内其他数据的变异程度。如上述 3 组数据中 A 组数据比 C 组数据更为离散，但它们的极差却相等。此外，抽样调查时，抽取的单位数越多，抽到较大值或较小值的可能性就越大，因而极差也可能越大，当各组资料样本容量悬殊时，不宜用极差比较其变异度。

1.4.2 方差与标准差

极差不能反映出每个观察值的变异情况，为了克服这一缺点，需要全面考虑每个观察值的离散情况。对所研究的总体而言，应该考虑到总体中每个单位标志值 x 与总体均值 μ 之差，即计算离均差 $x-\mu$，但由于 $\sum(x-\mu)=0$，因此离均差仍不能反映变异度的大小，故将各离均差平方后再求和，即离均差平方和 $\sum(x-\mu)^2$。但 $\sum(x-\mu)^2$ 的大小除了与观察值的变异度大小有关外，还与总体的单位数（即观察值个数）N 的多少有关。即使两总体的变异度相同，N 大则 $\sum(x-\mu)^2$ 亦大。为了消除这一影响，可将离均差平方和除以变量值个数，求出其平均值，这个平均值就是方差。计算方差时，由于各离均差都进行了平方，原来的度量单位（如 kg、cm）都变为平方单位，为了与原单位一致，可将方差开平方，这就是标准差。方差和标准差是重要的变异数，在统计学上应用非常广泛。

1.4.2.1 方差和标准差的计算

如果我们掌握的是总体数据，可按式（1.19）或式（1.20）直接计算方差或标准差。

$$\sigma^2=\frac{\sum_{i=1}^{N}(x_i-\mu)^2}{N} \tag{1.19}$$

$$\sigma = \sqrt{\frac{\sum_{i=1}^{N}(x_i - \mu)^2}{N}} \tag{1.20}$$

式中　σ^2，σ——总体方差、总体标准差；

μ——总体均值。

在实际工作中，我们通常掌握的是样本资料，总体均值 μ 往往未知，这时要用样本均值 $\bar{x}$ 来估计总体均值 μ。由于存在抽样误差，$\bar{x}$ 常不等于 μ。数理统计研究证明，当 $\bar{x} \neq \mu$ 时，$\sum_{i=1}^{n}(x_i - \bar{x})^2$ 总是小于 $\sum_{i=1}^{n}(x_i - \mu)^2$。用样本容量 n 作分母算得的样本方差总是比总体方差偏小，而用 $n-1$ 作分母算得的样本方差是总体方差更好的估计值。于是计算样本方差（用 s^2 表示）的公式为

$$s^2 = \frac{\sum_{i=1}^{n}(x_i - \bar{x})^2}{n-1} \tag{1.21}$$

计算样本标准差（用 s 表示）的公式为

$$s = \sqrt{\frac{\sum_{i=1}^{n}(x_i - \bar{x})^2}{n-1}} \tag{1.22}$$

式中　$n-1$——自由度。

自由度是常用的统计术语，是指能够自由取值的变量值的个数。因为当样本均值确定后，样本 n 个数据中，只有 $n-1$ 个数据可以自由变动，即样本数据中只有 $n-1$ 个误差的有用信息。

离均差平方和常用符号 ss 或 L_{xx} 表示。数学上可以证明：

$$ss = \sum_{i=1}^{n}(x_i - \bar{x})^2 = \sum_{i=1}^{n}x_i^2 - \frac{\left(\sum_{i=1}^{n}x_i\right)^2}{n} \tag{1.23}$$

式（1.23）使方差和标准差的计算不必先求均值，更为方便。于是样本方差和标准差的计算公式可根据离差平方和进行简化，如表 1.17 所示。

表 1.17　根据离差平方和简化的方差、标准差公式

标准差	方差
$s = \sqrt{\dfrac{\sum_{i=1}^{n}x_i^2 - \dfrac{\left(\sum_{i=1}^{n}x_i\right)^2}{n}}{n-1}}$　(1.24)	$s^2 = \dfrac{\sum_{i=1}^{n}x_i^2 - \dfrac{\left(\sum_{i=1}^{n}x_i\right)^2}{n}}{n-1}$　(1.25)
$s = \sqrt{\dfrac{\sum_{i=1}^{k}(x_i - \bar{x})^2 f_i}{\sum_{i=1}^{k}f_i - 1}}$　(1.26)	$s^2 = \dfrac{\sum_{i=1}^{k}(x_i - \bar{x})^2 f_i}{\sum_{i=1}^{k}f_i - 1}$　(1.27)

续表 1.17

标准差	方差
$s=\sqrt{\dfrac{\sum_{i=1}^{k}f_i x_i^2-\dfrac{\left(\sum_{i=1}^{k}f_i x_i\right)^2}{\sum_{i=1}^{k}f_i}}{\sum_{i=1}^{k}f_i-1}}$ (1.28)	$s^2=\dfrac{\sum_{i=1}^{k}f_i x_i^2-\dfrac{\left(\sum_{i=1}^{k}f_i x_i\right)^2}{\sum_{i=1}^{k}f_i}}{\sum_{i=1}^{k}f_i-1}$ (1.29)

带有统计功能的计算器也可以进行标准差与方差的计算,读者可参考计算器说明书进行标准差与方差计算。

例 1.14 求本节开始列出的 3 组数据的方差和标准差。

解:计算 A 组数据的和、平方和:

$$\sum_{i=1}^{5}x_i=16+18+20+22+24=100$$

$$\sum_{i=1}^{5}x_i^2=16^2+18^2+20^2+22^2+24^2=2040$$

将上述计算出的 A 组数的和、平方和代入式(1.25)和式(1.24),得

$$s^2=\frac{2040-100^2/5}{5-1}=10 \qquad s=\sqrt{\frac{2040-100^2/5}{5-1}}=3.162$$

同理可以计算出 B 组、C 组数据的方差与标准差:

B 组:$s^2=22.5$、$s=4.743$; C 组:$s^2=8.5$、$s=2.915$

计算结果,B 组 s 值最大,A 组次之,C 组最小,说明 B 组的变异度最大,而 C 组的变异度最小。

例 1.15 求表 1.11 中所列某市区大气中 SO_2 浓度的标准差。

解:由表 1.11 可知,$\sum_{i=1}^{5}f_i=25$,$\sum_{i=1}^{5}f_i x_i=13.08$

$$\sum_{i=1}^{5}f_i x_i^2=3\times0.44^2+5\times0.48^2+9\times0.52^2+3\times0.56^2+5\times0.60^2=6.9072$$

代入式(1.28),得

$$s=\sqrt{\frac{6.9072-13.08^2/25}{25-1}}=0.052(\text{mg/m}^3)$$

即该市区大气中 SO_2 浓度的标准差为 0.052 mg/m^3。

1.4.2.2 方差和标准差的作用

方差与标准差是表征数据差异或离散情况最理想的统计量,考虑了每个观测值与平均值的差异,其主要的作用如下。

(1)反映变量分布的离散趋势。观察值的变异是由于个体变异(这里指观察单位本身的变异)和随机误差引起的,当个体变异比随机误差大得多时,方差和标准差主要反映

事物本身的变异。两组资料(总体或样本)在均值相近,度量单位相同的条件下,方差或标准差大,说明观察值的变异度大,即各观察值较分散(较远离均值),因而均值的代表性较差;反之,说明变异度小,即观察值较集中(较靠近均值),因而均值对各变量值的代表性较好;当随机误差比个体变异大得多时,方差和标准差主要反映测量精密度。如用某法重复测定同一水样中含铬量所得的方差或标准差,主要反映该方法或操作技术的精密度。标准差越小,说明测定的精密度越高。

(2)标准偏差还用于计算变异系数,标准差结合均值和正态分布理论还有其他许多重要应用。方差还可用于方差分析等。

1.4.3 变异系数

变异系数亦称离散系数,以符号 CV 表示,它是标准差 s 与均值 $\bar{x}$ 之比的百分数,计算公式见式(1.30)。

$$CV = \frac{s}{\bar{x}} \times 100\% \tag{1.30}$$

极差和标准差都有度量单位,其单位与观察值的单位相同,变异系数是相对数,没有单位,更便于资料间的对比分析,它常用于:

(1)比较均值悬殊的几组资料的变异度。当比较不同观察值的离散程度时,如果不同的均值相差较大,就不能用标准差作为比较指标,而应采用变异系数作为比较的变异指标。

(2)比较度量单位不同的几组资料的变异度。当比较不同组观察值的离散程度时,如果被比较的观察值单位不同,也不能用标准差作为比较指标。因为观察值单位不同,其数值的含义不同,对于不同含义的数据,比较其大小是没有意义的。由于变异系数是一个比较值,没有单位,因此可以用来比较单位不同的观察值的离散程度。

用变异系数比较资料的变异度,与标准差一样,变异系数越小,表示观察值的变异度越小,反之,变异度越大。

思考题与习题

1. 环境统计的基本原则和要求是什么?
2. 环境统计在环保工作中有哪些重要作用?
3. 如何理解环境统计工作的具体步骤和内在联系?
4. 统计资料的整理包括哪几个基本环节?
5. 什么是频数分布?如何编制频数分布表?
6. 编制统计表的原则和要求是什么?
7. 绘制统计图的基本要求是什么?
8. 什么是频数分布的集中趋势?
9. 平均数有哪些特点?它在环境统计中有哪些作用?

10. 几何平均数的应用条件是什么？计算几何平均数时应注意什么问题？
11. 什么是中位数和百分位数？如何正确应用中位数和百分位数？
12. 什么是频数分布的离散趋势？描述离散趋势常用的指标有哪些？
13. 什么是方差和标准差？什么是变异系数？计算变异系数有什么意义？
14. 某湖水硝酸盐氮含量(mg/L)测定结果如下：

0.08 0.06 1.01 0.99 0.10 0.16 0.18 0.88 0.90 0.20 0.32
0.50 0.78 0.33 0.42 0.55 0.79 0.41 0.49 0.54 0.22 0.40
0.85 0.53 0.29 0.38 0.48 0.63 0.27 0.34 0.19 0.44 0.66
0.35 0.46 0.65 0.61 0.34 0.49 0.38 0.77 0.52 0.62 0.70
0.42 0.53 0.60 0.72 0.31 0.50 0.58 0.36 0.47 0.56 0.76
0.68 0.47 0.54 0.55 0.65 0.49 0.63 0.67 0.74 0.49 0.64
0.62 0.60 0.43 0.59 0.73 0.66 0.41 0.44 0.59 0.58 0.46
0.60 0.68 0.36

(1)编制频数分布表并绘制直方图，简述其分布特征；
(2)计算均值 $\bar{x}$，标准差 s，变异系数 CV；
(3)计算中位数 M，并与均值 $\bar{x}$ 比较。

15. 某地排水明渠锌检测值(mg/L)如下：

0.408 0.198 0.700 0.260 0.224 0.183 0.114 0.180 0.176
0.263 0.270 0.182 0.247 0.252 0.173 0.160 0.247 0.215
0.223 0.223 0.207 0.257 0.447 0.201 0.208 0.196 0.161
0.160 0.140 0.134 0.140 0.160 0.148 0.150 0.198 0.204
0.166 0.160 0.164 0.154 0.198 0.253 0.190 0.134 0.132
0.128 0.163

(1)计算均值 $\bar{x}$，几何平均数 G，中位数 M，众数 M_0。指出哪一个用于反映本资料的集中趋势比较合适。

(2)计算标准差 s 及变异系数 CV。

16. 某市工业区大气中 SO_2 日平均浓度如表 1.18 所列。

表 1.18 某市工业区大气中 SO_2 日平均浓度频数分布

SO_2 浓度(μg/L)	频数 f
0～50	106
50～100	127
100～150	74
150～200	26
200～250	14
250～300	8
300～350	1

续表 1.18

SO_2 浓度（μg/L）	频数 f
350～400	3
400～450	1
450～500	1

（1）绘制直方图，说明此频数分布特征。

（2）计算均值$\overline{x}$和中位数 M，何者较大？为什么？何者用于说明本资料的集中趋势较合适？

（3）计算 P_{25}、P_{75}。

2 概率论基础

本章提要

本章介绍了概率的一些基础知识,包括随机变量、随机变量的数字特征、几种常见的分布等知识。抽样分布是用来估计总体的数量特征的重要内容。本章从抽样推断出发,先介绍了单正态总体的抽样分布,包括样本均值的分布、卡方分布(χ^2 分布)、t 分布;然后介绍了双正态总体的抽样分布。参数估计包括点估计和区间估计,先介绍了估计量的评选标准,再引入置信度、置信水平、置信区间的概念,最后根据前面的几种抽样分布,按照 σ^2 是否已知的条件,给出了 μ、σ^2 的置信区间。

2.1 概率基础概述

2.1.1 随机变量的概念

生活中很多事件可以直接用数字来描述,比如产品个数,男性的身高等。但也有很多事件是描述性语言,比如抛掷硬币,可能正面朝上,也可能反面朝上;昨天下了大暴雨,今天只下了一点小雨。在概率论中,这些也都可以转化为用数值表示,如用 1 表示抛掷硬币得到正面朝上,用 0 表示得到反面朝上。经过这样的数值化后再对事件进行刻画,既方便又能直观地观察事件的结果。在高中我们所学的概率里了解到的随机试验,其结果都可以用一个变量(数值化)来刻画,试验结果不同,表现为该变量的取值就不同,这种变量称为随机变量。随机变量常用大写字母 X、Y、Z 表示,它们的取值常用小写字母 x、y、z 表示。

2.1.2 随机变量的概率分布

在随机试验中,随机变量的各种取值是客观的,符合一定的概率规律,这就是随机变量的概率分布。比如同时抛掷三枚相同的骰子,能够有多少种结果,每种结果占多大的概率,将这些描述出来就是概率分布。

随机变量根据结果可数与否分成离散型随机变量和连续型随机变量两类，即：

$$\begin{cases}\text{离散型随机变量}\rightarrow\text{所有结果是可数的}\\ \text{连续型随机变量}\rightarrow\text{结果在某一区间里}\end{cases}$$

例如："全校 22 级环境统计这门课程期末考试及格的人数"为离散型随机变量，"某湖泊水中 COD 浓度"为连续型随机变量。

2.1.2.1 离散型随机变量的概率分布

离散型随机变量 X 的每一个可能取值 x_i 和取该值的概率 $p(x_i)$ 之间的对应关系（通常可以用列表或者公式表示）称为离散型随机变量的概率分布。

$p(x_i)(i=1,2,3,\cdots)$称为离散型随机变量 X 的概率分布或概率函数，它满足下面的关系：

$$p(x_i)\geqslant 0 \text{ 且} \sum_{i=1}^{+\infty} p(x_i) = 1$$

通常用列表即分布数列来刻画离散型随机变量。

例 2.1 抛掷一枚硬币一次，得到正面朝上，用 1 刻画；得到反面朝上，用 0 刻画。计算得其概率均为 0.5，其分布数列如表 2.1 所列。

表 2.1 抛掷一枚硬币一次

$X=x_i$	0	1
$p(x_i)$	0.5	0.5

2.1.2.2 连续型随机变量的概率分布

连续型随机变量其数值分布于某一区间，无法一一列举（或者我们并不关心数据到底是多少，即更关注的是其范围），所以只能（只需）列出随机变量的取值区间及其相应概率。利用高等数学中积分的思想，连续型随机变量的概率分布可以用在某一区间上的函数曲线所围成的面积来表示。显然，应将把所有的结果全部包含在内的函数曲线[即 $x\in(-\infty,+\infty)$]所围成的面积设为 1。

为了理解连续型随机变量的概率分布，现以数百名大学生身高 X 的直方图（图 2.1）来说明。根据测量的数据，可以很直观地看出大多数学生的身高都集中分布在区间（155，175）上，也就是说在这个区间的概率较高。为了描述这种趋势，引入密度函数的概念。随着测量人数的增加，1000 名，10000 名，甚至更多，可以观察到概率越来越稳定，利用极限的思想，概率实际上趋近于一条曲线 $f(x)$。称此曲线 $f(x)$为连续型随机变量 X

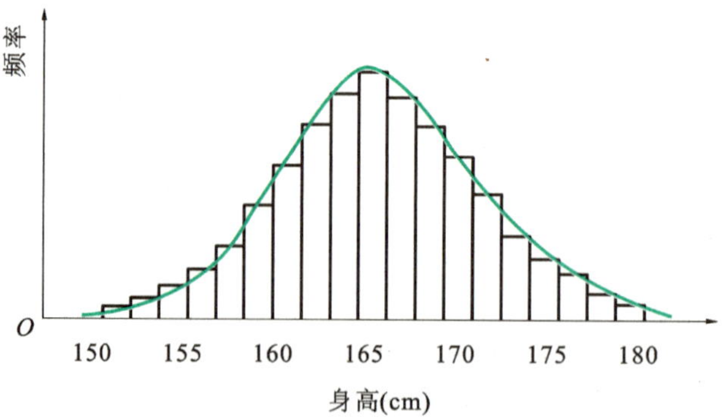

图 2.1 数百名大学生身高的频率分布

的概率密度函数。

概率密度函数通常可以用适当的数学解析式来描述，它刻画了连续型随机变量的分布规律。

概率密度函数 $f(x)$ 具有下述两个性质：

① $f(x)\geqslant 0$，即概率是非负的。

② $\int_{-\infty}^{+\infty} f(x)\mathrm{d}x = 1$，即曲线 $f(x)$ 与 x 轴之间的面积为 1。

连续型随机变量 X 落在区间 $[a,b]$ 上的概率 $P\{a\leqslant X\leqslant b\}$，应等于曲线 $f(x)$ 与 x 轴在 $x=a$ 和 $x=b$ 之间所围成的面积 $\int_a^b f(x)\mathrm{d}x$。因此，密度函数 $f(x)$ 全面描述了连续型随机变量 X 的统计规律。

2.1.3 随机变量的数字特征

对随机变量仅仅讨论其概率分布是远远不够的，为了描述随机变量在某些方面的性质和特点，需要引入随机变量的数字特征。

2.1.3.1 随机变量的数学期望

随机变量 X 的数学期望就是 X 的加权平均数，记作 μ 或 $E(X)$。离散型随机变量和连续型随机变量的数学期望计算方法相同，只是形式上略有差别。

若 X 是离散型随机变量，其分布数列如表 2.2 所列。

表 2.2 离散型随机变量的分布数列

$X=x_i$	x_1	x_2	…	x_n
p_i	p_1	p_2	…	p_n

根据加权平均数的计算方法，其数学期望 $E(X)$ 的计算可归纳为“对应相乘再相加”，即

$$E(X) = \sum_{i=1}^{n} x_i p_i \tag{2.1}$$

若 X 是连续型随机变量，其密度函数为 $f(x)$，x 的取值区域为 $[a,b]$。由于随机变量 X 的所有取值无法一一列举出来，故用积分号 $\int$ 来表示所对应的一个个小的矩形面积相加，仍然是“对应相乘再相加”，则 X 的数学期望 $E(X)$ 的计算公式为

$$E(X) = \int_a^b x f(x)\mathrm{d}x \tag{2.2}$$

数学期望的性质如下：

① 设 C 是常数，则有 $E(C)=C$；

② 设 X 是一个随机变量，C 是常数，则有 $E(CX)= CE(X)$；

③ 设 X、Y 是任意两个随机变量，则有 $E(X\pm Y)= E(X)\pm E(Y)$；

④ 设 X、Y 是两个相互独立的随机变量，则有 $E(XY)= E(X)E(Y)$。

注意：相互独立指的是如果两个事件相互没有影响，则可以认为这两个事件相互独

立。如抛掷一枚硬币两次，这两次抛掷硬币之间相互没有影响。

2.1.3.2　随机变量的方差和标准差

随机变量 X 的方差，记作 σ^2 或 $D(X)$，是 X 与其数学期望 $E(X)$ 的差的平方的数学期望。方差仍然是一个数学期望，只不过方差描述的是随机变量 X 与其数学期望的偏离程度、振幅强度，即

$$D(X) = E[X - E(X)]^2 \tag{2.3}$$

或

$$D(X) = E(X^2) - [E(X)]^2 \tag{2.4}$$

称 $\sqrt{D(X)}$ 为随机变量 X 的标准差。

方差的性质如下：

① 设 C 是常数，则 $D(C)=0$；

② 设 X 是一个随机变量，C 是常数，则有 $D(X+C)= D(X)$，$D(CX)= C^2D(X)$；

③ 设 X、Y 是两个相互独立的随机变量，则有 $D(X\pm Y)=D(X)+D(Y)$。

④$D(KX)=K^2D(X)$

例 2.2　某工程生产了一批商品，其中一等品占 1/2，每件一等品获利 3 元；二等品占 1/3，每件二等品获利 1 元；次品占 1/6，每件次品亏损 2 元。求任取 1 件商品获利 X 的数学期望 $E(X)$ 和方差 $D(X)$。

解：各类产品的概率分布见表 2.3。

表 2.3　各类产品获利概率

X	-2	1	3
P_i	1/6	1/3	1/2

$$E(X)=(-2)\times\frac{1}{6}+1\times\frac{1}{3}+3\times\frac{1}{2}=\frac{3}{2}$$

说明每件产品平均获利 1.5 元。

又

$$E(X^2)=(-2)^2\times\frac{1}{6}+1^2\times\frac{1}{3}+3^2\times\frac{1}{2}=\frac{11}{2}$$

所以方差为 $D(X)=E(X^2)-[E(X)]^2=\frac{11}{2}-\left(\frac{3}{2}\right)^2=\frac{13}{4}$

2.2　几种常见的概率分布

2.2.1　几种常见的离散型概率分布

1. 两点分布

若随机变量 X 只取 1 和 0 两个值，记取 1 的概率是 p，取 0 的概率是 q（或 $1-p$），则

称 X 服从两点分布或 0-1 分布，p 是 X 的参数。

生活中有很多这样的例子，比如抛掷硬币出现正面还是反面，射击是否中靶，检验产品是否合格等。

其概率分布如表 2.4 所列。

表 2.4　0-1 分布的概率

X	0	1
$P(X)$	$1-p$	p

其中：

$$P\{X=1\}=p \qquad (0<p<1)$$

$$P\{X=0\}=1-p=q \qquad (p+q=1)$$

两点分布的数学期望 $E(X)=0\times(1-p)+1\times p=p$；方差 $D(X)=E(X^2)-[E(X)]^2=p(1-p)$。

2. 二项分布

如果同时抛掷三枚相同的硬币，会出现什么情况？每一枚硬币都只有 1 和 0 两种结果（“正面朝上”记为 1，“反面朝上”记为 0），三枚硬币之间都是互不影响的，独立的。这样又不能用两点分布来描述。因此，引入二项分布，记为 $X\sim B(n,p)$。二项分布是一种常用的离散型概率分布，它具有以下基本性质：

① 可重复做试验，用 n 表示次数；

② 每次试验只有“成功”和“失败”两种对立的结果；

③ 每次试验结果“成功”的概率（p）都相等，“失败”的概率（$1-p$）也相等；

④ 每次试验相互独立。

二项分布的概率函数为：

$$P\{X=k\}=C_n^k p^k(1-p)^{n-k} \qquad (k=0,1,\cdots,n) \tag{2.5}$$

C_n^k 是在 n 次试验中“成功”次数的组合数，其公式为：

$$C_n^k=\frac{n!}{(n-k)!k!} \tag{2.6}$$

二项分布中有两个参数 n、p，二项分布的数字特征如下：

数学期望 $E(X)=np$，方差 $D(X)=np(1-p)$。

3. 泊松分布

如果二项分布中 n 很大，比如几万、几十万的数目，那么计算其概率是相当困难的事情。根据数学家的研究，在二项分布中若 n 很大，p 很小，泊松分布可作为二项分布的近似，于是可以利用泊松分布近似地进行计算。

泊松分布的概率函数为：$P\{X=k\}=\dfrac{\lambda^k}{k!}e^{-\lambda}$，其中 $\lambda>0$。

泊松分布中有一个参数 λ，记为 $X\sim P(\lambda)$，其数学期望 $E(X)=\lambda$，方差 $D(X)=\lambda$。

2.2.2 几种常见的连续型概率分布

1. 均匀分布

在实际生活中，当无法区分随机变量 X 在区间$[a,b]$内取值的时候，可以假定 X 服从$[a,b]$上的均匀分布。若随机变量 X 的概率密度函数为：

$$f(x)=\begin{cases}\dfrac{1}{b-a}, & a\leqslant x\leqslant b\\ 0, & \text{其他}\end{cases}$$

则称 X 服从均匀分布，记为 $X\sim U(a,b)$。均匀分布中有两个参数 a,b。其数学期望 $E(X)=\dfrac{a+b}{2}$，方差 $D(X)=\dfrac{(b-a)^2}{12}$。

2. 指数分布

指数分布可以用来表示独立随机事件发生的时间间隔，许多电子产品的寿命分布一般都服从指数分布，它的一个重要的特征是无记忆性。

若随机变量 X 的概率密度函数为：

$$f(x)=\begin{cases}\lambda e^{-\lambda x}, & x>0\\ 0, & \text{其他}\end{cases}$$

则称 X 服从指数分布，记为 $X\sim E(\lambda)$。指数分布中有一个参数 λ。其数学期望 $E(X)=\dfrac{1}{\lambda}$，方差 $D(X)=\dfrac{1}{\lambda^2}$。

3. 正态分布

(1)正态分布密度函数

正态分布又称高斯(Gauss)分布，是一种在生活、学习和工作中应用十分广泛的连续型随机变量的概率分布，也是一种在统计理论和应用上非常重要的分布。例如，大部分试验的随机误差一般都服从这种分布，许多环境现象的计量资料也近似服从这种分布。

正态分布的概率密度函数为：

$$f(x)=\frac{1}{\sqrt{2\pi}\sigma}e^{-\frac{1}{2}\left(\frac{x-\mu}{\sigma}\right)^2}\quad(-\infty<x<+\infty)$$

正态分布记为 $N(\mu,\sigma^2)$，均值为 μ，方差为 σ^2。

(2)正态分布的图形特点

正态分布的密度函数曲线(图 2.2)是一条关于 μ 对称的钟形曲线。特点是“两头小，中间大，左右对称”。

μ 决定了图形的中心位置，σ^2 决定了图形中峰的陡峭程度，根据高等数学的知识有：

$f(x)$以 μ 为对称轴，分别令 $x=\mu+c$，$x=\mu-c(c>0)$，并分别代入 $f(x)$，可得 $f(\mu+c)=f(\mu-c)$且 $f(\mu+c)\leqslant f(\mu)$，$f(\mu-c)\leqslant f(\mu)$，并且 $f(x)$在 $x=\mu$ 处达到最大值：$f(\mu)=\dfrac{1}{\sqrt{2\pi}\sigma}$；当$x\to\pm\infty$时，$f(x)\to 0$。这说明曲线 $f(x)$向左右伸展时，越来越贴近 x 轴，即 $f(x)$以 x 轴为渐近线。

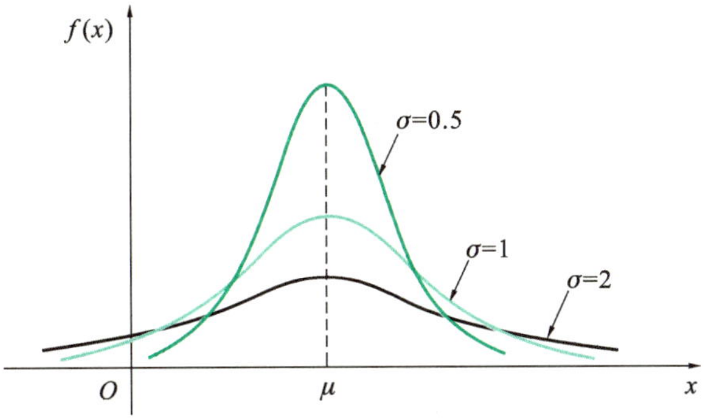

图 2.2　正态分布密度函数曲线

在现实生活中，可以在很多地方找到正态分布的影子。比如人的身高高低不等，但是大多数人的身高都会是一个中等值，特高和特矮的只是少数，分布情况呈现为一个钟形。除此之外，在正常条件下各种产品的质量指标，如零件的尺寸，纤维的强度和张力，农作物的产量，小麦的穗长、株高，测量误差，射击目标的水平或垂直偏差，信号噪声等都服从或近似服从正态分布。

(3)标准正态分布

特别地，在正态分布密度函数中，当 $\mu=0,\sigma^2=1$ 时，$N(0,1)$ 称为标准正态分布。鉴于标准正态分布的重要性，我们给予特殊的符号，其密度函数记为 $\varphi(x)=\frac{1}{\sqrt{2\pi}}e^{-\frac{x^2}{2}}$（图 2.3），分布函数记为 $\Phi(x)$，记为 $X\sim N(0,1)$。

应重点关注标准正态分布，因为任何一个一般的正态分布都可以通过线性变换转化为标准正态分布。这样，一般正态分布的概率计算问题就可以利用已经制作好的标准正态分布的分布表（见附录 1）来进行计算。

【定理 2.1】 设 $X\sim N(\mu,\sigma^2)$，则 $Y=\frac{X-\mu}{\sigma}\sim N(0,1)$。

(4)标准正态分布表

本书末附有标准正态分布函数数值表（附录 1），利用标准正态分布表，可以解决一般正态分布的概率计算。表中给的是当 $x>0$ 时，$\Phi(x)$ 的值；当 $x<0$ 时，$\Phi(x)=1-\Phi(-x)$（图 2.3）。

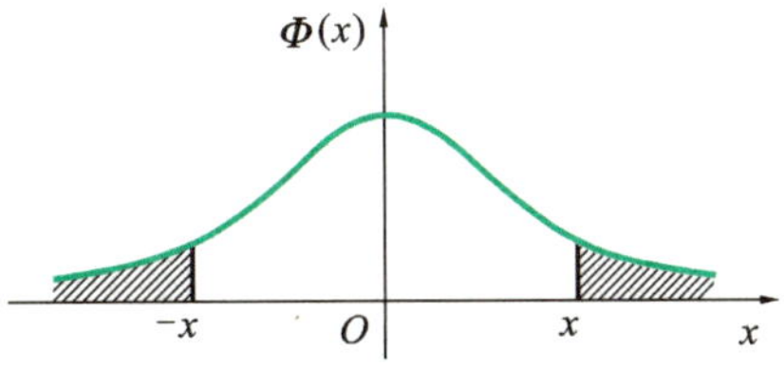

图 2.3　标准正态分布密度函数

若 $X\sim N(0,1)$，则有

$$P\{a<x<b\}=P\{a<x\leqslant b\}=\Phi(b)-\Phi(a) \tag{2.7}$$

若 $X\sim N(\mu,\sigma^2)$，根据定理 2.1 有 $Y=\frac{X-\mu}{\sigma}\sim N(0,1)$，则

$$P\{a<x<b\}=P\{\frac{a-\mu}{\sigma}<y\leqslant\frac{b-\mu}{\sigma}\}$$
$$=\Phi(\frac{b-\mu}{\sigma})-\Phi(\frac{a-\mu}{\sigma}) \tag{2.8}$$

例 2.3 设 $X\sim N(0,1)$，求 $P\{2\leqslant X\leqslant 3\}$，$P\{X<-1.23\}$，$P\{|X|<2.4\}$。

解：由式(2.7)可知

$$P\{2\leqslant X\leqslant 3\}=\Phi(3)-\Phi(2)=0.9987-0.9772=0.0215$$
$$P\{X<-1.23\}=\Phi(-1.23)=1-\Phi(1.23)=1-0.8907=0.1093$$
$$P\{|X|<2.4\}=P\{-2.4<X<2.4\}=\Phi(2.4)-\Phi(-2.4)$$
$$=2\Phi(2.4)-1=2\times 0.9918-1=0.9836$$

例 2.4 设 $X\sim N(1,4)$，求：(1)$P\{X\leqslant -1.6\}$；(2)$P\{1<X\leqslant 4\}$；(3)$P\{\ |X|>1\}$。

解：由式(2.8)可知

(1)$P\{X\leqslant -1.6\}=\Phi(\frac{-1.6-1}{2})=\Phi(-1.3)$
$$=1-\Phi(1.3)=1-0.9032=0.0968$$

(2)$P\{1<X\leqslant 4\}=\Phi(\frac{4-1}{2})-\Phi(\frac{1-1}{2})$
$$=\Phi(1.5)-\Phi(0)=0.9332-0.5=0.4332$$

(3)$P\{|X|>1\}=1-P\{|X|\leqslant 1\}=1-P\{-1\leqslant X\leqslant 1\}$
$$=1-\Phi(\frac{1-1}{2})+\Phi(\frac{-1-1}{2})=1-\Phi(0)+\Phi(-1)$$
$$=1-\Phi(0)+[1-\Phi(1)]$$
$$=1-0.5+(1-0.8413)=0.6587$$

例 2.5 假设某地区成年男性的身高(单位：cm)$X\sim N(170,7.69^2)$。

(1) 求该地区成年男性的身高超过 175 cm 的概率。

(2) 公共汽车车门的高度是按成年男性与车门顶头碰头机会在 0.01 以下来设计的，问车门高度应如何确定？

解：(1) 根据假设 $X\sim N(170,7.69^2)$，则

$$\frac{X-170}{7.69}\sim N(0,1)$$

故事件$\{X>175\}$的概率为

$$P\{x>175\}=1-P\{x\leqslant 175\}=1-\Phi(\frac{175-170}{7.69})$$
$$=1-\Phi(0.65)=1-0.7422=0.2578$$

(2) 设车门高度为 h(单位为 cm)，按设计要求 $P\{X\geqslant h\}\leqslant 0.01$ 或 $P\{X<h\}\geqslant 0.99$，下面来求满足上式的最小的 h.

因为 $X\sim N(170,7.69^2)$，故

$$P\{X<h\}=P\{\frac{x-170}{7.69}<\frac{h-170}{7.69}\}=\Phi\left(\frac{h-170}{7.69}\right)\geqslant 0.99$$

查标准正态分布表得 $\Phi(2.33)=0.9901>0.99$，故取

$$\frac{h-170}{7.69}=2.33$$

则 $h=170+7.69\times2.33=188(\text{cm})$。

故设计车门高度为 188 cm 时，可使成年男性与车门碰头机会不超过 0.01。

(5)3σ 准则的应用

由标准正态分布表可以计算求得，当 $X\sim N(0,1)$时

$$P\{|x|\leqslant1\}=2\Phi(1)-1=0.6826$$

$$P\{|x|\leqslant2\}=2\Phi(2)-1=0.9544$$

$$P\{|x|\leqslant3\}=2\Phi(3)-1=0.9974$$

这说明，X 的取值几乎全部集中在$[-3,3]$区间内，超出这个范围的可能性仅占不到 0.3%。

上述结论推广到一般的正态分布，当 $Y\sim N(\mu,\sigma^2)$时，

$$P\{|y-\mu|\leqslant\sigma\}=0.6826$$

$$P\{|y-\mu|\leqslant2\sigma\}=0.9544$$

$$P\{|y-\mu|\leqslant3\sigma\}=0.9974$$

可以认为，Y 的取值几乎全部集中在区间$[\mu-3\sigma,\mu+3\sigma]$内，这在统计学上称作“3$\sigma$ 准则”(三倍标准差原则)。其解释如下：

① 估计总体各标志值分布的范围。根据正态曲线下面积分布的规律，利用抽样调查所得样本资料，可对服从正态分布的现象总体各单位标志值的分布情况作出大概的估计。即以样本的全部观察值作为 1 或 100%，以样本均值$\bar{x}$作为总体均值 μ 的估计值，以样本标准差 s 作为总体标准差 σ 的估计值，那么，观察值的频数分布也就相当于正态曲线下面积分布的比例，即

在$[\bar{x}-s,\bar{x}+s]$范围内的观察单位数约占全体观察单位数的 68.26%；

在$[\bar{x}-1.96s,\bar{x}+1.96s]$范围内的观察单位数约占全体观察单位数的 95.00%；

在$[\bar{x}-2.58s,\bar{x}+2.58s]$范围内的观察单位数约占全体观察单位数的 99.00%。

② 实验室内质量控制。试验分析中的每一个方法都存在着变异，都会受到时间和空间的影响，即使在理想条件下获得的一组分析结果，也会存在一定的随机误差。由于随机误差服从正态分布，为了控制分析数据在一定的精度范围内，保证常规数据的质量，常以$\bar{x}\pm2s$ 作为上、下警戒值，以$\bar{x}\pm3s$ 作为上、下控制值。

③ 正态分布也是许多统计方法的理论基础。后面介绍的 t 分布、F 分布、χ^2 分布等都是在正态分布的基础上推导出来的。某些分布的极限为正态分布，如 t 分布、二项分布等，在一定的条件下可按正态近似的原理来处理。

2.2.3 大数定律与中心极限定理

2.2.3.1 大数定律

在同样条件下重复进行试验，随机事件发生的频率随着次数的增多而逐渐稳定并趋近于某个常数 P，P 称为该随机事件的概率，可见频率是具有稳定性的，这也是定义概率

的依据。此外，人们在科学实践中还认识到大量观测的算术平均数也具有稳定性，即在相同条件下，随着观测次数的增多，观测值的算术平均数逐渐稳定于某个常数。概率论中用来阐明大量随机现象平均结果的稳定性的一系列定理，统称为大数定律。大数定律的本质意义在于经过大量观察，把个别的、偶然的差异性相互抵消，而必然的、集体的规律性便显示出来。也就是说，观察的次数越多，离差的差距就会小，或者说频率出现了稳定性。这就表明，同质的大量现象是具有规律的，尽管个别现象受偶然性因素的影响出现误差，但观察数量达到一定程度就会呈现出规律性。

2.2.3.2　中心极限定理

如果一个随机变量是由很多随机变量叠加而成的，而其中每一个分量在总和中所起的作用都不大，那么作为总和的那个随机变量近似地服从正态分布，这就是中心极限定理的实际内容。

中心极限定理认为，无论随机变量 X 的总体服从何种分布，当样本容量足够大时，样本平均数的抽样分布都能够近似地服从正态分布。这就是为什么正态分布在概率论中占有重要位置的原因。

那么，多大的样本才够大呢？大量统计研究已探讨过这个问题。一般认为，对许多总体分布来说，当样本容量不小于 30 时，均值的抽样将会近似于正态，而若已知总体分布接近钟形时，那么中心极限定理即便对小的样本也成立。对于总体分布比较偏斜或不止有一个众数的异常情况，均值分布正态性的样本规模一定要大于 30。

2.3　抽样推断介绍

2.3.1　抽样推断的概念

抽样推断是从研究对象(总体)中随机抽样，对样本做出测量、观察等，得出数据作为样本指标，利用统计分析的方法推算出总体应具有的数量特征。

很明显，样本的数目越多，越大，得到的数据就越能全面、真实地反映总体的情况。但在实际项目中，往往很难对总体中的每个单位进行调查，而且有一些抽样是破坏性的，比如日光灯的使用寿命等，因此只能有组织地进行抽样调查，取得部分资料，再根据这些样本所提供的信息来估计和判断总体的数量特征。

几个基本概念：

① 总体和样本。总体也称全体，指被研究对象的全体，它是由所研究范围内具有某种共同性质的全体单位所组成的集合体。例如要研究某市工矿企业的“三废”排放情况，则该城市全部工矿企业就是研究的总体。总体可以分为有限总体和无限总体，有限总体也许数量庞大，但是可数的，如全国大学生数量；无限总体不可数，如调查某条河流水质现状时，这时的河流即为无限总体。

通常，在有限的时间、精力和财力条件下想要完全了解总体的特征是不可能的。因此实际工作中常通过统计学的方法抽取样本，用样本的特征来推导总体特征。组成总体的每一个成员称为个体，从总体中通过一定方法得到的个体集合称为样本。

② 抽样框。在很多情况下，总体中总有一些单位无法确定，实际调查中只能划定一个尽可能接近总体的便于操作的框架，作为抽样总体，即抽样框。抽样框实际上是被抽单位的目录。例如对全国乡镇企业进行调查，目的总体应包括全国全部的乡镇企业，但是客观上不可能毫无遗漏地确定全部的乡镇企业，而只能把可以查到的乡镇企业作为一个抽样框。

③ 参数和统计量。根据总体各单位的标志值或标志属性计算的，反映总体数量特征的综合指标称为总体指标。它是总体变量的函数，其数值是由总体各单位的标志值或标志属性决定的，一个总体指标是一个确定的、唯一的数值，也称真值，因此称为参数，如 μ、σ。根据样本各单位标志值或标志属性计算的综合指标称为统计量，也可称为样本指标，如 s，$\bar{x}$。

在抽样研究中，总体指标的意义和抽样方法是明确的，但其具体数值事先是未知的，需要用样本指标来估计它。样本指标的计算方法是确定的，但它的取值随着不同的样本而发生变化，所以统计量本身也是随机变量，用来作为参数的估计值会有一定的误差。

④ 样本容量。样本容量是指一个样本中包含的个体数目。样本容量的大小直接影响着抽样调查的效果。一般将 $n<30$ 的样本称为小样本，$n>30$ 的样本称为大样本。

⑤ 可放回抽样与不放回抽样。按随机原则抽取样本时，有可放回抽样(重复抽样)与不放回抽样(不重复抽样)两种方法。可放回抽样，即从总体中每次抽取一个个体后，再放回总体，保持总体数目不变，再进行下一个个体的抽取。不放回抽样，即从总体中每抽取一个个体，就不再放回总体中去，下一次从总体中抽选时，总体的数目就少了一个，实际上每个单位只有一次被抽中的机会。

2.3.2 抽样推断的特点

① 随机性。从总体中抽取个体，不受调查者和被调查者主观意识的影响。总体中的每个单位有同等被抽取的机会。

② 根据所抽取的部分单位的实际资料，对总体的数量特征作出估计，即通过抽样调查取得部分单位的实际资料，计算样本的综合指标，然后对总体的规模、水平、结构等数量指标作出估计和推断。

③ 抽样推断是利用概率估计的方法。因为样本数据与总体参数之间并不存在严格对应的自变量和因变量的关系，它不能利用一定的函数关系来推算总体参数。

④ 抽样误差可以计算和控制。抽样推断是以样本指标估计相应的总体指标，必然会存在一定的抽样误差，但这种误差可以事先通过有关资料加以计算，并且能够采取一定的组织措施来控制误差的范围，保证抽样推断的结果达到一定的可取程度。

2.4 抽样推断的组织形式

2.4.1 简单随机抽样

简单随机抽样，即根据随机原则直接从总体中抽取样本单位的一种抽样方法。这种方法虽然在理论上最符合随机原则，但是只适合于总体单位分布比较均匀的总体。一般采用抽签法和随机数字表法抽选样本单位。

2.4.2 分层抽样

分层抽样也称类型抽样或分类抽样。它是先将总体各单位按主要标志进行分层，然后再按比例从各层中随机抽取一定数目的单位构成样本。例如，调查某市工业废水排放量，可将该市工业企业按行业分为化学工业、机械工业、纺织工业和制革工业等几类，再从各类中抽选样本单位。

分层抽样需要确定各层的样本数目分配，样本单位在各层中的数目分配，可以是等比例的分层抽样，也可以是不等比例的分层抽样。

① 等比例分层抽样。就是按总体各层单位数的多少来分配每层应抽取的样本单位数。哪一层单位多就多取样，单位少就少取样，保持各层样本单位数与样本总量之比等于各层总体单位数与全体总体单位数之比。

② 不等比例分层抽样。有些情况下也可采用不等比例的分配方法分层抽样。例如，各组的总体单位数相差悬殊，如按等比例抽样则会导致某些层样本单位太少，往往会影响其代表性，这样就需要多抽一些样本单位。又如，总体内部各层变异程度相差较大时，变异度大的可适当多抽一些。有些情况下，由于总体各层单位的调查费用也不尽相同，为了尽可能节省调查总费用，对调查费用高的可适当少分配一些样本单位数，而调查费用较低的则可多分配一些。

2.4.3 等距抽样

等距抽样又称机械随机抽样或系统抽样。它是先将总体各单位按某一标志顺序排列，然后按固定的顺序和间隔抽取一定数目的总体单位构成样本。

在进行等距抽样时，首先需要根据所研究的环境现象的特点和内容选择恰当的标志。对总体各单位进行顺序排队，根据排队标志与所研究的相应指标是否有关，有两种排队方法。排队标志与被研究总体的主要指标无直接关系的称为“无关标志排队”；排队标志与被研究总体的主要指标有直接关系的称为“有关标志排队”。例如，用等距抽样方法研究一个地域的平均水土流失情况，将调查单位的地名按地图上的地理位置顺序排队就属于无关标志排队；在水污染调查中，按上一年各单位用水量排队，则属有关标志排队。

排队标志确定后，根据需要的样本单位数 n 与总体单位数 N，计算抽取各个样本单位的间隔距离 K，即 $K=N/n$。它表明在顺序排列的总体各单位中，每隔 K 个单位抽取一个样本单位。

在按无关标志排队的等距抽样中，可在第一个间隔内随机抽取第一个样本单位作为起点，然后每隔 K 个单位抽取一个样本单位，直到抽够所需要的样本单位数。这种按无关标志排队，随机确定起点的等距抽样方法，完全符合随机抽样原则，在效果上与简单随机抽样相当。

在按有关标志排队的等距抽样中，第一个样本单位通常按以下方法来确定：

① 中点取样法。即将总体各间隔部分处于中间位置的单位作为样本单位。可从第一个间隔内居中的那个单位开始抽取。当总体各单位用于排序的标志值变化比较均匀时，中点取样法所得样本对总体有较好的代表性，但这种方法实际上排除了非中点单位被抽中的可能性，故不符合随机原则。

② 平均取样法。是先按某有关标志对总体进行排序，并根据抽样距离将总体各单位分为 n 个部分，在总体各部分计算各单位排序标志值的平均数，比较各单位标志值与平均数的大小，标志值最接近于该平均数的单位即为所要抽选的样本单位。这种取样方法也未严格遵循随机原则。

③ 随机起点，对称等距取样。采用随机起点确定样本单位的方法，尽管最符合随机原则，但在按有关标志排队时，若排序后各单位的排序标志值存在线性变动（升高或降低）趋势时，样本各单位标志值可能会出现偏高或偏低的情况，使样本对总体的代表性不足，出现偏低或偏高的系统误差。为避免出现这种情况，宜采用随机起点，对称等距抽样方法。首先，对总体各奇数部分的总体单位依其标志值大小由小到大排队，而各偶数部分的总体单位则依其标志值大小由大到小排队，然后在第一部分中随机地确定第一个样本单位的序号，将其余各部分与第一部分中随机确定的第一个样本单位对应位次上的单位，定为样本单位。

按等距抽样方式来抽选调查单位，能够使抽出的单位更均匀地分配在总体中，有助于提高样本的代表性，减小抽样误差。因此，当研究的现象标志变异度大，而在实际工作中又不可能抽选更多单位进行调查时，常使用这种组织调查形式。同时，由于所研究的总体往往有现成的排队顺序或单位清册可供利用，如企业目录、农业生产单位账表、农户名册等，这样等距抽样就比较方便。

2.5 抽样分布

2.5.1 抽样分布的概念

从总体中随机抽取的 n 个个体 $X_1, X_2, \cdots, X_n$，称为总体 X 的一个容量为 n 的样本，对其进行观察，获得的具体数据 $x_1, x_2, \cdots, x_n$ 称为样本观察值或样本值。

若总体 X 的一个样本 $X_1, X_2, \cdots, X_n$ 构成一个函数 $f(X_1, X_2, \cdots, X_n)$，其中不含有任何的未知参数，则称函数 $f(X_1, X_2, \cdots, X_n)$ 为一个统计量。

总体 X 的概率分布称为总体分布。样本观察值的概率分布称为样本分布。统计量的概率分布被称为抽样分布。一般来说，要确定一个统计量的抽样分布是非常复杂的，但对于一些特殊情形，如正态总体，就有较简单的方法，且中心极限定理也保证了在许多领域的统计研究中，所遇到的总体可由正态分布作为它的一个很好的近似。许多重要的统计量也是由正态总体导出的，所有这些决定了正态总体占有特别重要的地位。

2.5.2 单正态总体的抽样分布

对于一般正态总体 X，首先讨论其样本均值 $\overline{X}$ 的分布。

1. 样本均值 $\overline{X}$ 的分布（总体方差 σ^2 已知）

【定理 2.2】 设 $X_1, X_2, \cdots, X_n$ 是来自正态总体 $N(\mu, \sigma^2)$ 的样本，$\overline{X} = \dfrac{1}{n}\sum\limits_{i=1}^{n} X_i$ 是其样本均值，则有 $E(\overline{X}) = \mu, D(\overline{X}) = \dfrac{\sigma^2}{n}$，$\overline{X} \sim N(\mu, \dfrac{\sigma^2}{n})$。将 $\overline{X}$ 化为标准正态分布后得：

$$Z = \frac{\overline{X} - \mu}{\frac{\sigma}{\sqrt{n}}} \sim N(0,1) \tag{2.9}$$

证略。

若 $X \sim N(0,1)$，对于给定的正数 $\alpha (0 < \alpha < 1)$，则称满足条件

$$P\{X > z_\alpha\} = \alpha$$

的点 z_α 为标准正态分布的 α 分位点，如图 2.4 所示（图中阴影部分面积等于 α）。

由此可见，样本具有与总体 X 相同的均值，但是样本的均值比 X 的均值更向数学期望集中，其集中程度随样本容量 n 的增大而加强。在大样本情况下，不论总体 X 属于什么情况，其样本均值 $\overline{X}$ 都满足 $\overline{X} \sim N(\mu, \dfrac{\sigma^2}{n})$，因而得到下列三大抽样分布：

2. χ^2 分布（卡方分布）

【定义 2.1】 设总体 $X \sim N(0,1)$，$X_1, X_2, \cdots, X_n$ 是来自总体 X 的一个样本，即

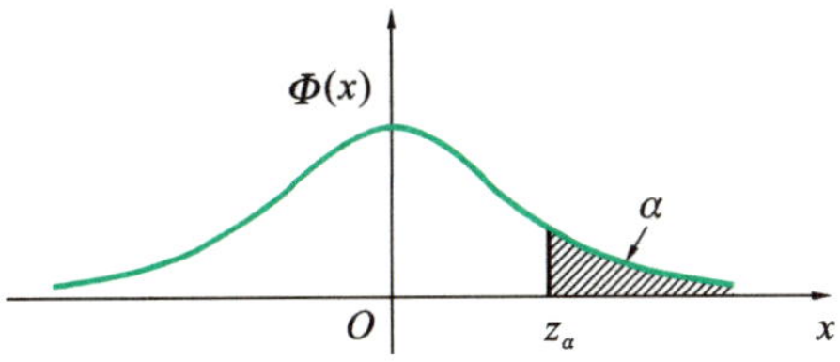

图 2.4 标准正态分布 α 分位点

$X_i \sim N(0,1), i=1,2,\cdots,n$,则称统计量$\chi^2 = X_1^2 + X_2^2 + \cdots + X_n^2 = \sum_{i=1}^{n} X_i^2$ 服从自由度为 n 的χ^2 分布,记为 $\chi^2 \sim \chi^2(n)$。

【定理 2.3】 设总体 $X \sim N(\mu, \sigma^2)$,$X_1, X_2, \cdots, X_n$ 是来自总体 X 的一个样本,$\overline{X} = \frac{1}{n}\sum_{i=1}^{n} X_i$ 是样本均值,$S^2 = \frac{1}{n-1}\sum_{i=1}^{n}(X_i - \overline{X})^2$ 是样本方差,则有$\frac{(n-1)S^2}{\sigma^2} \sim \chi^2(n-1)$,即服从自由度为 $n-1$ 的 χ^2 分布。

证略。

若$\chi^2 \sim \chi^2(n)$,对于给定的正数 $\alpha(0<\alpha<1)$,则称满足条件

$$P\{\chi^2 > \chi_\alpha^2(n)\} = \alpha$$

的点$\chi_\alpha^2(n)$为χ^2 分布的 α 分位点,如图 2.5 所示(图中阴影部分面积等于 α)。

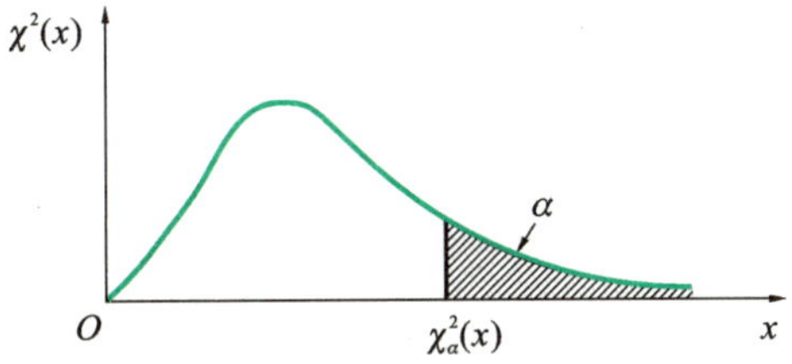

图 2.5 χ^2 分布 α 分位点

对于$\chi_\alpha^2(n)$的值,当 $n \leqslant 45$ 时可直接查χ^2 分布表(附录 2)得到;对于 $n>45$ 时,可利用如下近似公式计算:

$$\chi_\alpha^2(n) \approx \frac{1}{2}(z_\alpha + \sqrt{2n+1})^2$$

其中,z_α 为 $N(0,1)$的 α 分位点。

3. t 分布

【定义 2.2】 设 X 与 Y 相互独立,$X \sim N(0,1)$,$Y \sim \chi^2(n)$,则称随机变量

$$T = \frac{X}{\sqrt{\frac{Y}{n}}} \tag{2.10}$$

服从自由度为 n 的 t 分布,记为 $T \sim t(n)$。

t 分布的概率密度函数是偶函数,它关于 $x=0$ 对称,其形状类似于正态概率密度函数的图形。事实上,可以证明

$$\lim_{n \to +\infty} t(x,n) = \frac{1}{\sqrt{2\pi}} e^{-\frac{x^2}{2}}, -\infty < x < +\infty$$

即当 n 很大时，t 分布很接近于标准正态分布。但对于比较小的 n 值，t 分布与标准正态分布之间有较大差异。

同样地，定义 t 分布的 α 分位点，若 $t \sim t(n)$，对于给定的正数 $\alpha(0<\alpha<1)$，称满足条件 $P\{t>t_\alpha(n)\}=\alpha$ 的点 $t_\alpha(n)$ 为 t 分布的 α 分位点，如图 2.6 所示（图中阴影部分面积等于 α）。

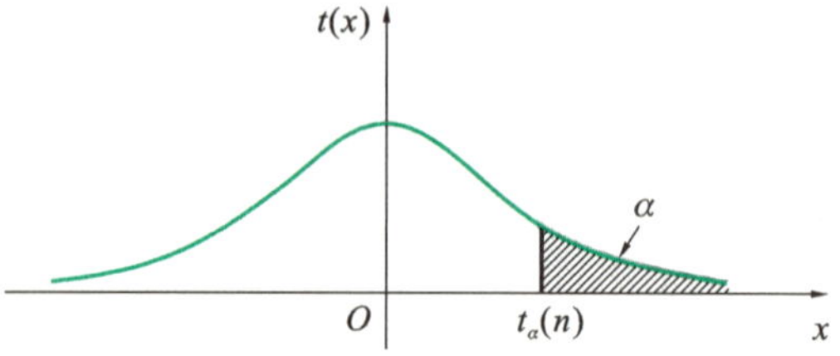

图 2.6　t 分布 α 分位点

因为总体方差 σ^2 有时在问题中不一定直接给出，所以无法使用公式 $z=\dfrac{\bar{X}-\mu}{\frac{\sigma}{\sqrt{n}}} \sim N(0,1)$。这时可转换思想，利用样本方差来代替总体方差，故有下面的定理：

【定理 2.4】 设 $X_1,X_2,\cdots,X_n$ 为正态总体 $N(\mu,\sigma^2)$ 的一个样本，$\bar{X},S^2$ 分别是样本均值和样本方差，则有

$$\frac{\bar{X}-\mu}{\frac{S}{\sqrt{n}}} \sim t(n-1) \tag{2.11}$$

即服从自由度为 $n-1$ 的 t 分布。

证略。

2.5.3　双正态总体的抽样分布

【定理 2.5】 设 $X_1,X_2,\cdots,X_{n_1}$ 与 $Y_1,Y_2,\cdots,Y_{n_2}$ 分别是具有相同方差的两个正态总体 $X\sim N(\mu_1,\sigma^2)$ 与 $Y\sim N(\mu_2,\sigma^2)$ 的样本，且 X,Y 相互独立，$\bar{X},\bar{Y},S_1^2,S_2^2$ 分别是两个样本的均值与方差，则有

$$T=\frac{(\bar{X}-\bar{Y})-(\mu_1-\mu_2)}{\sqrt{\frac{(n_1-1)S_1^2+(n_2-1)S_2^2}{n_1+n_2-2}}\cdot\sqrt{\frac{1}{n_1}+\frac{1}{n_2}}} \sim t(n_1+n_2-2) \tag{2.12}$$

1. F 分布

【定义 2.3】 设 X 与 Y 相互独立，且 $X\sim\chi^2(n_1)$，$Y\sim\chi^2(n_2)$，则称随机变量

$$F=\frac{X/n_1}{Y/n_2}$$

服从自由度均为 (n_1,n_2) 的 F 分布，记为 $F\sim F(n_1,n_2)$。

同理，$F\sim F(n_1,n_2)$，则称满足条件

$$P\{F>F_\alpha(n_1,n_2)\}=\alpha,\ 0<\alpha<1$$

的点 $F_\alpha(n_1,n_2)$ 为 F 分布的 α 分位点，如图 2.7 所示（图中阴影部分面积等于 α）。

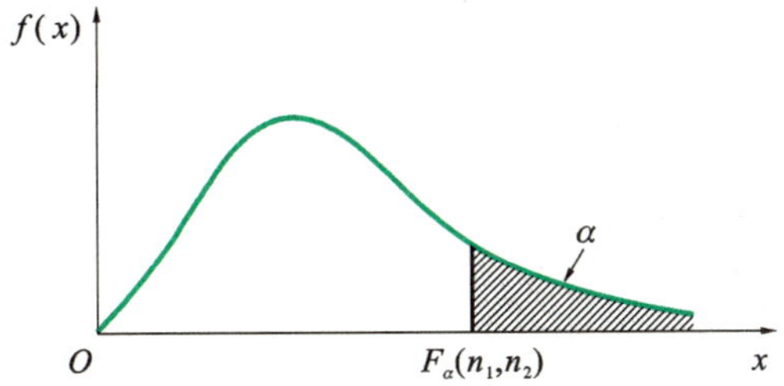

图 2.7　F 分布 α 分位点

【定理 2.6】　设总体 $X\sim N(\mu_1,\sigma_1^2)$，$Y\sim N(\mu_2,\sigma_2^2)$，$X$，$Y$ 相互独立，$X_1,X_2,\cdots,X_{n_1}$ 与 $Y_1,Y_2,\cdots,Y_{n_2}$ 分别为总体 X，Y 的样本，S_1^2，S_2^2 分别为两个样本的方差，则

$$F=\frac{\frac{S_1^2}{\sigma_1^2}}{\frac{S_2^2}{\sigma_2^2}}\sim F(n_1-1,n_2-1) \tag{2.13}$$

正态总体在统计学中的地位十分显著，一方面是由于其统计量的精确分布的数学分析比较容易，另一方面是由于正态分布可以作为很多领域的统计研究工作上的很好的近似分布。

2. 两个样本均值之差 $(\overline{X}_1-\overline{X}_2)$ 的抽样分布

从总体 $X_1\sim N(\mu_1,\sigma_1^2)$，总体 $X_2\sim N(\mu_2,\sigma_2^2)$ 中抽取随机样本，样本均值分别为 $\overline{X}_1$，$\overline{X}_2$。很明显，当 σ_1^2 和 σ_2^2 均已知时，$(\overline{X}_1-\overline{X}_2)$ 也服从正态分布，其数学期望和方差如下：

$$E(\overline{X}_1-\overline{X}_2)=\mu_1-\mu_2$$

$$D(\overline{X}_1-\overline{X}_2)=\frac{\sigma_1^2}{n_1}+\frac{\sigma_2^2}{n_2}$$

可记为

$$(\overline{X}_1-\overline{X}_2)\sim N\left(\mu_1-\mu_2,\frac{\sigma_1^2}{n_1}+\frac{\sigma_2^2}{n_2}\right) \tag{2.14}$$

将其转换为标准正态分布，即

$$Z=\frac{(\overline{X}_1-\overline{X}_2)-(\mu_1-\mu_2)}{\sqrt{\frac{\sigma_1^2}{n_1}+\frac{\sigma_2^2}{n_2}}}\sim N(0,1) \tag{2.15}$$

在实际生活中，往往会碰到 X_1 和 X_2 为非正态总体的情形，若 σ_1^2 和 σ_2^2 均已知，只要 n_1 和 n_2 均大于 30，就可认为 $(\overline{X}_1-\overline{X}_2)$ 近似地服从正态分布。

注意：若 $X_1\sim N(\mu_1,\sigma_1^2)$，$X_2\sim N(\mu_2,\sigma_2^2)$，当 σ_1^2 和 σ_2^2 均未知时，可用样本方差来代替的思想构造统计量，则有

$$T=\frac{(\overline{X}_1-\overline{X}_2)-(\mu_1-\mu_2)}{\sqrt{\frac{S_1^2}{n_1}+\frac{S_2^2}{n_2}}} \tag{2.16}$$

即服从自由度为 n_1+n_2-2 的 t 分布。

2.5.4 概率(成数)的抽样分布

容量为 N 的总体中某事件 A 发生的概率为 P，现进行 n 次重复试验，出现 A 类情况的次数为 x，x 的数学期望与方差分别为 $E(x)=nP$、$D(x)=nP(1-P)$，对于样本比例 $p=\frac{x}{n}$，则样本比例 p 的数学期望见式(2.17)。

$$E(p)=E\left(\frac{x}{n}\right)=\frac{1}{n}E(x) \tag{2.17}$$

对于大样本(通常指 $np\geqslant 5$ 或者 $n(1-p)\geqslant 5$)，样本比例近似服从正态分布，见式(2.18)。

$$p\sim N\left(P,\frac{P(1-P)}{n}\right) \tag{2.18}$$

$$\text{标准化：}\frac{p-P}{\sqrt{\frac{P(1-P)}{n}}}\sim N(0,1) \tag{2.19}$$

2.6 参数估计

2.6.1 评价估计量的标准

在实际问题中，对于某一个需要估计的未知总体参数，往往有很多估计量可以选择。比如在生活中，常常用平均数来作为一个刻画，为什么要用平均数？什么情况下都用平均数吗？中位数、众数是否可以呢？这就需要对统计量的优劣进行评价。

2.6.1.1 无偏性

设未知总体参数 θ 的估计值为 $\hat{\theta}(x_1,x_2,\cdots,x_n)$(注：$\hat{\theta}$ 为已知的，可以通过计算、测量等得到，里面的 $x_1,x_2,\cdots,x_n$ 表示样本观察值的数据)。

若 $E(\hat{\theta})=\theta$ 成立，即估计值 $\hat{\theta}$ 的数学期望(平均数)正好等于未知总体参数 θ 的值，则称 $\hat{\theta}$ 是总体参数 θ 的无偏估计量。也可记为 $E(\hat{\theta})-\theta=0$，表示没有偏差，则该估计量就被称为相应总体参数的无偏估计量。

下面给出几个常用的无偏估计量。

1. 样本均值 $\overline{X}$ 与总体均值 μ：

$$E(\overline{X})=E(\frac{x_1+x_2+\cdots+x_n}{n})=\frac{1}{n}E(x_1+x_2+\cdots+x_n)=\frac{n\mu}{n}=\mu$$

所以样本均值 $\bar{x}$ 是总体均值 μ 的无偏估计量，这就解释了为什么很多地方都是直接用数学期望(平均数)作为一个估计的原因。

2.样本方差 S^2 与总体方差 σ^2

$$E(S_n^2)=E\left[\frac{1}{n}\sum_{i=1}^{n}(x_i-\overline{X})^2\right]=\frac{n-1}{n}\sigma^2$$

$$E(S_{n-1}^2)=E\left[\frac{1}{n-1}\sum_{i=1}^{n}(x_i-\overline{X})^2\right]=\sigma^2$$

所以,样本方差 $S_n^2=\dfrac{\sum_{i=1}^{n}(x_i-\overline{X})^2}{n}$ 是总体方差 σ^2 的有偏估计量,$S_{n-1}^2=\dfrac{\sum_{i=1}^{n}(x_i-\overline{X})^2}{n-1}$ 才是总体方差 σ^2 的无偏估计量。为此,需要进行一个修正,一般讲的样本方差指 S_{n-1}^2,并简记为 S^2。

例 2.6 设 $X_1,X_2,\cdots,X_n$ 是来自均值为 μ 的总体 X 的样本,试问下列估计量哪些是 μ 的无偏估计?

(1)$\hat{\mu}_1=\frac{1}{3}X_1+\frac{2}{3}X_2$;

(2)$\hat{\mu}_2=\sum_{i=1}^{n}\alpha_iX_i(\alpha_i\geqslant 0,i=1,2,\cdots,n$ 且 $\sum_{i=1}^{n}\alpha_i=1)$;

(3)$\hat{\mu}_3=\dfrac{X_1+X_2+X_{n-1}+X_n}{4}$(假设 $n\geqslant 4$);

(4)$\hat{\mu}_4=2X_1+3X_2$

解:因为 $E(X_i)=\mu$,容易验证 $E(\hat{\mu}_i)=\mu,i=1,2,3$,所以 $\hat{\mu}_1,\hat{\mu}_2,\hat{\mu}_3$ 都是 μ 的无偏估计。下面仅以(2)的验证来说明:$E(\hat{\mu}_2)=E\left(\sum_{i=1}^{n}\alpha_iX_i\right)=\sum_{i=1}^{n}\alpha_iE(X_i)=\mu\sum_{i=1}^{n}\alpha_i=\mu$。但 $\mu_4=2X_1+3X_2$ 不是 μ 的无偏估计,因为

$$E(\hat{\mu}_4)=2E(X_1)+3E(X_2)=2\mu+3\mu=5\mu\neq\mu$$

例 2.7 设 $X_1,X_2,\cdots,X_n$ 是来自正态总体 X 的一个样本,试证明:

(1)样本均值 $\overline{X}=\frac{1}{n}\sum_{i=1}^{n}X_i$ 是总体均值 μ 的无偏估计;

(2)样本方差 $S^2=\frac{1}{n-1}\sum_{i=1}^{n}(X_i-\overline{X})^2$ 是总体方差 σ^2 的无偏估计;

(3)统计量 $\frac{1}{n}\sum_{i=1}^{n}(X_i-\overline{X})^2$ 不是总体方差 σ^2 的无偏估计。

证明:(1) 因为 $E(\overline{X})=E(\frac{1}{n}\sum_{i=1}^{n}X_i)=\frac{1}{n}\sum_{i=1}^{n}E(X_i)=\frac{1}{n}\sum_{i=1}^{n}\mu=\mu$

所以 $\overline{X}=\frac{1}{n}\sum_{i=1}^{n}X_i$ 是总体均值 μ 的无偏估计。

(2) 因为 $E[\frac{1}{n-1}\sum_{i=1}^{n}(X_i-\overline{X})^2]=\frac{1}{n-1}E\left(\sum_{i=1}^{n}X_i^2-n\overline{X}^2\right)=\frac{n}{n-1}[E(X_i^2)-E(\overline{X}^2)]$

$$=\frac{n}{n-1}\{[D(X_i)+E(X_i)\cdot E(X_i)]-[D(\overline{X})+E(\overline{X})\cdot E(\overline{X})]\}$$

$$= \frac{n}{n-1}[\sigma^2 + \mu^2 - \frac{\sigma^2}{n} - \mu^2] = \frac{n}{n-1} \cdot \frac{n-1}{n}\sigma^2 = \sigma^2$$

即样本方差 $S^2 = \frac{1}{n-1}\sum_{i=1}^{n}(X_i - \overline{X})^2$ 是总体方差 σ^2 的无偏估计。

(3)由$E[\frac{1}{n}\sum_{i=1}^{n}(X_i - \overline{X})^2] = \frac{1}{n}E[\sum_{i=1}^{n}(X_i - \overline{X})^2] = E(X_i^2) - E(\overline{X}^2)$

$$=[D(X_i)+E(X_i)\cdot E(X_i)]-[D(\overline{X})+E(\overline{X})\cdot E(\overline{X})]$$

$$=\left(\sigma^2+\mu^2-\frac{\sigma^2}{n}-\mu^2\right)=\frac{n-1}{n}\sigma^2 \neq \sigma^2$$

可见 $\frac{1}{n}\sum_{i=1}^{n}(X_i - \overline{X})^2$ 不是总体方差 σ^2 的无偏估计。

2.6.1.2 有效性

若同一个未知总体参数有两个或两个以上的无偏估计量，该用哪一个？怎样再进一步评价它们之间的优劣呢？

设 θ_1，θ_2 为参数 θ 的两个无偏估计量，若有 $D(\theta_1)<D(\theta_2)$，则称 θ_1 比 θ_2 的估计值更有效。根据方差的意义，振动的幅度越小表示数据越集中，因而有效性越高。

与估计量的无偏性比较，估计量的有效性在实际应用中更受人们重视。例如，假定某总体参数 $\mu=15$，$\overline{x}_1$ 和$\overline{x}_2$ 均为 μ 的无偏估计量。估计量$\overline{x}_1$ 的各估计值分别为 13，14，15，16，17；估计量$\overline{x}_2$ 的各估计值分别为 5，10，15，20，25。虽然$\overline{x}_1$ 和$\overline{x}_2$ 都是 μ 的无偏估计量，但由于 $\sigma_{\overline{x}_1}^2 = 2<\sigma_{\overline{x}_2}^2 = 50$，因此，在估计参数 μ 时，估计量$\overline{x}_1$ 比$\overline{x}_2$ 更有效。对此例直观去理解，就是在实际应用中，往往只利用样本的一个估计值去估计总体，当用$\overline{x}_1$ 去估计 μ 时，其误差最大也只有 2 个单位(当$\overline{x}_1$ 取 13 或 17 时)；但若用$\overline{x}_2$去估计 μ，其误差最小也将达到 5 个单位(当$\overline{x}_2$ 取 10 或 20 时)。显然，用$\overline{x}_1$ 估计 μ 比用$\overline{x}_2$ 估计 μ 更为合适，即$\overline{x}_1$ 比$\overline{x}_2$ 估计 μ 时更有效。

可以证明，样本均值$\overline{x}$和样本中位数 M 均为总体均值 μ 的无偏估计量，但是其方差分别为 $\sigma_{\overline{x}}^2 = \sigma^2/n$ 及 $\sigma_M^2=\pi\sigma^2/(2n)$，由于 $\sigma_{\overline{x}}^2<\sigma_M^2$，故在估计总体平均数时，样本均值$\overline{x}$比样本中位数 M 更为有效。

2.6.1.3 一致性

当样本容量逐渐增加时，如果估计量的某估计值愈来愈接近于相应的参数值，则称该估计量是参数的一致估计量。

设估计量 $\hat{\theta}$ 为总体参数 θ 的一致估计量，则对于任意给定的 $\varepsilon>0$，总有

$$\lim_{n\to+\infty} P(|\hat{\theta}-\theta|<\varepsilon) = 1$$

一致性只适用于大样本的情况，即当样本容量足够大时(一般要求 $n>30$)，样本均值 $\overline{X}$ 是总体均值 μ 的一致估计，样本方差 $S^2 = \frac{1}{n-1}\sum_{i=1}^{n}(X_i - \overline{X})^2$ 是总体方差 σ^2 的一致估计。

2.6.2 点估计

点估计，顾名思义就是用样本中的某数值(某个点)直接作为总体中相应参数的估计

值。比如上面刚说到的无偏估计量,因而通常将样本均值 $\overline{X}$ 作为总体均值 μ 的点估计值。又如将某一样本比率 p 作为总体比率 P 的点估计值,将某一样本方差 S^2 作为总体方差 σ^2 的点估计值等。

在许多实际问题中,对总体的分布类型一般有所了解,请看以下两例:

①灯泡厂生产的灯泡,由于种种随机因素的影响,每批生产出来的各个灯泡,其使用寿命是不一样的。也就是说,灯泡的使用寿命是一个随机变量。由中心极限定理和实际经验知道,灯泡的使用寿命 X 服从正态分布,即 $X \sim N(\mu,\sigma^2)$。但一般事先不能确切知道 μ 及 σ^2 的具体数值,而只知道它们落在某个范围内。为了确定所生产的这批灯泡的质量,自然提出要求估计这批灯泡的平均寿命以及寿命长短的差异程度,即要估计 μ 及 σ^2,而且还希望以一定的可靠性来估计其平均寿命 μ 是在某个范围内或者不低于某个数。

②纺织厂细纱机上的断头次数 X 可以用泊松分布来描述,即 $X \sim P(\lambda)$。现欲求每只纱锭在某一时间间隔内断头次数为 k 次的概率($k=0,1,2,\cdots$),实际上就是要找出总体 X 的概率分布。显然,只需求得分布 $P(\lambda)$ 中的参数 λ[λ 即为平均断头次数,且知 $\lambda = E(X)$],就可以确定其概率分布律了。但问题是并不知道 λ 的确切值,只知道它落在某个范围内,为此,也提出了要求估计总体分布的均值问题。

由上述的举例不难看出,点估计主要是解决对总体未知参数或对某随机变量的某个数字特征进行估计的一类问题。

点估计方法虽然简单,但由于未考虑到样本指标与总体指标之间客观存在着的抽样误差,也没有给出估计的概率保证程度,无法确定估计的可靠程度。所以在生活中,通常也是要给出一个区间(即大约在什么样一个范围),而不是直接给出一个数据。例如,估计某地区水源污染程度达到 70%~80%,植被破坏程度达到多少个百分率左右等,都是对参数作出的区间估计。但在统计上使用区间估计时,不用“左右”“大约”等词,而是要确定有明确意义的数值。

2.6.3 区间估计

2.6.3.1 置信概率和置信区间

【定义 2.4】 设 $X_1,X_2,\cdots,X_n$ 是来自总体 X 的一个样本,θ 为总体分布中的未知参数,若由样本确定的两个统计量 $\hat{\theta}_1=\hat{\theta}_1(X_1,X_2,\cdots,X_n)$ 和 $\hat{\theta}_2=\hat{\theta}_2(X_1,X_2,\cdots,X_n)$,对给定的 $\alpha(0<\alpha<1)$,满足

$$P\{\hat{\theta}_1(X_1,X_2,\cdots,X_n)<\theta<\hat{\theta}_2(X_1,X_2,\cdots,X_n)\}=1-\alpha \tag{2.20}$$

则称随机区间$[\hat{\theta}_1,\hat{\theta}_2]$是 θ 的置信度为 $1-\alpha$ 的置信区间。$\hat{\theta}_1$ 和 $\hat{\theta}_2$ 分别称为置信度为 $1-\alpha$ 的双侧置信区间的置信下限和置信上限。$1-\alpha$ 称为置信度,置信度表达了区间估计的可靠度。α 一般取较小的值,如 $\alpha=0.05,0.01$ 等,称 α 为显著性水平。

公式(2.20)的意义是:若反复抽样多次,设各次得到的样本容量都为 n,且每个样本值确定一个区间$[\hat{\theta}_1,\hat{\theta}_2]$,那么,每个这样的区间可能包含未知参数 θ,也可能不包含 θ,包含 θ 的区间约占 $100(1-\alpha)\%$,不包含 θ 的区间仅占 $100\alpha\%$。

由以上分析可知,置信区间端点与其长度都是样本的函数,所以置信区间是不唯一

的。因此，必须掌握区间估计的原则：即在限制估错的概率小于或等于 α 的条件下，尽量使区间长度最短，一般地，在相同置信度的区间中，区间长度越短越好；而在同样长度的置信区间中，置信度高者为好。为选择最短的区间长度，对于对称图形，一般选择对称的两点作为区间端点；对于概率密度不对称的图形，如 χ^2 分布与 F 分布，利用数学的抽象思想，习惯上仍采用对称的拒绝域来求置信区间，以提高区间估计的精度。

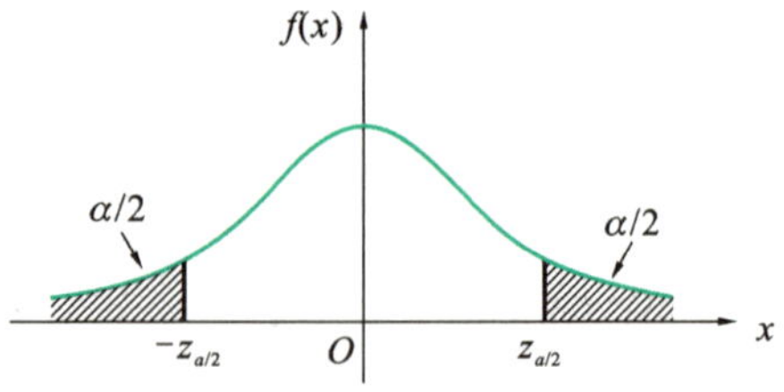

图 2.8　置信区间

例 2.8　设总体 $X \sim N(\mu, \sigma^2)$，σ^2 为已知，μ 为未知，$X_1, X_2, \cdots, X_n$ 是来自总体 X 的一个样本，求 μ 的置信度为 $1-\alpha$ 的置信区间，如图 2.8 所示。

解：由点估计可知，$\overline{X}$ 是 μ 的无偏估计，且有 $z = \dfrac{\overline{X} - \mu}{\frac{\sigma}{\sqrt{n}}} \sim N(0,1)$，由标准正态分布的 α 分位点定义，有

$$P\{|z| < z_{\frac{\alpha}{2}}\} = 1 - \alpha$$

即

$$P\left\{\overline{X} - \frac{\sigma}{\sqrt{n}} \cdot z_{\frac{\alpha}{2}} < \mu < \overline{X} + \frac{\sigma}{\sqrt{n}} \cdot z_{\frac{\alpha}{2}}\right\} = 1 - \alpha$$

所以 μ 的置信度为 $1-\alpha$ 的置信区间为：

$$\left(\overline{X} - \frac{\sigma}{\sqrt{n}} \cdot z_{\alpha/2}, \overline{X} + \frac{\sigma}{\sqrt{n}} \cdot z_{\alpha/2}\right) \tag{2.21}$$

例如，$\alpha = 0.05$ 时，$1-\alpha = 0.95$，查标准正态分布表得：$z_{\alpha/2} = z_{0.025} = 1.96$。若 $\sigma = 2$，$n = 64$，$\overline{X} = 6.51$，则可得到一个置信度为 0.95 的置信区间为：$(6.51 - \frac{2}{\sqrt{64}} \times 1.96, 6.51 + \frac{2}{\sqrt{64}} \times 1.96)$，即(6.02,7)。

注意到，此时该区间已不再是随机区间了，而是置信度为 0.95 的置信区间，其含义是指“该区间包含 μ”这一陈述的可信度为 95%。

置信区间的宽窄与置信概率和样本容量有关，它随着不同的置信度和样本容量而变化。置信区间若取得过大，估计精度就差，价值往往不大；而取得过小，需要大量增加样本容量，费力费时。置信区间取多大才算合适，需要根据所研究对象的性质，结合实践经验与专业知识来确定。实际应用中，α 一般取 0.01 或 0.05，如无特别指出，α 一般取 0.05。

2.6.3.2　总体均值的区间估计

为讨论问题方便起见，以下设定置信度为 $1-\alpha$，并设 $X_1, X_2, \cdots, X_n$ 为正态总体 $N(\mu, \sigma^2)$ 的样本，$\overline{X}$，S^2 分别为样本均值和样本方差。

1. 方差 σ^2 已知，求 μ 的置信区间

方差 σ^2 已知，求 μ 的置信区间，正是例 2.7 讨论的情况，μ 的置信度为 $1-\alpha$ 的置信区间为

$$\left(\overline{X}-\frac{\sigma}{\sqrt{n}}\cdot z_{\alpha/2},\overline{X}+\frac{\sigma}{\sqrt{n}}\cdot z_{\alpha/2}\right)$$

2. 方差 σ^2 未知，求 μ 的置信区间

当方差 σ^2 未知时，此时就不能再用式(2.21)，为构造一个仅含待估参数 μ 的 $X_1,X_2,\cdots,X_n$ 的函数，可采用 σ^2 的无偏估计 S^2 来代替 σ^2，由式(2.11)知

$$T=\frac{\overline{X}-\mu}{S/\sqrt{n}}$$

服从自由度为$(n-1)$的 t 分布，如图 2.9 所示。

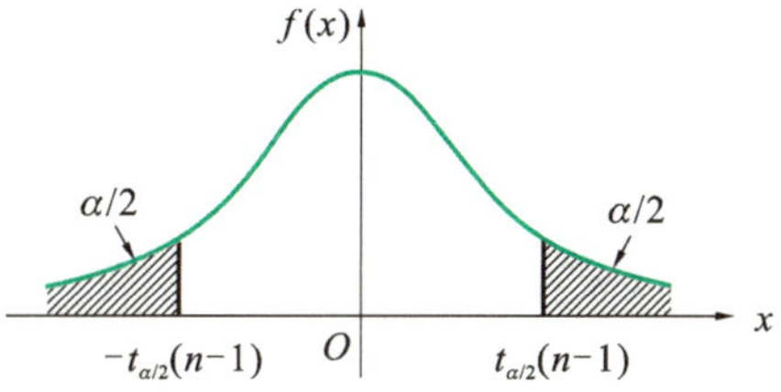

图 2.9　σ^2 未知，求 μ 的置信区间

于是有

$$P\left\{-t_{\alpha/2}(n-1)<\frac{\overline{X}-\mu}{S/\sqrt{n}}<t_{\alpha/2}(n-1)\right\}=1-\alpha$$

即

$$P\left\{\overline{X}-t_{\alpha/2}(n-1)\cdot\frac{S}{\sqrt{n}}<\mu<\overline{X}+t_{\alpha/2}(n-1)\cdot\frac{S}{\sqrt{n}}\right\}=1-\alpha$$

于是得 μ 的置信度为 $1-\alpha$ 的置信区间为

$$\left(\overline{X}-\frac{S}{\sqrt{n}}\cdot t_{\frac{\alpha}{2}}(n-1),\overline{X}+\frac{S}{\sqrt{n}}\cdot t_{\frac{\alpha}{2}}(n-1)\right)\tag{2.22}$$

注意：$t_{\frac{\alpha}{2}}(n-1)$是一个用于查表的符号，不是 $t_{\frac{\alpha}{2}}$ 再乘以$(n-1)$。

在实际问题中，总体方差 σ^2 未知的情况居多，因此式(2.22)较式(2.21)有更大的应用价值。

3. 方差 σ^2 的置信区间

用样本求 σ^2 的置信区间，这对研究生产的稳定性与精度问题都有特别的意义。研究方差 σ^2 的置信区间类似于求均值 μ 的置信区间，都要利用它们的无偏估计按区间估计的要求，选择一个合适的统计量。这里，仅讨论均值 μ 未知时的情况。根据前面的知识，有

$$\frac{(n-1)S^2}{\sigma^2}\sim\chi^2(n-1)$$

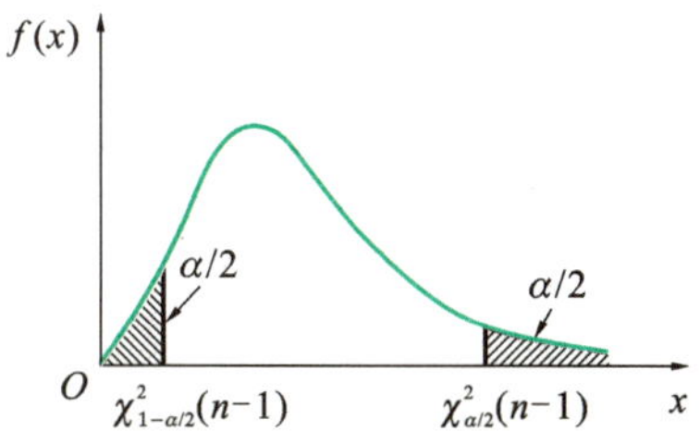

图 2.10　μ 未知，求 σ^2 的置信区间

且其分布$\chi^2(n-1)$与 σ^2 无关，于是有

$$P\left\{\chi^2_{1-\alpha/2}(n-1)<\frac{(n-1)S^2}{\sigma^2}<\chi^2_{\alpha/2}(n-1)\right\}=1-\alpha$$

类似于求均值 μ 的置信区间，即可求得 σ^2 的一个置信度为 $1-\alpha$ 的置信区间为

$$\left(\frac{(n-1)S^2}{\chi^2_{\alpha/2}(n-1)},\frac{(n-1)S^2}{\chi^2_{1-\alpha/2}(n-1)}\right) \tag{2.23}$$

例 2.9 某人实测从家到办公室上班的时间(单位:min)分别为：

9.95,10.05,10.20,10.25,9.88,10.10,10.10,10.15,10.12

由经验知道，上班的时间服从正态分布 $N(\mu,\sigma^2)$，求：

(1)μ 的 95%的置信区间；(2)σ^2 的 95%的置信区间。

解:(1)已知 $n=9$，算得 $\overline{X}=10.09$，$S^2=0.01346$。对于显著性水平 $\alpha=0.05$，查自由度为 8 的 t 分布表(附录 3)，可得 $t_{0.025}(8)=2.306$，从而得到 μ 的 95%的置信区间为：

$$\left(10.09-2.306\times\frac{0.11602}{\sqrt{9}},10.09+2.306\times\frac{0.11602}{\sqrt{9}}\right)=(10.00,10.18)$$

(2)对于 $\alpha=0.05$，查 χ^2 分布表(附录 2)，得 $\chi^2_{0.025}(8)=17.535$，$\chi^2_{0.975}(8)=2.180$，得 σ^2 的 95%的置信区间为：

$$\left(\frac{8\times0.01346}{17.535},\frac{8\times0.01346}{2.180}\right)=(0.0061,0.0494)$$

例 2.10 根据以往资料，土壤中磷的含量服从正态分布。现对某地土壤进行采样调查，测得 9 个土壤样品中磷的平均含量为 365.3 ppm，已知该土壤中磷含量的总体标准差为 99.6 ppm，试估计该地土壤中磷的平均含量的 95%和 99%的置信区间。

解:根据题意，有 $1-\alpha=0.95$ 时，$z_{\alpha/2}=z_{0.025}=1.96$，则 μ 的 95%置信区间为：

$$(365.3-1.96\times\frac{99.6}{\sqrt{9}},365.3+1.96\times\frac{99.6}{\sqrt{9}})=(300.2,430.4)$$

$1-\alpha=0.99$ 时，$z_{\alpha/2}=z_{0.005}=2.58$，则 μ 的 99%置信区间为：

$$(365.3-2.58\times\frac{99.6}{\sqrt{9}},365.3+2.58\times\frac{99.6}{\sqrt{9}})=(280,451)$$

即该地土壤中磷平均含量的 95%的置信区间为(300.2,430.4)ppm；99%的置信区间为(280,451)ppm。

例 2.11 某排污口经 100 次测试，废水中 COD 平均值为 100 mg/L，若已知总体的标准差为20 mg/L，试估计该排污口废水中 COD 值的 95%的置信区间。

解:由于本例属大样本资料，查标准正态分布表得 $z_{0.025}=1.96$，按式(2.21)计算 μ 的 95%的置信区间，得：

$$(100-1.96\times\frac{20}{\sqrt{100}},100+1.96\times\frac{20}{\sqrt{100}})=(96.1,103.9)$$

即该排污口废水中 COD 值的 95%的置信区间为(96.1,103.9)mg/L。

例 2.12 为检查某湖水受汞污染情况，从该湖中随机取 9 条鱼龄相近的鱼，测得鱼胸肌中汞含量平均值为 2.01 ppm，其样本的标准差为 0.18 ppm，试求该湖中鱼的胸肌中汞含量的 95%及 99%的置信区间。

解:查 t 分布表得，$t_{0.025}(8)=2.306$，$t_{0.005}(8)=3.355$，$1-\alpha=0.95$ 时，μ 的置信区间为：

$$\left(2.01-2.306\times\frac{0.18}{\sqrt{9}},2.01+2.306\times\frac{0.18}{\sqrt{9}}\right)=(1.872,2.148)$$

$1-\alpha=0.99$ 时，μ 的置信区间则为：

$$\left(2.01-3.355\times\frac{0.18}{\sqrt{9}},2.01+3.355\times\frac{0.18}{\sqrt{9}}\right)=(1.8087,2.2113)$$

即该湖中鱼的胸肌中汞含量的 95% 的置信区间为(1.872,2.148)ppm，99% 的置信区间为(1.8087,2.2113)ppm。

2.6.3.3 两个总体均值之差的区间估计

1. 两总体方差 σ_1^2 和 σ_2^2 均已知时，两个总体均值之差的区间估计

设来自两个正态总体的样本均值分别为 $\overline{X}_1$ 和 $\overline{X}_2$，它们的样本容量分别为 n_1 和 n_2，显然

$$(\overline{X}_1-\overline{X}_2)\sim N\left(\mu_1-\mu_2,\frac{\sigma_1^2}{n_1}+\frac{\sigma_2^2}{n_2}\right)$$

构造统计量

$$z=\frac{(\overline{X}_1-\overline{X}_2)-(\mu_1-\mu_2)}{\sqrt{\frac{\sigma_1^2}{n_1}+\frac{\sigma_2^2}{n_2}}}\sim N(0,1) \tag{2.24}$$

与单个正态总体均值的区间估计采用相同的思想，可得置信度为 $1-\alpha$ 时，$\mu_1-\mu_2$ 的置信区间为

$$\left((\overline{X}_1-\overline{X}_2)-z_{\alpha/2}\sqrt{\frac{\sigma_1^2}{n_1}+\frac{\sigma_2^2}{n_2}},(\overline{X}_1-\overline{X}_2)+z_{\alpha/2}\sqrt{\frac{\sigma_1^2}{n_1}+\frac{\sigma_2^2}{n_2}}\right) \tag{2.25}$$

$\sqrt{\frac{\sigma_1^2}{n_1}+\frac{\sigma_2^2}{n_2}}$ 是 $\overline{X}_1-\overline{X}_2$ 的抽样分布的标准差，可简单地用 $\sigma_{\overline{X}_1-\overline{X}_2}$ 表示，称之为两均值之差的标准误，表示由 $\overline{X}_1-\overline{X}_2$ 估计 $\mu_1-\mu_2$ 的抽样误差。

例 2.13 总体 $X_1\sim N(\mu_1,4)$，$X_2\sim N(\mu_2,8)$，从总体 X_1 和 X_2 中分别用重复抽样的方法抽取 $n_1=400$ 和 $n_2=100$ 的简单随机样本，经计算 $\overline{X}_1=6.8$，$\overline{X}_2=5.7$。试以 95% 的置信度估计 $\mu_1-\mu_2$ 的置信区间。

解：$1-\alpha=0.95$ 时 $\mu_1-\mu_2$ 的置信区间为：

$$\left((6.8-5.7)-1.96\times\sqrt{\frac{4}{400}+\frac{8}{100}},(6.8-5.7)+1.96\times\sqrt{\frac{4}{400}+\frac{8}{100}}\right)$$
$$=(0.512,1.688)$$

即两总体均值之差 $\mu_1-\mu_2$ 的 95% 的置信区间为(0.512,1.688)。

2. 两总体方差 σ_1^2 和 σ_2^2 均未知但 $\sigma_1^2=\sigma_2^2$ 时，$\mu_1-\mu_2$ 的置信区间

设从两正态总体中随机抽取容量分别为 n_1 和 n_2 的样本，因 σ^2 未知，故构造统计量

$$T=\frac{(\overline{X}_1-\overline{X}_2)-(\mu_1-\mu_2)}{\sqrt{\frac{(n_1-1)S_1^2+(n_2-1)S_2^2}{n_1+n_2-2}\cdot\left(\frac{1}{n_1}+\frac{1}{n_2}\right)}}\sim t(n_1+n_2-2) \tag{2.26}$$

在置信度为 $1-\alpha$ 下的置信区间为

$$[(\overline{X}_1-\overline{X}_2)-S_{\overline{X}_1-\overline{X}_2}\cdot t_{\alpha/2}(n_1+n_2-2),(\overline{X}_1-\overline{X}_2)+S_{\overline{X}_1-\overline{X}_2}\cdot t_{\alpha/2}(n_1+n_2-2)] \tag{2.27}$$

式中 $t_{\alpha/2}(n_1+n_2-2)$ 为自由度为 n_1+n_2-2 时的 t 界值，$S_{\overline{X}_1-\overline{X}_2}=\sqrt{\dfrac{(n_1-1)S_1^2+(n_2-1)S_2^2}{n_1+n_2-2}\cdot\left(\dfrac{1}{n_1}+\dfrac{1}{n_2}\right)}$ 是两均值差的标准误 $\sigma_{\overline{X}_1-\overline{X}_2}$ 的估计值，表示此时由 $\overline{X}_1-\overline{X}_2$ 估计 $\mu_1-\mu_2$ 时的抽样误差。特别注意：$t_{\alpha/2}(n_1+n_2-2)$ 是一个用于查表的符号，不要简单地理解为 $t_{\alpha/2}$ 乘以 (n_1+n_2-2)。

例 2.14 已知某造纸厂废水中悬浮物连续排放量服从正态分布。1 月对该厂废水抽样监测 8 次，测得废水悬浮物平均含量为 22.5 mg/L，2 月又抽样测定 8 次，测得废水中悬浮物平均含量为 17.8 mg/L，1 月和 2 月测定结果的标准差分别为 8.3 mg/L 和 7.6 mg/L。试求两个月废水中悬浮物平均差值的 95%的置信区间。

解：依题意，有 $S_{\overline{X}_1-\overline{X}_2}=\sqrt{\dfrac{(8-1)\times 8.3^2+(8-1)\times 7.6^2}{8+8-2}\times\left(\dfrac{1}{8}+\dfrac{1}{8}\right)}=3.98$，$n_1+n_2-2=8+8-2=14$，$\alpha=0.05$，$t_{0.025}(14)=2.145$。所以，$\mu_1-\mu_2$ 的置信区间为：

$$(4.7-2.145\times 3.98,4.7+2.145\times 3.98)=(-3.8,13.2)$$

因此，该厂 1 月与 2 月废水中悬浮物平均含量差的 95%的置信区间为(−3.8,13.2)。

2.6.3.4 正态总体方差的区间估计

在许多试验过程中，都需要研究试验过程的稳定性或精度问题，这就要求人们对方差作出估计。

1. 总体均值 μ 已知时，总体方差 σ^2 的置信区间

设总体 $X\sim N(\mu,\sigma^2)$，$X_i(i=1,2,\cdots,n)$ 是 X 的简单随机样本，有

$$P\left\{\chi^2_{1-\alpha/2}(n)<\frac{\sum_{i=1}^{n}(X_i-\mu)^2}{\sigma^2}<\chi^2_{\alpha/2}(n)\right\}=1-\alpha \tag{2.28}$$

由此得总体方差 σ^2 的 $1-\alpha$ 置信区间为

$$\left(\frac{\sum_{i=1}^{n}(X_i-\mu)^2}{\chi^2_{\alpha/2}(n)},\frac{\sum_{i=1}^{n}(X_i-\mu)^2}{\chi^2_{1-\alpha/2}(n)}\right) \tag{2.29}$$

2. 总体均值 μ 未知时，总体方差 σ^2 的置信区间

当 μ 未知时，根据 $\dfrac{(n-1)S^2}{\sigma^2}\sim\chi^2(n-1)$ 的思想，有

$$P\left\{\chi^2_{1-\alpha/2}(n-1)<\frac{(n-1)S^2}{\sigma^2}<\chi^2_{\alpha/2}(n-1)\right\}=1-\alpha \tag{2.30}$$

由此可得总体方差 σ^2 的 $1-\alpha$ 置信区间为：

$$\left(\frac{(n-1)S^2}{\chi^2_{\alpha/2}(n-1)},\frac{(n-1)S^2}{\chi^2_{1-\alpha/2}(n-1)}\right) \tag{2.31}$$

例 2.15 从总体中随机抽取一个容量为 40 的简单随机样本，测得 $\overline{X}=500$，$S^2=100$，试以 95%的置信度估计该总体方差 σ^2 的置信区间。

解：查 χ^2 分布表得：$\chi^2_{\alpha/2}(n-1)=\chi^2_{0.025}(39)=58.12$，$\chi^2_{1-\alpha/2}(n-1)=\chi^2_{0.975}(39)=23.654$。

由公式(2.28)计算该总体方差的 95%的置信区间为：

$$\left(\frac{(40-1)\times 100}{58.12},\frac{(40-1)\times 100}{23.654}\right)=(67.1,164.9)$$

2.6.3.5 概率的区间估计

根据抽样分布原理，当样本容量足够大（通常指 $np\geqslant 5$ 或者 $n(1-p)\geqslant 5$）时，样本比例近似服从正态分布，即

$$p\sim N\left(P,\frac{P(1-P)}{n}\right) \tag{2.32}$$

$$标准化：\frac{p-P}{\sqrt{\frac{P(1-P)}{n}}}\sim N(0,1) \tag{2.33}$$

由此可以利用正态分布对总体概率（成数或比例）P 进行统计推断，总体比例 P 置信度为 $1-\alpha$ 的置信区间公式为：

$$p-Z_{\alpha/2}\sqrt{p(1-p)/n}<P<p+Z_{\alpha/2}\sqrt{p(1-p)/n} \tag{2.34}$$

例 2.16 企业收集排污口 COD 在线监测数据 144 个，其中超过标准的监测数据 24 个，请确定该企业排污口 COD 超标率 95% 的置信区间。

企业在线监测数据样本数 $n=144$ 个，超标 24 个，样本超标率 $p=16.67\%$，代入得 $np>5$，可用公式(2.34)计算置信区间如下：

$$(0.167-1.96\times\sqrt{0.167\times(1-0.167)/144},$$
$$0.167+1.96\times\sqrt{0.167\times(1-0.167)/144})=(0.106,0.228)$$

该排污口 COD 在线监测数据超标率 95% 的置信区间为(0.106,0.228)。

思考题与习题

1. 常见的离散型和连续型分布有哪些？各自的数学期望和方差是什么？
2. 抽样推断有哪几种组织形式？
3. 单正态总体的抽样分布有哪些？分别适用于什么情况？
4. 双正态总体的抽样分布与单正态总体的抽样分布有何联系？
5. 评价统计量优劣应遵循哪些原则？
6. 点估计和区间估计有哪些区别？
7. 什么是置信区间和置信概率？影响置信区间范围大小的因素有哪些？
8. 某地对污水灌区 9 眼水井取样，测定地下水中氯化物的含量(mg/L)，测定结果如下：175.3　205.0　190.2　183.6　150.4　178.5　195.5　180.4　172.5。试估计其总体均值的 95% 和 99% 的置信区间。
9. 测定某废水中氰化物浓度得到下列数据：$n=4$，$s=0.1$ mg/L，$\bar{x}=1.2$ mg/L。求其总体均值的 95% 和 99% 的置信区间。
10. 对某废水排放口流量进行测定，随机测量 9 次，测得废水平均流量为 0.08 m^3/s，标准差为 0.033 m^3/s，试估计该排污口废水流量的 95% 的置信区间。
11. 某地有污水灌区小麦面积 1 万亩，为预测小麦产量，从中随机不重复地抽取 100

亩进行实测，测得平均亩产 200 kg，标准差 8.2 kg，试计算：

(1)平均亩产的标准误；

(2)以 95%的置信度估计污灌区小麦平均亩产的可能范围；

(3)下次做类似调查，为使概率保证度不变，允许误差不超过 1.5kg，至少应抽多少亩作样本？

12. 某市对 120 个大气采样点采样测定大气中 SO_2 浓度，检测结果发现有 28 个采样点大气中 SO_2 浓度超标，试求其总体超标率的 95%的置信区间。

13. 某市有 500 个大气污染源，现用不重复抽样法对其中 50 个进行监测，测得烟尘排放达标率为 78%，试估计该市大气污染源烟尘排放达标率的 95%的置信区间。

3 环境统计检验

本章提要

环境统计检验的目的是检验一些差异是否超出了随机误差的范围，其理论依据是“小概率原理”。环境统计检验又可称为假设检验，分为参数检验与非参数检验。参数检验是在总体分布已知的情况下，对总体中未知参数先作出某种假设，再根据样本所提供的信息在一定的置信水平上判断假设合理性的过程。非参数检验是指在总体分布形态未知的情况下，先对总体分布形态作出某种分布的假设，然后根据总体的样本所提供的信息，检验所作假设合理性的过程。

假设检验的一般步骤是：建立假设、构造统计量，确定拒绝域，作出推断结论。假设检验的结论具有概率性，可能发生两类错误：第一种是原假设 H_0 是正确的，但是根据统计量来检验时，统计量落入了拒绝域，导致拒绝原假设 H_0，称为第一类错误（弃真），用 α 表示其概率；另一种是原假设 H_0 是错误的，而由于抽样的偶然性，得到的统计量没有落入拒绝域，使得接受了原假设 H_0，称为第二类错误（取伪），用 β 表示其概率。

本章主要介绍 z 检验、t 检验、F 检验、χ^2 检验、秩和检验等常用假设检验方法在环境监测和环境科学研究中的实际应用。

3.1 假设检验概述

3.1.1 假设检验的基本概念与意义

在环境科学研究中，研究者对所研究的对象（总体）往往不完全了解，甚至完全不了解，所掌握的数据仅仅是样本的资料。例如，用两种不同的方法对同一底泥样品同时测定砷的含量，第一种方法测得砷含量的平均值$\bar{x}$=2.92 mg/kg，第二种方法测得砷含量的平均值$\bar{x}$=3.05 mg/kg。显然，导致这两种方法测定结果不相同的原因有两种：一是纯粹由随机误差所致，比如用第一种方法再做几次试验，其结果也往往不同；二是这两种方法本身存在实质性的差异，即有系统误差存在。那么，这种差异究竟是实质性的，还是仅仅是由于随机误差造成的假象，这就需要通过统计假设检验来判断。所谓统计假设检验，亦称显著性检验，它是根据研究目的，先对样本所属总体特征作出某种假设，如假设某一总体指标等于某个值，或假设两个总体指标相等。然后根据实际得到的样本资料所提供的信息，通过一定的统计方法，检验所作假设是否合理，从而对假设作出是该拒绝或不拒绝的判断。

统计假设检验分为参数检验与非参数检验。参数检验是在总体分布已知的情况下，对总体中未知参数先作出某种假设，再根据样本所提供信息在一定的置信水平上判断假设合理性的过程。如 t 检验、F 检验等。非参数检验是指在总体分布形态未知的情况下，先对总体分布形态作出某种分布的假设，然后根据总体的样本所提供的信息，检验所作假设合理性的过程。这类检验由于不涉及总体的参数，因此，称之为非参数检验。如 χ^2 检验、秩和检验等。

3.1.2 假设检验的两类错误

(1)小概率原理

假设检验的理论依据来源于“小概率原理”，即在一次试验中，如果该事件发生的概率很小，那么做一次试验就能发生，这几乎是不可能的。比如：对于掷三枚相同的骰子，“一次就得到三个六点”这个事件，利用前面的概率知识，可知其概率为

$$(\frac{1}{6})^3=\frac{1}{216}\approx 0.0046$$

显然这是小概率事件，那么在实际生活中，可能抛掷一整天，也没有得到三个六点同时出现的情况，更不用说只抛掷一次就得到三个六点。因此，抛掷三枚相同的骰子，一次就得到三个六点，这是基本不可能发生的，如果发生了，那有理由相信，肯定是出现了其他原因(对骰子做手脚等)。

统计学中一般认为概率小于 0.05 的事件为小概率事件，小概率事件在一次抽样试验中是几乎不可能发生的。如果设定一定条件，在此条件下能够准确地算出事件 A 发生的概率 α 为小概率，则在此条件下的 n 次独立重复试验中，事件 A 将发生的概率为小概率，而小概率事件在一次试验几乎不可能发生，由此可以否定“发生 A 事件”这一个假设。

在小概率原理基础上建立的假设检验，若无特别要求，显著性水平 α 通常取 0.05，有些检验的显著性水平 α 也可取 0.01。

(2)假设检验的两类错误

环境统计假设检验的目的在于检验一些差异是否超出了随机误差的范围，因此在建立假设时，首先是假设这种差异只是由于随机误差所致，然后经过统计检验看能否推翻这个假设。统计上把所要检验的假设称为原假设或零假设，用 H_0 表示。与原假设相反的假设称为备择假设或对立假设，用 H_1 表示。

是接受还是拒绝原假设 H_0，其依据是看在一次试验中小概率事件是否发生。若发

生,显然原假设不合理,则拒绝原假设,接受备择假设;若没有发生,则没有充分的理由去拒绝原假设,只能接受原假设。

这里有一个问题出现了,因为假设检验的依据是"小概率原理",那么在进行检验时,可能会出现两类错误,一种是原假设 H_0 是正确的,但是根据统计量来检验时,统计量落入了拒绝域,导致拒绝原假设 H_0,称为第一类错误(弃真),用 α 表示其概率;另一种是原假设 H_0 是错误的,而由于抽样的偶然性,得到的统计量没有落入拒绝域,使得接受了原假设 H_0,称为第二类错误(取伪),用 β 表示其概率。如表 3.1 所列。

表 3.1 两类错误

判断	真实情况	
	原假设 H_0 为真	原假设 H_0 为假
拒绝原假设 H_0	第一类错误,弃真	判断正确
接受原假设 H_0	判断正确	第二类错误,取伪

α 和 β 的值可以根据不同问题的要求适当控制。要同时减小 α 和 β,唯一的方法是增加样本容量。当样本容量确定后,虽然不能同时减少 α 和 β,但可以通过确定 α 值来控制 β。若要求重点在减少 α,一般取 $\alpha=0.01$,若重点在减少 β,一般取 $\alpha=0.05$,因为 β 虽属未知,但估计 β 值在 α 取 0.05 时要比 α 取 0.01 时小。

3.1.3 假设检验的步骤

1. 建立假设,提出原假设

在建立假设之前,首先应根据资料的性质和分析的目的要求,确定作双侧检验还是单侧检验。以两样本均值比较为例,研究者的目的可能有两种:①推断两总体均值有无差别,不管是甲高于乙,还是乙高于甲,两种可能性都存在,研究者都同等关心,应当用双侧检验。例如前面所说的用两种方法测定底泥中砷的含量,比较的目的是判断两种方法测得的砷含量的结果是否相同。至于哪一种方法测定结果高,哪一种方法测定结果低则不予考虑,因此应采用双侧检验。②根据专业知识,已知甲不会低于乙,或者是只关心甲是否高于乙,则应当用单侧检验。例如抽样检查粮食是否被某有毒物质所污染,关心的只是该有害物质的含量是否高于国家标准,则可用单侧检验。一般认为,双侧检验比较稳妥,较为常用。本书如无特殊说明,都指的是双侧检验。

根据实际问题,提出原假设和备择假设。一般将不容易被否定的作为原假设,这一点正好切合假设检验的原理。现以均值的比较举例如下:

现以对单个正态总体均值 μ 的假设检验为例作一描述,设方差 σ^2 已知,则在显著水平 α 下:

① 若检验假设为:$H_0:\mu=\mu_0$,$H_1:\mu\neq\mu_0$,称此检验为双侧检验,其检验拒绝域为:$(-\infty,-z_{\alpha/2})$或$(z_{\alpha/2},+\infty)$。

② 若检验假设为:$H_0:\mu\leqslant\mu_0$,$H_1:\mu>\mu_0$,称此检验为右侧检验,其检验拒绝域为:$(z_\alpha,+\infty)$。

③ 若检验假设为：$H_0:\mu\geqslant\mu_0$，$H_1:\mu<\mu_0$，称此检验为左侧检验，其检验拒绝域为：$(-\infty,-z_\alpha)$。

右侧检验与左侧检验统称为单侧检验。

显然，从上述例子中可看出，一般而言，原假设 H_0 都是做成等号，以方便下一步统计量的计算，备择假设就要视具体问题来确定。

应重点关注 α，前面介绍的 α 是犯第一类错误的概率，亦称显著性水平，它是一个否定或肯定 H_0 的概率标准，是一个小概率。通常取 $\alpha=0.05$，有时根据某些实际情况，亦可取 $\alpha=0.01$，$\alpha=0.1$ 等。

2. 建立检验统计量

假设检验不是直接通过样本观察值而是通过由样本所构造的统计量来进行的。因此，要根据资料性质和研究目的，同时结合抽样分布原理来选择和计算统计量。寻找参数的一个良好估计量，据此建立一个不带任何未知参数的统计量作为检验统计量，并在 H_0 成立的条件下，确定其分布（或近似分布）。各统计量的计算方法分述于后。

3. 确定 H_0 的拒绝域

根据实际问题选定显著性水平 α，依据检验统计量的分布与 H_0 的内容，确定 H_0 的拒绝域。

4. 对 H_0 作出判断

根据样本值算出检验统计量的统计值，判断是否落在拒绝域，以确定拒绝或接受 H_0。

3.1.4 假设检验应注意的问题

实际应用中，对同一问题，根据 α 的大小不同会出现不同的结论。若按显著性指标 $\alpha=0.05$（显著的）可能是接受 H_0，而按显著性指标 $\alpha=0.01$（高度显著的）则有可能是拒绝 H_0。

3.2 单个正态总体的假设检验

3.2.1 总体均值的假设检验

如果需要检验某一样本平均数 $\bar{x}$ 与其所属的总体平均数 μ 是否相等（设 $\bar{x}=\mu=\mu_0$），常会用到单个正态总体的假设检验。

根据样本与总体的概率分布规律，通过显著性检验，样本平均数 $\bar{x}$ 与总体平均数 μ 无显著性差异，即判定 $\bar{x}=\mu$，则说明该样本属于平均数 $\mu=\mu_0$ 的总体。

若样本平均数 $\bar{x}$ 与总体平均数 $\mu=\mu_0$ 存在显著性差别，即 $\bar{x}\neq\mu$，则说明该样本所属的总体与检验的总体(平均数 $\mu=\mu_0$ 的总体)不同。

上述检验根据样本的分布规律,有两种检验方法,一种为 Z 检验、一种为 t 检验。

3.2.1.1 z 检验(总体方差 σ^2 已知)

设正态总体 $X\sim N(\mu,\sigma^2)$,$X_1,X_2,\cdots,X_n$ 为 X 的一个样本,当总体方差 σ^2 已知时,统计量

$$z=\frac{\overline{X}-\mu_0}{\frac{\sigma}{\sqrt{n}}} \tag{3.1}$$

例 3.1 某物质的浓度为 4.21 μg/g,现固定用同一种方法重复测定 4 次,测试值分别为 3.82 μg/g,3.74 μg/g,3.76 μg/g,4.24 μg/g。假设已经知道该测试方法在显著性水平 $\alpha=0.05$ 的情况下总体方差 $\sigma^2=0.108\ \mu g^2/g^2$,问使用该方法测定浓度结果是否偏低?

解:检验步骤如下:

① 建立假设,提出原假设(根据题目所问"是否偏低",那么备择假设应为"小于",显然此题是单侧检验)

$H_0:\mu=\mu_0=4.21$ (一般而言,原假设均为"等号",否则在计算统计量时无法代入数据)

$H_1:\mu<\mu_0$

② 建立检验统计量 z

$$z=\frac{\overline{X}-\mu_0}{\sigma/\sqrt{n}}=\frac{3.89-4.21}{\sqrt{0.108}/\sqrt{4}}=-1.9475$$

③ 确定显著性水平与拒绝域

查附录 3*,$n=\infty$ 行,$\alpha=0.05$ 对应的 z 值,$z_{0.05}=1.645$。该题为左侧检验,故为 $-z_{0.05}=-1.645$,因 $-1.9475<-1.645$,落入拒绝域中。

④ 作出推断

因此,根据显著性水平 $\alpha=0.05$,应该拒绝 H_0,接受 H_1,可认为该法测定浓度的结果偏低。

注意:若按显著性水平 $\alpha=0.01$,则有 $-z_{0.01}=-2.33$,由于 $z=-1.9475>-z_{0.01}=-2.33$,没有落入拒绝域,结果是要接受 H_0,拒绝 H_1。即在显著性水平 $\alpha=0.01$ 的情况下,认为测定的浓度没有偏低。

3.2.1.2 t 检验(总体方差 σ^2 未知)

若总体方差 σ^2 未知,但样本为大样本时(本书取 $n>30$),用样本方差 S^2 代替总体方差 σ^2,统计量仍然服从标准正态分布,如式(3.2)所示。

$$t=\frac{\overline{X}-\mu_0}{\frac{S}{\sqrt{n}}}\sim N(0,1) \tag{3.2}$$

* 参考定义 2.2 t 分布的定义可知,n 足够大时,t 分布近似于标准正态分布。因此本例单侧 z 值 $z_{0.05}$ 可查 t 分布表"$n=\infty$"行。

式(3.2)中，样本容量 $n>30$。

综上所述，当样本容量为大样本(本书取 $n>30$)或总体标准差已知的情况下，可以用正态分布规律进行单个正态总体的显著性检验。

例 3.2 已知某标准水样中 $CaCO_3$ 的含量为 20.70 mg/L，现用某法测定该水样 11 次，测定结果为：20.99，20.41，20.10，20.00，20.99，20.91，20.60，20.00，23.00，22.00，22.44(mg/L)，均值为 21.04 mg/L，标准差为 1.02 mg/L。问该法测定结果与 $CaCO_3$ 的真值之间在显著性水平 $\alpha=0.05$ 下有无差别？

解：检验步骤如下：

① 建立假设，提出原假设(根据题目所问“有无差别”，备择假设应为“不等于”，显然此题为双侧检验)

$H_0:\mu=\mu_0=20.7$ (一般而言，原假设均为“等号”，否则在计算统计量时无法代入数据)

$H_1:\mu\neq\mu_0$

② 建立检验统计量 t

$$t=\frac{\overline{X}-\mu_0}{\frac{S}{\sqrt{n}}}=\frac{21.04-20.70}{1.02/\sqrt{11}}=1.106$$

③ 确定显著性水平与拒绝域

题目中显著性水平已经给出 $\alpha=0.05$，查 t 分布表(自由度为 10)得 $t_{0.025}(10)=2.2281$，发现 $|t|<2.2281$(因为是双侧检验，故要考虑左右的情况，用上绝对值)，没有落入拒绝域。

④ 作出推断

因此，根据显著性水平 $\alpha=0.05$，应该接受 H_0，拒绝 H_1，可认为该法测定的结果没有显著性差别。

例 3.3 抽取某地区今年收获的某种粮食样品 25 个，测得粮食中残留农药“六六六”(六氯环已烷 $C_6H_6Cl_6$)平均含量为 0.325 mg/kg，标准差为 0.048。去年该地区此种粮食“六六六”含量为 3 mg/kg。请判断，今年该地区土壤中“六六六”残留量是否显著性高于去年测定值。

解：检验步骤如下：

① 建立假设，提出原假设(根据题目所问“今年的农药浓度是否显著高于去年测定值”，故备择假设应该为“大于”，从而本题为单侧检验)

$H_0:\mu=\mu_0=0.3$ (一般而言，原假设均为“等号”，否则在计算统计量时无法代入数据)

$H_1:\mu>\mu_0$

② 建立检验统计量 t

$$t=\frac{\overline{X}-\mu_0}{\frac{S}{\sqrt{n}}}=\frac{0.325-0.3}{0.048/\sqrt{25}}=2.604$$

③ 确定显著性水平与拒绝域

题目中显著性水平已经给出 $\alpha=0.05$ ，查 t 分布表得(自由度为 24)，$t_{0.05}(24)=1.7109$，发现 $t>1.6896$，落入拒绝域。

④ 作出推断

因此，在显著性水平 $\alpha=0.05$ 下，拒绝 H_0，接受 H_1，认为今年粮食样品中测定的“六六六”农药残留显著大于去年测定值。

例 3.4 用原子吸收分光光度法测定某水样中铅的含量，测定结果为 0.306 mg/L。为检验准确度，在测定水样的同时，平行地测定含量为 0.250 mg/L 的铅标准溶液 10 次，所获数据为 0.254，0.256，0.254，0.252，0.247，0.251，0.248，0.254，0.246，0.248(mg/L)，测定结果的平均值为 0.251 mg/L，标准差为 0.00352 mg/L。分别按照显著性水平 $\alpha=0.05$和 $\alpha=0.01$ 评价该水样的测定结果。

解：检验步骤如下：

① 建立假设，提出原假设(根据题目所问“评价该水样的测定结果”，显然是问是否相等，故备择假设应为“不等于”为双侧检验)

$H_0:\mu=\mu_0=0.250$ (一般而言，原假设均为“等号”，否则在计算统计量时无法代入数据)

$H_1:\mu\neq\mu_0$

② 建立检验统计量 t

$$t=\frac{\overline{X}-\mu_0}{\frac{S}{\sqrt{n}}}=\frac{0.251-0.250}{0.00352/\sqrt{10}}=0.898$$

③ 确定显著性水平与拒绝域

根据显著性水平 $\alpha=0.05$ ，查 t 分布表(自由度为 9)得 $t_{0.025}(9)=2.2622$，发现 $|t|<2.2622$，没有落入拒绝域。

根据显著性水平 $\alpha=0.01$ ，查 t 分布表得 $t_{0.005}(9)=3.2498$，发现 $|t|<3.2498$，也没有落入拒绝域。

④ 作出推断

根据显著性水平 $\alpha=0.05$ 和 $\alpha=0.01$，都是应该接受 H_0，拒绝 H_1，即测试的结果是准确的。

3.2.2 总体方差的假设检验

均值 μ 未知，对单个正态总体方差 σ^2 的χ^2 检验法。

在一般情况下，正态总体的均值 μ 都是未知的，此时要对方差 σ^2 进行检验，根据选择统计量的条件，自然选用χ^2 统计量，即有

$$\chi^2=\frac{(n-1)S^2}{\sigma^2} \tag{3.3}$$

其在 H_0 成立条件下，是服从自由度为$(n-1)$的χ^2 分布，把χ^2 统计量作为正态总体均值 μ

未知时对方差 σ^2 的检验统计量，称之为 χ^2 检验法。

例 3.5 已知维尼纶纤度(表示粗细程度的量)的标准差 $\sigma=0.048$，某日抽取 5 根纤维，测得纤度为：1.32，1.55，1.36，1.40，1.44。问：这天生产的维尼纶纤度的均方差是否显著偏大？($\alpha=0.05$)

解：由题意知，这是单个正态总体 μ 未知时对 σ^2 作 χ^2 右侧检验(题目中所问"是否偏大")。

① 建立假设，提出原假设

$H_0:\sigma^2\leqslant 0.048^2$，$H_1:\sigma^2>0.048^2$。

② 建立检验统计量 χ^2

$$\chi^2=\frac{(n-1)S^2}{\sigma^2}$$

在假设 H_0 成立时，将数据 $S=0.088$，自由度 $n-1=4$，$\sigma=0.048$ 带入统计量计算如下：

$$\chi^2=\frac{(n-1)S^2}{\sigma_0^2}=\frac{4\times 0.088^2}{0.48^2}=13.444$$

③ 确定显著性水平与拒绝域

根据显著性水平 $\alpha=0.05$，查 χ^2 分布表(附录 2)得 $\chi_\alpha^2(n-1)=\chi_{0.05}^2(5-1)=9.488$，故拒绝域为 $(9.488,+\infty)$，发现 $\chi^2=13.444>9.488$，已经落入拒绝域。

④ 作出推断

因此，根据显著性水平 $\alpha=0.05$，应该拒绝 H_0，接受 H_1，即这天生产的维尼纶纤度的均方差显著偏大。

将上述三种检验方法列表汇总如表 3.2 所列。

表 3.2 单个正态总体均值，方差的检验法(显著性水平 α)

原假设 H_0	检验统计量	对立假设 H_1	拒绝域
$\mu=\mu_0$ (σ^2 已知)	$z=\dfrac{\overline{X}-\mu}{\frac{\sigma}{\sqrt{n}}}$	$\mu>\mu_0$ $\mu<\mu_0$ $\mu\neq\mu_0$	$z\geqslant z_\alpha$ $z\leqslant -z_\alpha$ $\lvert z\rvert\geqslant z_{\frac{\alpha}{2}}$
$\mu=\mu_0$ (σ^2 未知)	$t=\dfrac{\overline{X}-\mu_0}{\frac{S}{\sqrt{n}}}$	$\mu>\mu_0$ $\mu<\mu_0$ $\mu\neq\mu_0$	$t\geqslant t_\alpha(n-1)$ $t\leqslant -t_\alpha(n-1)$ $\lvert t\rvert\geqslant t_{\alpha/2}(n-1)$
$\sigma^2=\sigma_0^2$ (μ 未知)	$\chi^2=\dfrac{(n-1)S^2}{\sigma_0^2}$	$\sigma^2>\sigma_0^2$ $\sigma^2<\sigma_0^2$ $\sigma^2\neq\sigma_0^2$	$\chi^2\geqslant\chi_\alpha^2(n-1)$ $\chi^2\leqslant\chi_{1-\alpha}^2(n-1)$ $\chi^2\geqslant\chi_{\alpha/2}^2(n-1)$ 或 $\chi^2\leqslant\chi_{1-\alpha/2}^2(n-1)$

3.3 两个正态总体的假设检验

3.3.1 两个正态总体均值差的假设检验

1. 方差 σ_1^2、σ_2^2 已知时，关于两个正态总体均值 μ_1 与 μ_2 是否相等的 z 检验法

若已知两个正态总体的方差 σ_1^2 和 σ_2^2，现分别从两总体中独立抽取容量为 n_1 和 n_2 的样本。根据抽样分布理论，$(\overline{X}_1-\overline{X}_2)\sim N(\mu_1-\mu_2,\frac{\sigma_1^2}{n_1}+\frac{\sigma_2^2}{n_2})$，构造统计量 z：

$$z=\frac{\overline{X}_1-\overline{X}_2}{\sqrt{\frac{\sigma_1^2}{n_1}+\frac{\sigma_2^2}{n_2}}} \tag{3.4}$$

式(4.4)中，分子实为 $(\overline{X}_1-\overline{X}_2)-(\mu_1-\mu_2)$ 的省写(假设 $\mu_1-\mu_2=0$)，分母为两均值差的标准误，记为 $\sigma_{\overline{X}_1-\overline{X}_2}$。

若检验的两总体不服从正态分布，那么在大样本情况下，$(\overline{X}_1-\overline{X}_2)$ 也近似地服从正态分布，因此仍然可按式(3.4)计算 z 值。

例 3.6 一卷烟厂向化验室送去 A、B 两种烟草，化验尼古丁的含量是否相同，现从 A、B 中随机抽取质量相同的 5 例进行化验，测得尼古丁的含量分别为：

A：24，27，26，21，24

B：27，28，23，31，26

根据经验知，尼古丁含量服从正态分布，且知 A、B 两种烟草的方差分别为 5 与 8，取显著水平 $\alpha=0.05$，试问，这两种烟草的尼古丁含量是否有差异？

解：检验步骤如下：

① 建立假设，提出原假设(根据题目所问“是否有差异”，故备择假设应为“不等于”)

$H_0:\mu_1=\mu_2$ (一般而言，原假设均为“等号”，否则在计算统计量时无法代入数据)

$H_1:\mu_1\neq\mu_2$

分别记 A、B 两种烟草的尼古丁含量为 $\overline{x}$ 与 $\overline{y}$，根据均值的定义，可用 $\overline{x}-\overline{y}$ 作 $\mu_1-\mu_2$ 的点估计，也就是说，当 $\overline{x}-\overline{y}$ 偏大时，则应拒绝 H_0。

② 建立检验统计量

在方差 σ_1^2、σ_2^2 已知的情况下，选择 z 统计量：

$$z=\frac{\overline{x}-\overline{y}}{\sqrt{\frac{\sigma_1^2}{n_1}+\frac{\sigma_2^2}{n_2}}}=\frac{24.4-27}{\sqrt{\frac{5}{5}+\frac{8}{5}}}=\frac{-2.6}{\sqrt{2.6}}=-1.6125$$

③ 确定显著性水平与拒绝域

根据显著性水平 $\alpha=0.05$，查标准正态分布表得 $z_{0.025}=1.96$，发现 $|z|=1.6125<1.96$，没有落入拒绝域。

④ 作出判断

接受 H_0，拒绝 H_1，即认为两种烟草的尼古丁含量无差异。

2. 方差 σ_1^2、σ_2^2 未知，但 $\sigma_1^2=\sigma_2^2=\sigma^2$ 时，关于两个正态总体均值 μ_1 与 μ_2 是否相等的 t 检验法

当两正态总体方差 σ_1^2 和 σ_2^2 未知时，只要两样本容量 n_1 和 n_2 均足够大，采用同样的思路，用样本方差 S_1^2 和 S_2^2 分别代替总体方差 σ_1^2 与 σ_2^2，此时统计量 t 构造如下：

$$t=\frac{\overline{X}_1-\overline{X}_2}{\sqrt{\dfrac{S_1^2}{n_1}+\dfrac{S_2^2}{n_2}}} \tag{3.5}$$

对于取自正态总体的两个样本，当两总体方差 σ_1^2 与 σ_2^2 未知时，常用样本方差 S_1^2 和 S_2^2 来估计 σ_1^2 与 σ_2^2。在两样本容量 n_1 和 n_2 较小时，两样本均值的比较不能用 z 检验法而应采用 t 检验法。如果两总体方差 σ_1^2 与 σ_2^2 相等，统计量 t 值可按式(3.6)计算。

$$t=\frac{\overline{X}_1-\overline{X}_2}{S_{\overline{X}_1-\overline{X}_2}} \tag{3.6}$$

式(3.6)中 $S_{\overline{X}_1-\overline{X}_2}$ 为两样本均值差的标准误，可按式(3.7)计算。

$$S_{\overline{X}_1-\overline{X}_2}=\sqrt{S_w^2\left(\frac{1}{n_1}+\frac{1}{n_2}\right)} \tag{3.7}$$

式(3.7)中 S_w^2 为合并方差，可按式(3.8)计算。

$$S_w^2=\frac{(n_1-1)S_1^2+(n_2-1)S_2^2}{(n_1-1)+(n_2-1)} \tag{3.8}$$

当 $n_1=n_2=n$ 时，式(3.5)、式(3.6)还可按式(3.9)计算

$$t=\frac{\overline{X}_1-\overline{X}_2}{\sqrt{\dfrac{S_1^2+S_2^2}{n}}} \tag{3.9}$$

下面通过几个实际例子来说明两样本均值比较的 t 检验的具体方法步骤。

例 3.7 在漂白工艺中要改变温度对针织品断裂强力的影响，在两种不同温度下分别做了 8 次试验，测得断裂强力的数据如下(单位:kg)：

70℃:20.5, 18.8, 19.8, 20.9, 21.5, 19.5, 21.0, 21.2

80℃:17.7, 20.3, 20.0, 18.8, 19.0, 20.1, 20.2, 19.1

试判断两种温度下的断裂强力有无差别(断裂强力可认为服从正态分布，且方差相等，取 $\alpha=0.05$)？

解：分别记 70℃、80℃下的断裂强力为总体 X 与 Y，于是问题归结为对方差未知但相等的两个正态总体检验 $\mu_1=\mu_2$，因而可以采用 t 检验法。

① 建立假设，提出原假设

$$H_0:\mu_1=\mu_2,\ H_1:\mu_1\neq\mu_2$$

② 建立检验统计量 t

在 $\sigma_1^2=\sigma_2^2$，$n_1=n_2$ 情况下，可使用式(3.9)计算统计量如下：

$$t=\frac{\overline{X}-\overline{Y}}{\sqrt{\dfrac{S_1^2+S_2^2}{n}}}$$

代入 $\overline{X}=20.4$，$\overline{Y}=19.4$，$S_1^2=0.886$，$S_2^2=0.829$，$n=8$，

在假设 H_0 成立条件下有：

$$|t|=\frac{|20.4-19.4|}{\sqrt{\frac{0.886+0.829}{8}}}=2.16$$

③ 确定拒绝域

根据题目中显著性水平 $\alpha=0.05$，查 t 分布表得 $t_{\alpha/2}(n_1+n_2-2)=t_{0.025}(14)=2.145$。根据前面的计算 $|t|=2.16>2.145$，落入拒绝域。

④ 作出判断

拒绝 H_0，接受 H_1，即认为两种温度下的强力有差别。

例 3.8 用甲、乙两种方法同时测定某废水样品中镉含量。其中甲法测定 10 次，均值为 5.28 μg/L，标准差为 1.11 μg/L；乙法测定 9 次，均值为 4.03 μg/L，标准差为 1.04 μg/L。问两种方法测定结果有无显著差别？（$\alpha=0.05$）

解：① 建立假设，提出原假设

$$H_0:\mu_1=\mu_2,H_1:\mu_1\neq\mu_2$$

② 构造检验统计量 t

$$S_w^2=\frac{(n_1-1)S_1^2+(n_2-1)S_2^2}{(n_1-1)+(n_2-1)}=\frac{(10-1)\times 1.11^2+(9-1)\times 1.04^2}{10+9-2}=1.161$$

$$S_{\overline{X}_1-\overline{X}_2}=\sqrt{S_w^2\left(\frac{1}{n_1}+\frac{1}{n_2}\right)}=\sqrt{1.161\times\left(\frac{1}{10}+\frac{1}{9}\right)}=0.495$$

$$t=\frac{\overline{X}_1-\overline{X}_2}{s_{\overline{X}_1-\overline{X}_2}}=\frac{5.28-4.03}{0.495}=2.525$$

③ 确定拒绝域

根据显著性水平 $\alpha=0.05$，查 t 分布表得

$$t_{\alpha/2}(n_1+n_2-2)=t_{0.025}(17)=2.1098$$

④ 作出推断

显然，$|t|=2.525>2.1098$，落入了拒绝域，应该拒绝 H_0，接受 H_1，可认为这两种方法测定结果有显著差别，即至少有一种方法存在系统误差。

例 3.9 研究银盐法测定废水中砷的含量，筛选砷化氢吸收液时，选用三乙醇胺-氯仿和三乙基胺-氯仿两种吸收液作比较，对同一废水各测定 11 次，前者测定结果的平均值为 2.97 mg/L，标准差为 0.20 mg/L，后者测定结果的平均值为 3.23 mg/L，标准差为 0.18 mg/L。在显著性水平 $\alpha=0.05$ 的条件下，问选用的两种吸收液有无显著差异？

解：

① 建立假设，提出原假设

$$H_0:\mu_1=\mu_2,H_1:\mu_1\neq\mu_2$$

② 构造统计量 t

$$t=\frac{\overline{X}_1-\overline{X}_2}{\sqrt{\frac{S_1^2+S_2^2}{n}}}=\frac{2.97-3.23}{\sqrt{\frac{0.20^2+0.18^2}{11}}}=-3.205$$

③ 确定拒绝域

根据显著性水平 $\alpha=0.05$，查 t 分布表，得

$$t_{\alpha/2}(n_1+n_2-2)=t_{0.025}(20)=2.086$$

④ 作出推断

显然 $|t|=3.205>2.086$，落入拒绝域中，应该拒绝 H_0，接受 H_1，可认为选用的两种吸收液的测定结果存在显著性差异。

例 3.10 某实验室将配制的铁标准溶液与统一发放的同一浓度水平的铁标准溶液，在相同的条件下用同一种方法各测定 5 次。前者测定的均值为 3.05 mg/L，标准差为 0.020 mg/L；后者测定的均值为 3.03 mg/L，标准差为 0.018 mg/L。问在显著性水平 $\alpha=0.05$ 的条件下，该实验室配制的铁标准溶液是否与统一发放的铁标准溶液浓度一致？

解：

① 建立假设，提出原假设

$$H_0:\mu_1=\mu_2, H_1:\mu_1\neq\mu_2$$

② 构造统计量 t

$$t=\frac{\overline{X}_1-\overline{X}_2}{\sqrt{\frac{S_1^2+S_2^2}{n}}}=\frac{3.05-3.03}{\sqrt{\frac{0.020^2+0.018^2}{5}}}=1.662$$

③ 确定拒绝域

根据显著性水平 $\alpha=0.05$，查 t 分布表，得

$$t_{\alpha/2}(n_1+n_2-2)=t_{0.025}(8)=2.306$$

④ 作出推断

显然 $|t|=1.662<2.306$，没有落入拒绝域中，按 $\alpha=0.05$ 的显著性水平不能拒绝 H_0，只能接受 H_0，可认为该实验室配制的铁标准溶液与统一发放的标准样品浓度一致。

注：当题目中没有给出未知方差 σ_1^2 与 σ_2^2 相等时（即方差齐），若要检验两个正态总体均值 μ_1 与 μ_2 是否相等，则需先检验两个总体的方差是否一致，只有在满足两个方差 σ_1^2 与 σ_2^2 相等的条件下，才能用 t 检验法比较两个正态总体的均值。方差一致的检验参考 3.3.2节。

若方差检验得到的结果是方差不相等，$\sigma_1^2\neq\sigma_2^2$（即方差不齐），则需用修正 t 检验（t' 检验）对两样本平均值 $\overline{x}_1$ 与 $\overline{x}_2$ 进行显著性检验，读者可参考本教材计算机辅助运算的检验方法，具体见“8.4.2.1 统计分析工具”的介绍。

3.3.2 两个正态总体方差比的假设检验

这方面的检验主要是讨论均值 μ_1 与 μ_2 未知时，关于两个正态总体方差比的 F 检验法。

F 检验法是构造服从 F 分布的统计量，用来检验两个正态总体的方差是否相等。为检验 σ_1^2 与 σ_2^2 是否相等，即建立备择假设：$H_1:\sigma_1^2\neq\sigma_2^2$，与之对立的原假设为 $H_0:\sigma_1^2=\sigma_2^2$，因

为总体方差 σ_1^2、σ_2^2 未知，可以利用样本方差 S_1^2 与 S_2^2 来代替总体方差 σ_1^2、σ_2^2，为此，构造统计量

$$F=\frac{\frac{S_1^2}{\sigma_1^2}}{\frac{S_2^2}{\sigma_2^2}} \tag{3.10}$$

式(3.10)可简化为

$$F=\frac{S_1^2}{S_2^2} \tag{3.11}$$

显然根据前面抽样分布的知识，有 $F\sim F(n_1-1,n_2-1)$。

例 3.11 甲、乙两个铸造厂生产同一种铸件，假设两厂的铸件都服从正态分布，现从中抽取若干个，测得质量如下(单位:kg)：

甲厂:93.3,92.1,94.7,90.1,95.6,90.0,94.7

乙厂:95.6,94.9,96.2,95.8,95.1,96.3

试问乙厂铸件质量的方差是否比甲厂的小($\alpha=0.05$)?

解:① 写出假设 $H_0:\sigma_{甲}^2\leqslant\sigma_{乙}^2$，$H_1:\sigma_{甲}^2>\sigma_{乙}^2$。

② 选择 F 统计量，且有

$$F=\frac{S_{甲}^2}{S_{乙}^2}$$

在假设 H_0 成立的条件下有：$F\sim F(n_1-1,n_2-1)$。

③ 确定拒绝域：其为右侧检验，故拒绝域为：

$$F_\alpha(n_1-1,n_2-1)=F_{0.05}(6,5)=(4.95,+\infty)$$

④ 计算统计量 F 的值：$S_{甲}^2=5.14$，$S_{乙}^2=0.323$，在假设 H_0 成立的条件下有：

$$F=\frac{S_{甲}^2}{S_{乙}^2}=\frac{5.14}{0.323}=15.91$$

⑤ 作判断：因为 $F=15.91>F_{0.05}(6,5)=4.95$，可见其落在拒绝域内，因而拒绝 H_0，接受 H_1，即有 $\sigma_{甲}^2>\sigma_{乙}^2$，即认为乙厂铸件质量的方差在显著性水平 $\alpha=0.05$ 下比甲厂的小。

注:凡是比较方差大小的一类问题，一般总是采用右侧检验，此时让 S_1^2 与 S_2^2 两者中数值较大的作分子，较小的作分母，这样构造出的统计量其比值总是大于 1，拒绝域总是在右侧，因而方便查表计算，只是计算时要特别注意第一、第二自由度要与分子分母相对应。

对两个正态总体均值差与方差比的检验法如表 3.3 所列。

表 3.3 两个正态总体均值差与方差比的检验法(显著性水平 α)

原假设 H_0	构造统计量	对立假设 H_1	拒绝域
$\mu_1=\mu_2$ (σ_1^2,σ_2^2 已知)	$z=\dfrac{\bar{X}-\bar{Y}}{\sqrt{\dfrac{\sigma_1^2}{n_1}+\dfrac{\sigma_2^2}{n_2}}}$	$\mu_1>\mu_2$ $\mu_1<\mu_2$ $\mu_1\neq\mu_2$	$z\geqslant z_\alpha$ $z\leqslant -z_\alpha$ $\lvert z\rvert\geqslant z_{\alpha/2}$

续表 3.3

原假设 H_0	构造统计量	对立假设 H_1	拒绝域
$\mu_1=\mu_2$ $(\sigma_1^2=\sigma_2^2$ $=\sigma^2$ 未知)	$t=\dfrac{\overline{X}-\overline{Y}}{S_w\sqrt{\dfrac{1}{n_1}+\dfrac{1}{n_2}}}$ $S_w^2=\dfrac{(n_1-1)S_1^2+(n_2-1)S_2^2}{n_1+n_2-2}$	$\mu_1>\mu_2$ $\mu_1<\mu_2$ $\mu_1\neq\mu_2$	$t\geqslant t_\alpha(n_1+n_2-2)$ $t\leqslant -t_\alpha(n_1+n_2-2)$ $\lvert t\rvert\geqslant t_{\alpha/2}(n_1+n_2-2)$
$\sigma_1^2=\sigma_2^2$ $(\mu_1,\mu_2$ 未知)	$F=\dfrac{S_1^2}{S_2^2}$	$\sigma_1^2>\sigma_2^2$ $\sigma_1^2<\sigma_2^2$ $\sigma_1^2\neq\sigma_2^2$	$F\geqslant F_\alpha(n_1-1,n_2-1)$ $F\leqslant F_{1-\alpha}(n_1-1,n_2-1)$ $F\geqslant F_{\alpha/2}(n_1-1,n_2-1)$或 $F\leqslant F_{1-\alpha/2}(n_1-1,n_2-1)$

3.4 秩和检验

前面介绍的 z 检验、t 检验、χ^2 检验和 F 检验，都属参数检验，它们的适用条件是抽样观察的总体分布为正态分布或近似服从正态分布。

但在实际工作中，常会遇到许多非正态分布或分布类型不明确的总体，显然不能用参数检验的方法。应该先对总体的分布进行推断，从样本入手，对总体的分布类型作出假设，然后再对所提出的假设进行检验。在数理统计中，把这种不依赖于分布的统计方法称为非参数统计法。非参数统计的内容十分丰富，在本节主要介绍非参数假设检验中最重要的一类——分布函数的拟合检验。常见的有四种检验方法：概率图纸法、λ^2-拟合检验法、柯尔莫哥洛夫-斯米尔诺夫检验法及秩和检验法。本节简单介绍一种常用的非参数检验方法：秩和检验。秩和检验的优点是并不依赖于总体分布的具体形式，应用时可以不考虑被研究对象为何种分布以及分布是否已知，因而有着广泛的适用性。但秩和检验也有它的缺点，对适宜用参数检验方法的资料，若用秩和检验法处理，常会损失部分信息，降低了效率。

3.4.1 小样本的秩和检验

对于两个容量都不大于 10 的独立样本，可借助于秩和检验分布表来检验两总体分布是否有显著差异。

例 3.12 为比较两个初中毕业班数学会考成绩有无显著差异，从两班随机抽取若干学生的成绩作样本，如表 3.4 所列。

表 3.4 成绩样本

甲班成绩	88	96	83	80	90	63	52	93	69	
乙班成绩	93	90	82	94	98	99	65	47	78	91

问甲、乙两班数学毕业会考成绩是否有显著差异？

解：检验步骤：

① 提出假设

H_0：甲、乙两班成绩无显著差异。

② 编排秩次(表 3.5)

把两个样本数据混合，按从小到大的顺序排列，并将每个样本值的秩次记下，若两个样本值相等，则取两个数值所在序号的平均数为其秩次：

表 3.5 编排秩次(一)

47	52	63	65	69	78	80	82	83	88
(1)	(2)	(3)	(4)	(5)	(6)	(7)	(8)	(9)	(10)
90	90	91	93	93	94	96	98	99	
(11.5)	(11.5)	(13)	(14.5)	(14.5)	(16)	(17)	(18)	(19)	

③ 计算秩和(取样本较小的甲班)

$$T=10+17+9+7+11.5+3+2+14.5+5=79$$

④ 进行统计推断(取 $\alpha=0.05$)

查附录 5 得 $t_1=66$，$t_2=114$，因 $66<T<114$。故接受 H_0，认为在 $\alpha=0.05$ 下，甲乙两班数学会考成绩无显著差异。

3.4.2 大样本的秩和检验

秩和 T 的分布接近正态分布，其均值和标准差分别为：

$$\mu=\frac{1}{2}n_1(n_1+n_2+1),\sigma=\sqrt{\frac{n_1n_2(n_1+n_2+1)}{12}}$$

于是 $Z=\frac{T-\mu}{\sigma}\xrightarrow{L}N(0,1)$。

例 3.13 从某班随机抽取 11 名女生，15 名男生期末数学测验成绩，如表 3.6 所列，问该班男、女学生之间，数学成绩有无显著差异？($\alpha=0.05$)

表 3.6 测验成绩

女生(原始分)	87	77	92	98	97	76	62	82	46	70	70				
男生(原始分)	90	71	79	94	95	82	53	95	97	96	93	85	88	78	96

解：① 提出假设

H_0：男、女学生数学成绩无显著差异

② 编排秩次(表 3.7)

表 3.7　编排秩次(二)

46	53	62	70	70	71	76	77	78	79	82	82	85	87	88
(1)	(2)	(3)	(4.5)	(4.5)	(6)	(7)	(8)	(9)	(10)	(11.5)	(11.5)	(13)	(14)	(15)
90	92	93	94	95	95	96	96	97	97	98				
(16)	(17)	(18)	(19)	(20.5)	(20.5)	(22.5)	(22.5)	(24.5)	(24.5)	(26)				

③ 计算秩和

$$T=14+8+17+26+24.5+7+3+11.5+1+4.5+4.5=121$$

④ 计算检验统计量观测值

$$z=\frac{T-n_1(n_1+n_2+1)/2}{\sqrt{\frac{n_1 n_2(n_1+n_2+1)}{12}}}=\frac{121-11(11+15+1)/2}{\sqrt{\frac{11\times 15(11+15+1)}{12}}}=-1.43$$

⑤ 进行统计判断

因 $|z|=1.43<z_{\alpha/2}=1.96$，故接受 H_0，认为该班男、女生数学成绩无显著差异。

最后，来讨论秩和检验的可靠性问题。秩和检验是威尔科克逊(F. Wilcoxon)于 1945 年提出的，由于它不依赖于总体的分布形式，因此在应用上更受欢迎，但人们也怀疑秩和检验的可靠性，统计学家已经证明了如下结论：

① 在小样本的情况下，秩和检验的精度几乎与 t 检验一样。

② 在原始总体为偏态分布的情况下，秩和检验的可靠度比 t 检验高。

③ 在原始总体分布为“抛物线型”分布的情况下，秩和检验最为不利，其可靠性比 t 检验低。

上述结论表明，在多数情况下，秩和检验的可靠性并不比 t 检验差。

思考题与习题

1. 怎样理解小概率原理？

2. 假设检验的两类错误应如何区别？和显著性水平有什么关系？

3. z 检验、t 检验、F 检验、χ^2 检验各自的前提条件是什么？

4. 秩和检验有何优缺点？

5. 某排污口排出的废水，经长期监测，其含油浓度为 8 mg/L，标准差为 2 mg/L，服从正态分布。现抽取一个 $n=16$ 的样本，测得其平均含油浓度为 10 mg/L。问含油浓度与长期监测结果是否有显著性差别？

6. 测定某标准物质中的 Fe 含量，10 次测定结果的平均值为 1.054%，标准差为 0.009%，已知 Fe 的保证值为 1.06%。问测定结果与 Fe 的保证值有无显著性差别？

7. 在水质分析质量控制中，已知控制样品总铬的保证值为 0.902 mg/L，现对该控制样品中铬测定 10 次，测定结果为 0.875，0.930，0.920，0.880，0.880，0.895，1.006，0.992，1.010，1.041(mg/L)，均值为 0.942 mg/L，问该测定结果是否偏高？

8. 测定某水库中 A 污染物的浓度，在平水期取样测定 9 次的均值为 10.62 mg/L，标准差为 2.72 mg/L；枯水期取样测定 8 次的均值为 11.96 mg/L，标准差为 2.91 mg/L。问该水库平水期和枯水期 A 污染物的浓度是否有显著性差别？

9. 用甲、乙两种方法分别测定某样品中 A 物质的含量(%)，测定结果如下：

甲法：3.29，3.10，3.20，2.90，2.93，3.15

乙法：3.22，3.15，3.55，2.90，3.10，2.95

问这两种方法的测定结果是否有显著性差别？

10. 某地对 10 个采样点不同深度的土壤进行采样，测定土壤中镉的含量，结果如表 3.8 所列，问不同深度土壤中镉元素垂直分布有无显著性差别？

表 3.8　某地不同深度土壤中镉含量(ppm)

采样点	深度(cm)	
	0～20	20～40
1	0.28	0.36
2	0.32	0.23
3	0.27	0.24
4	0.34	0.31
5	0.29	0.32
6	0.27	0.31
7	0.33	0.32
8	0.31	0.30
9	0.29	0.34
10	0.28	0.28

4 方差分析

本章提要

重复实验(如环境监测中的平行样)的结果之间存在着差异性,这种差异可能是随机误差,也可能是由某个因素变化导致。以单个影响因素为例,这种差异分为不同水平之间的差异(称为组间差异)和同一水平(分组)中不同结果的差异(称为组内差异),通过分析组内差异与组间差异的区别可以判断这个因素对事件结果是否有影响。这种差异性的判断通常用方差来分析,因此这种方法常称为方差分析。

作为一种重要的统计方法,方差分析又称为 F 检验,多应用于多个总体平均值的差异性判断中,但本质上是探讨变量之间的关系,主要研究分类型变量对数据变量的影响。而影响事件结果特征的因素有单因素、双因素以及多因素(三个以上的因素),本章只介绍单因素和双因素方差分析。

实际工作中,常常需要在不同的条件下,对所研究的对象进行对比试验,从而得到若干组数据(样本)。例如环境保护工作中,经常需要分析不同污染因素(如风向、大气污染物排放、温度、降雨等)对大气环境质量的影响。这些影响环境质量的各个因素,有些对结果影响较大,有些对结果影响较小,因此需要找出对环境质量有显著影响的因素,才能有的放矢地开展工作。方差分析就是鉴别各因素对结果影响效用的一种统计方法。其主要任务是通过对数据的分析处理,确定各条件对结果的影响程度,以便有效地指导实际工作,提高环保工作效率与水平。

在统计分析中,称试验中可控制的条件为“因素”,因素变化的各个等级为“水平”。若试验中只有一个因素在变化(而其他因素保持不变),则只需要考虑这个变化因素的影响,这种情况称之为单因素试验。如区域二氧化硫排放强度对大气酸雨发生频率的影响。若试验结果受两个(或三个及以上)因素的影响,称为双因素(或多因素)试验。如研究不同品种的农作物在不同的污染土壤水平下,每公顷的产量受影响的问题。

4.1 单因素方差分析

在单因素试验中，若该因素只有两个水平，如研究两种不同的材料对制成的灯泡使用寿命的影响，就是前面介绍的两个总体均值的比较问题。当该影响因素超过两个水平时，也就是进行多个总体平均值的比较，这种情况称之为单因素多水平，此时用单因素方差分析是一种有效的方法。单因素方差分析是解决单个可控因素三个及以上水平总体均值的检验问题。

假设因素 A 有 n 个水平 $A_1, A_2, \cdots, A_n$，每个水平下有 m 个独立试验($m \geq 2$)，则单因素 A 的观察值如表 4.1 所示。

表 4.1　单因素多水平观察值

水平	观察值 m					
A_1	x_{11}	x_{12}	…	x_{1j}	…	x_{1m}
A_2	x_{21}	x_{22}	…	x_{2j}	…	x_{2m}
…	…	…	…	…	…	…
A_i	…	…	…	x_{ij}	…	…
…	…	…	…	…	…	…
A_n	x_{n1}	x_{n2}	…	x_{nj}	…	x_{nm}

实践表明，由于试验条件的变化以及受试验中存在的一些偶然因素(如环境、原料成分、测试技术等微小而随机的差异)的影响，对某个对象进行多次试验所得到的结果会有差异。造成试验结果有差异的原因有两个方面：试验条件的不同和偶然因素的存在。试验中偶然因素带来的试验结果的差异称为试验误差。

具体差异有如下三类：

(1)组内差异：同一试验条件下即同一影响因素水平下，随机误差带来的试验结果差异，用组内观察值的离差平方和 S_E 表示：

$$S_E = \sum_{i=1}^{n}\sum_{j=1}^{m}(x_{ij} - \overline{X}_i)^2 \tag{4.1}$$

(2)组间差异：试验条件不同即不同因素水平条件下，造成的试验结果的差异称为条件误差，也称组间差异，用 S_A 表示：

$$S_A = \sum_{j=1}^{m} n_j(\overline{X}_j - \overline{X})^2 \tag{4.2}$$

(3)总差异：在不考虑组间和组内的情况下，全部观察值之间的差别，用 S_T 表示：

$$S_T = \sum_{i=1}^{n}\sum_{j=1}^{m}(x_{ij} - \overline{X})^2 \tag{4.3}$$

或

$$S_T = S_A + S_E \tag{4.4}$$

式中　$\overline{X}$——全部观察值平均值；

$\overline{X}_i$——各试验水平平均值。

若通过统计学的方法能判断出组间差异 S_A 显著大于组内差异 S_E，则说明该因素在不同水平条件下会造成观察值的显著变化；若组间差异与组内差异无显著性的差异，则说明不同水平下该因素对试验的结果影响不显著。

上述即为方差分析的原理。

判别 S_A 和 S_E 的差异，是通过比较统计量与临界值差异来判断的。单因素方差分析统计量如式(4.5)所示。

$$F = \frac{\dfrac{S_A}{n-1}}{\dfrac{S_E}{N-1}} \tag{4.5}$$

式中　N——观察值总个数。

根据抽样分布规律，$F=\dfrac{S_A/(n-1)}{S_E/(N-1)} \sim F(n-1, N-1)$。

若组间差异较小，即因素变化对观察结果的影响甚微，则 $S_A/(n-1)$ 与 $S_E/(N-1)$ 差别不大，式(4.5)应接近于1；若组间差异较大，即因素变化对观察值影响较大，则 $S_A/(n-1)$ 与 $S_E/(N-1)$ 差别较大，式(4.5)应显著大于1，那么达到多大才具有统计学意义呢？根据统计量分布规律，可以通过查阅方差分析的 F 界值表，按照对应的概率来作出判断。

对于检验水平 α，查 F 分布表得临界值 $F_\alpha(n-1, N-n)$，若 $F > F_\alpha(n-1, N-n)$ 则认为因素不同的水平对观察值的变化有显著影响；反之，则认为因素变化对观察值没有显著的影响。

下面以例4.1为基础，介绍单因素方差分析的具体应用。

例 4.1　某地区重金属镉污染土壤水平分为五个等级，对栽种于五个受镉污染等级的土壤农作物产量进行比较试验。每个污染水平抽取4块条件相同、面积相等的试验田，各块试验田稻谷产量数据如表4.2所示，试确定受不同水平镉污染的土壤对农作物产量是否有显著影响($\alpha=0.05$)。

表 4.2　不同水平镉污染农作物产量(kg)

镉污染水平		不同地块农作物产量 j			
		地块 1	地块 2	地块 3	地块 4
土壤镉污染水平 i	A_1	67	67	55	42
	A_2	98	96	91	66
	A_3	60	69	50	35
	A_4	79	64	81	70
	A_5	90	70	79	88

解：第一步，根据式(4.1)、式(4.2)计算组内观察值离差平方和 S_E 和组间差异的离差平方和 S_A。计算结果如表4.3所示。

表 4.3 S_A、S_B 计算结果

镉污染水平		不同地块农作物产量(j)				$\overline{X}_i$	$\sum_{j=1}^{m}(x_{ij}-\overline{X}_i)^2$	$(\overline{X}_j-\overline{X})^2$
		1	2	3	4			
土壤镉污染水平 i	A_1	67	67	55	42	57.75	426.68	171.61
	A_2	98	96	91	66	87.75	656.75	285.61
	A_3	60	69	50	35	53.50	637.10	301.02
	A_4	79	64	81	70	73.50	189.00	7.02
	A_5	90	70	79	88	81.75	252.68	118.81
		—				$\overline{X}=70.85$	$S_E=2162.25$	$S_A=3536.3$

比较 S_E 与 S_A，就可以看出不同污染水平对产量的影响是否显著。若组间的离差平方和 S_A 比组内的离差平方和 S_E 大很多(以某一个临界值判别)，则说明土壤中不同的镉污染水平对农作物产量的影响是显著的；否则，认为因素水平的影响不显著。这里需要通过统计量与临界值的比较，判断 S_E 与 S_A 的差别。

第二步，计算统计量。

根据式(4.5)计算统计量 F 如下：

$$F=\frac{3536.3/4}{2162.25/15}=6.133$$

查附表 4 F 分布表，查得 $F(\alpha=0.05,4,15)=3.06$，统计量 $F=6.133>3.06$，说明因素变化对观察值影响显著。就本例而言，土壤中不同的镉污染水平对农作物的产量具有显著的影响。

综上所述，可整理本例的方差分析，见表 4.4。

表 4.4 方差分析表

差异原因	离差平方和	自由度	均方差	F 实际值	F_α 临界值	显著性
组间因素(S_A)	3537.68	4	884.42	6.133	3.06	影响显著
组内因素(S_E)	2171.08	15	144.74			
总和	5708.76	19				

当试验数据太大或太小时计算比较麻烦，可以进行数据变换：对全体试验数据进行同时加、减或乘、除同一个数据，这样便于计算而又不影响结论。

4.2 双因素方差分析

结合实际工作应用现状及高等院校培养目标，本书只介绍双因素的显著性检验。

双因素试验结果同时受两个因素的共同影响，每个因素均有若干水平。例如影响结果有 A、B 两个因素，因素 A、B 分别有 n、m 个水平，A、B 两个因素组合的试验结果就有 $n\times m$个，这里考虑 A、B 因素的相互交互影响对结果的分析。例如，探讨玉米施肥方案对不同品种玉米的产量影响，就属于双因素分析，一个因素是玉米品种，一个因素是施肥方案。若有 4 个品种、3 种施肥方案，则交叉分组后有 12 种不同的组合。

若因素 A、B 的交互作用对试验结果有影响，如环境保护工作中空气湿度与硫酸烟雾会加重空气污染的强度，在试验分析中就要考虑因素 A、B 的交互作用，这里称为可重复双因素分析。假设因素 A、B 分别有 n、m 个水平，在因素 A、B 的每一个水平的组合 $(A_i, B_j)(i=1,2,\cdots,n; j=1,2,\cdots,m)$，进行 k 次试验，A、B 两个因素的试验结果就会得到"$n\times m\times k$"个结果。

例如有 A、B 两个因素，各有两个水平 A_1、A_2 和 B_1、B_2，A、B 因素每一个水平的组合 (A_i, B_j) 又进行 3 次试验，就会产生"$2\times 2\times 3=12$"个试验结果。上述这种情况称之为可重复双因素分析。

双因素方差分析的思路和基本步骤与单因素方差分析基本相同，只是要多考虑一个因素或其交互作用。

4.2.1 不可重复双因素方差分析

设有 A、B 两个因素对试验结果有影响，因素 A、B 分别有 n、m 个水平，A、B 两个因素组合的试验结果就有 $n\times m$ 个，试验结果见表 4.5。

表 4.5 A、B 两因素试验结果

因素 A	因素 B			
	B_1	B_2	…	B_m
A_1	x_{11}	x_{12}	…	x_{1m}
A_2	x_{21}	x_{22}	…	x_{2m}
…	…	…	…	…
A_n	x_{n1}	x_{n2}	…	x_{nm}

双因素方差分析的思路与单因素方差分析类似，只是在考虑对结果差异影响的时候需要考虑 A 和 B 两个因素。计算公式见表 4.6。

表 4.6 双因素方差分析计算公式

差异来源	离差平方和 S	自由度 γ	均方 MS	统计量 F
总变异	$S_T=\sum_{i=1}^{n}\sum_{j=1}^{m}x_{ij}^2-\frac{\left(\sum_{i=1}^{n}\sum_{j=1}^{m}x_{ij}\right)^2}{nm}$	$\gamma_T=n\times m-1$		
A 因素	$S_A=\frac{\sum_{i=1}^{n}\left(\sum_{j=1}^{m}x_{ij}\right)^2}{n}-\frac{\left(\sum_{i=1}^{n}\sum_{j=1}^{m}x_{ij}\right)^2}{nm}$	$\gamma_A=n-1$	$MS_A=\frac{S_A}{n-1}$	$F=\frac{MS_A}{MS_E}$
B 因素	$S_B=\frac{\sum_{j=1}^{m}\left(\sum_{i=1}^{n}x_{ij}\right)^2}{m}-\frac{\left(\sum_{i=1}^{n}\sum_{j=1}^{m}x_{ij}\right)^2}{nm}$	$\gamma_B=m-1$	$MS_B=\frac{S_B}{m-1}$	$F=\frac{MS_B}{MS_E}$
误差	$S_E=S_T-S_A-S_B$	$\gamma_E=\gamma_T-\gamma_A-\gamma_B$	$MS_E=\frac{S_E}{\gamma_E}$	

下面把无重复试验时的计算步骤通过例题作一简单介绍，计算公式与有重复试验时类似，但更简单些。

例 4.2 调查某重金属汞污染对鱼类的影响。调查了 4 种鱼类，3 个污染水平，交叉分组共有 12 种搭配方案，每个方案饲养 1 种鱼，三个月后增重数据如表 4.7 所示，请分析不同鱼类与各类污染水平对鱼类饲养的影响($\alpha=0.05$)。

表 4.7 鱼增重数据表(g)

鱼品种	污染水平				
	B_1	B_2	B_3	求和	平方和
A_1	51	53	52	156	8114
A_2	56	57	58	171	9749
A_3	45	49	47	141	6635
A_4	42	44	43	129	5549
和	194	203	200	597	30047

解:根据表 4.6 中的计算公式,可以计算相关统计量,计算过程略,计算结果见表 4.8 所示。

表 4.8 方差分析表

差异源	SS	自由度	MS	F	$F_{0.05}$
A 鱼类	332.25	3	110.75	189.86	4.77
B 污染水平	10.5	2	5.25	9	5.14
误差	3.5	6	0.58		
总计	346.25	11			

从表 4.8 中可以看出,A 因素"鱼类"统计量 $F=189.86 \gg F(0.05,3,6)=4.77$,说明不同鱼类的生长具有显著性差异。

B 因素"污染等级"统计量 $F=9>F(0.05,2,6)=5.14$,说明不同的重金属污染水平下鱼类的生长具有显著性差异。

本题中并没有讨论污染水平与不同鱼类对鱼类增长是否有交互作用。

可以看出,无重复试验的方差分析计算更简单,但是这要在无交互作用这一前提下进行。

如果这种差异也很小,那么就可以认为不同的污染水平对鱼类生长的影响很小,各组之间所产生的差异只是受到随机因素的影响;反之,各组间产量的差异很大,则认为污染水平对鱼类生长具有显著性的影响。

4.2.2 可重复双因素方差分析

假设可重复双因素分析中因素 A、B 分别有 n、m 个水平,在因素 A、B 的每一个水平的组合$(A_i,B_j)(i=1,2,\cdots,n;j=1,2,\cdots,m)$下,进行 k 次试验,因素 A、B 的双因素试验就会得到"$n\times m\times k$"个结果,如表 4.9 所示。

表 4.9 可重复双因素试验结果

因素 A	因素 B			
	B_1	B_2	…	B_m
A_1	$x_{111},x_{112},\cdots,x_{11k}$	$x_{121},x_{122},\cdots,x_{12k}$	…	$x_{1m1},x_{1m2},\cdots,x_{1mk}$
A_2	$x_{211},x_{212},\cdots,x_{21k}$	$x_{221},x_{222},\cdots,x_{22k}$	…	$x_{2m1},x_{2m2},\cdots,x_{2mk}$
…	…	…	…	
A_n	$x_{n11},x_{n12},\cdots,x_{n1k}$	$x_{n21},x_{n22},\cdots,x_{n2k}$	…	$x_{nm1},x_{nm2},\cdots,x_{nmk}$

可重复双因素方差分析的思路与单因素方差分析以及双因素不可重复方差分析一样,只是在其基础上考虑了交互作用时的重复试验。计算公式见表 4.10。

表 4.10　可重复双因素方差分析计算公式

差异来源	离差平方和 S	自由度 γ	均方 MS	统计量 F	插 F 表值
A 因素	$S_A = nk\sum_{i=1}^{n}(x_{i..} - x_{...})^2$	$\gamma_A = n-1$	$MS_A = \frac{S_A}{n-1}$	$F = \frac{MS_A}{MS_E}$	$F[\alpha, n-1, mn(k-1)]$
B 因素	$S_B = mk\sum_{j=1}^{m}(x_{.j.} - x_{...})^2$	$\gamma_B = m-1$	$MS_B = \frac{S_B}{m-1}$	$F = \frac{MS_B}{MS_E}$	$F[\alpha, m-1, mn(k-1)]$
交互作用	$S_{A\times B} = k \cdot \sum_{i=1}^{n}\sum_{j=1}^{m}(x_{ij.} - x_{i..} - x_{.j.} + x)^2$	$\gamma_{A\times B} = (m-1)\times(n-1)$	$MS_{A\times B} = \frac{S_{A\times B}}{m-(m-1)\times(n-1)\times 1}$	$F_{A\times B} = \frac{MS_{A\times B}}{MS_E}$	$F(\alpha, \gamma_{A\times B}, \gamma_E)$
误差	$S_E = \sum_{i=1}^{n}\sum_{j=1}^{m}\sum_{k=1}^{n}(x_{ijk} - x_{ij.})^2$	$\gamma_E = mn(k-1)$	$MS_E = \frac{S_E}{mn(k-1)}$		
总变异	$S_T = \sum_{i=1}^{n}\sum_{j=1}^{m}\sum_{k=1}^{n}(x_{ijk} - x)^2$	$\gamma_T = n\times m\times k-1$			

下面以例 4.3 讲解可重复双因素的方差分析。

例 4.3 用 4 种植物治理修复 3 种深度的重金属污染土壤，组成 12 种方案，每个方案重复 3 次，修复后土壤重金属浓度如表 4.11 所示，试问不同深度、不同植物以及两者间的交互作用对修复治理土壤重金属有无显著影响($\alpha=0.05$)？

表 4.11 不同植物修复不同深度重金属土壤

植物	土壤深度			
	B_1	B_2	B_3	总和
A_1	52,43,39	41,47,53	49,38,42	404
A_2	48,37,29	50,41,30	36,48,47	366
A_3	34,42,38	36,39,44	37,40,32	342
A_4	45,58,42	44,46,60	43,56,41	435
总和	507	531	509	1547

解：根据表 4.10，计算得到方差分析表 4.12，同时查附录 4 F 分布表。

表 4.12 方差分析表

差异源	SS	df	MS	F	$F_{0.05}$	显著性
治理植物类别	562.08	3	187.36	3.68	3.01	显著
不同深度土壤	29.56	2	14.78	0.29	3.4	不显著
交互	76.67	6	12.78	0.25	2.51	不显著
内部	1220.67	24	50.86			
总计	1888.97	35				

从表中可见不同治理植物类别因素的 $F=3.68>F_{0.05}=3.01$，说明不同植物在治理重金属效果上具有显著性差异。

“因素 B-不同深度”的 $F=0.29<F_{0.05}=3.4$，说明不同深度重金属在治理后并无显著性差异。

“因素 A-不同植物”与“因素 B-不同深度”交互作用的 $F=0.25<F_{0.05}=2.51$，说明治理植物类别与各类土壤深度的交互作用对土壤修复效果并无显著性影响。

思考题与习题

1. 为了调查不同叶用蔬菜对土壤中重金属铬的吸收情况，现检测了某铬污染地块种植的生菜、白菜、上海青三种叶用蔬菜叶片中铬浓度，结果见表 4.13。请分析在显著性水平为 0.05 时，不同叶用菜叶片中铬含量是否有显著性差别。

表 4.13 铬污染地块种植的不同叶用菜叶片铬含量(μg/kg)

莴笋叶	白菜	上海青
30.2	21.4	21.9
28.3	24.8	23.5
27.3	30.2	22.6
32.4	26.5	21.8
29.1	25.2	24.3
27.5	27.2	22.6

2. 6个实验室测定浓度为0.100 mg/L的铜标准溶液结果见表4.14。请判断在显著性水平为0.01时,不同实验室测定的结果是否存在显著性差异。

表 4.14 不同实验室测定铜标准溶液结果

平行样数	实验室					
	1	2	3	4	5	6
1	0.098	0.099	0.101	0.101	0.098	0.098
2	0.099	0.101	0.101	0.101	0.094	0.094
3	0.098	0.099	0.104	0.097	0.102	0.098
4	0.100	0.098	0.101	0.097	0.103	0.098
5	0.099	0.097	0.102	0.095	0.101	0.098

3. 表4.15为某湖泊在不同温度、不同总氮浓度下,水中叶绿素a(Chla)浓度的测定结果。假设湖泊叶绿素a(Chla)浓度在各水平搭配服从正态分布且方差相等,试分析在显著性水平为0.05时,不同总氮浓度下湖泊中的叶绿素a(Chla)浓度是否有显著性差别;不同温度下叶绿素a(Chla)浓度是否有显著性差别;温度与总氮对叶绿素a(Chla)浓度交互效应是否显著。

表 4.15 不同温度、不同总氮浓度某湖泊的叶绿素a(Chla)浓度(μg/L)

Chla / 总氮浓度	温度(℃)			
	10	25	30	35
0.5	0.101	0.113	0.124	0.143
	0.098	0.143	0.122	0.144
1.0	0.122	0.132	0.135	0.138
	0.121	0.131	0.133	0.142
1.5	0.133	0.139	0.143	0.153
	0.129	0.139	0.149	0.159
2.0	0.141	0.151	0.171	0.191
	0.135	0.155	0.165	0.185

5 相关与回归分析

本章提要

线性相关分析是用线性相关系数 r 来说明两变量间相关关系的方向和密切程度。由于相关系数 r 存在抽样误差，在判定两变量间是否有线性关系时，必须作相关系数假设检验。相关可以是因果关系，也可以只是平行关系。相关显著，只能说明两现象的数量间存在线性相关关系，但不能证明事物间有内在的联系。

线性回归是用回归方程式描述两变量间的数量关系，可以由自变量 x 推出因变量 y 的值。回归方程一般只适用于自变量 x 的原始观测数据范围内，而不能随便外推。

线性相关与回归分析是研究变量间线性关系的两种统计方法，两者说明的问题不同，但又是有联系的。

5.1 相关与回归概述

辩证唯物主义认为，客观事物都不是孤立的，而是相互联系、相互制约的。社会经济现象以及自然现象也是相互联系和相互制约的。任何现象都有其产生的原因，任何原因，都必然会引起一定的结果。在客观世界中，无原因的结果和无结果的原因，都是不存在的。所谓相关关系，就是现象间普遍存在的这种因果关系和制约关系。相关分析的任务，是从数量方面把客观事物或现象相互关系的密切程度加以反映，并用适当的统计指标表示出来；回归分析的任务，则是把客观事物或现象间的关系用回归方程的形式表现出来。相关分析和回归分析都是运用数理统计的方法研究相关关系的，即研究变量之间的相关关系。确切地说，相关分析研究的相关关系中，自变量和因变量都是随机变量；而回归分析研究的相关关系中，自变量是非随机变量，因变量是随机变量。

环境科学是一门由多学科到跨学科的庞大科学体系，它涉及化学、生物、物理、地质、医学等多种学科门类。也就是说，环境的污染和破坏是受到化学、生物、地质等多种因素影响的结果。因此，在环境统计分析中，相关和回归分析相当普遍，占有十分重要的地位。

客观事物或现象之间的因果关系和制约关系，通常可分为函数关系和相关关系两大类型。函数关系，也可称为确定性关系，它表明某一变量数值的大小变动，完全取决于另一个或几个变量数值的大小变动。例如，圆面积的大小变化，完全取决于半径长短的变化。即面积 S 与半径 R 的平方成正比，$S=\pi R^2$。

环境问题是许多因素对环境交叉影响的结果，各因素间常存在着某种关联，定性或定量地研究诸因素间的关系及影响结果自然是非常重要的。例如，污染物排放与植物破坏状况的关系，工业废水中 BOD_5 与 COD 的关系，某些典型职业病和环境状态的关系等。这里有的存在因果关系，有的则看起来似乎彼此无关实则互为因果关系。在很多情况下，环境问题中两变量间或两个以上变量之间的关系人们亦不清楚，无法用理论解释或是用清楚的数学关系来表达它们之间的关系。在研究某些变量相关关系时，其他环境变量应处在同样条件下。在研究理论上尚不清楚的诸变量间关系时，多以统计方法处理，在环境科学中会大量碰到这种情况。

与函数关系不同，在相关关系里，互相依存和互相制约的各标志之间，不存在完全的确定性关系。例如，人的身高和体重就是一种相关关系，不是凡是身高高的体重就一定重，只能说有一定程度的相关性，还有其他因素与之相关。技术等级和劳动生产率也是一种相关关系。在环境保护工作中，环境质量的高低和人的健康状况、大气污染程度和人体呼吸道疾病发生率、环境中致癌物含量和癌症死亡率等，都具有相关关系。

社会现象及自然现象的相互关系通常都是相关关系，环境和人的关系、环境保护和发展生产的关系等，往往都是相关关系。但是，相关关系和函数关系并没有一道不可逾越的鸿沟。有些函数关系常常通过一定的相关关系表现出来，相关关系有时又可以转化为确定的函数关系。

现象间的相关关系按变动的方向来说，还可以分为正相关和负相关两种。当影响因素的数值增加，被影响因素的数值也相应增加时，这种相关关系称为正相关；当影响因素的数值增大，而被影响因素的数值却相应减少时，这种相关关系称为负相关。

现象间的相关关系，按其表现形式来分，又有直线关系和曲线关系两种。前者用直线方程式可以解析，后者用曲线方程式可以表现。只不过，解析方程式表现函数关系是精确的，而相关关系则只能近似地表现出来。

在环境保护工作中，利用相关分析可以对现象间的相互关系及其紧密程度用数量作出确切的说明，还可以找出现象间的相互模式，进行分析预测。

变量相关方式主要有两种。一种是存在因果关系，某些变量是自变量，另一些变量是因变量，它们必须区分开。另一种看起来未必存在有因果关系，却受某个未被考虑因素的支配而表现出三者关系。对这两种相关变量的数学处理叫作相关分析。特别地，对有因果关系的数学处理又叫作回归分析，回归分析必须分清因变量、自变量。

回归一词最早是高尔顿（F. Galton，1822—1911 年）在研究遗传学中提出的。由于遗传基因作用，高个子父母生的子女趋向高，矮个子父母生的子女多趋向矮。但研究中发现，一群高个子父母的子女平均身高低于他们的父母，而一群矮个子父母的子女平均身高高于其父母。这一现象被称为相关。习惯上，高个子总是找高个子配偶。由此一个种族应当出现高度分化，可实际上，种族的特性却具有一定的稳定性。高尔顿把这种高度趋向于种族平均高度的相关现象称为回归。现在回归概念已扩大，一组变量间的关系，只要必须区分因变量、自变量就称为回归。回归包括在相关内。

相关有如下几种形式：

① 完全相关

完全相关即几个变量间具有函数关系的相关，其中某些变量的变化完全由其他一些变量决定。

② 零相关

变量之间相互独立，互不影响称为零相关。

③ 统计相关(不完全相关)

统计相关即变量间关系介于零相关与完全相关之间。这些变量间的关系，多数还未从根本上搞清楚。这种不完全相关的变量关系是研究分析问题中最常遇到的。

相关关系可用图像、列表、解析方法给出。本章主要介绍的是解析法。

一般来说，相关分析所得方程两端的变量不能自由移项。尤其应指出，由相关分析所得变量间量纲法则不一定如函数关系那样存在，常出现各变量的量纲各自独立的情况。

相关分析与回归分析的主要用途：

① 分析变量间的相关系数，进行检验并评价其密切程度。

② 根据试验、观测得到的数据，依某种法则确定变量间关系，诸如回归方程等。

③ 当自变量取值在某些范围内时，对因变量可能取值予以预测。

④ 对回归方程作统计检验。

5.2 线性相关分析

5.2.1 相关系数和决定系数

研究两个变量的关系，当一个变量 x 由小到大变化，而另一个变量 y 相应地由小到大(或由大到小)变化时，两个变量的散点图呈直线趋势[图 5.1 中(a)和(c)]，可以说这两个变量间有线性关系。这种线性关系，或分析这种线性关系的理论和方法，统称为线性相关。两个变量间线性相关的性质和密切程度可以用线性相关系数来描述。

线性相关系数用符号 r 表示，$|r|\leqslant 1$。相关性质与相关系数 r 的值的关系如图 5.1 所示。

设变量 y 随变量 x 而变化，即 x 为自变量，y 为因变量。当自变量 x 由小到大变化时，y 也由小到大变化，则 r 值为正，称为正相关；x 由小到大变化，而 y 相应地由大到小变化时，则 r 值为负，称为负相关；若 x 与 y 间呈完全确定的函数关系时，各点都在一条直线上，则 $r=1$ 或 $r=-1$，称为完全相关；若 x 由小到大变化，而 y 的大小无一定规律，这

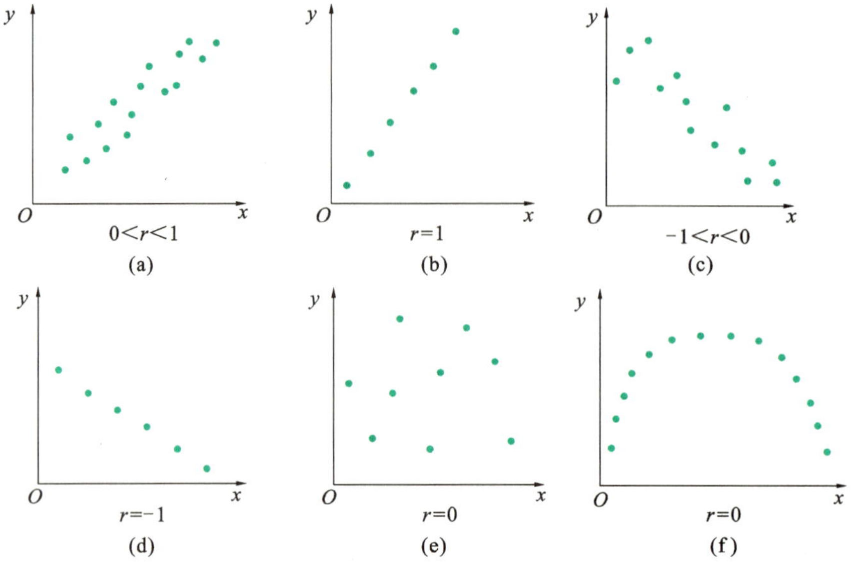

图 5.1 相关系数示意图

时 $r=0$，称为零相关。显然，相关系数 r 的绝对值越接近于 1，相关越密切；r 的绝对值越接近于 0，相关越不密切。

由于相关系数 r 表示相关程度的意义并不清楚，而且解释夸大（比如 $r=0.5$ 并不是表示 x 和 y 变异 50%，可由两者之间的线性关系来解释），这样就需要引入另一个表示相关程度的统计数——决定系数。决定系数定义为相关系数 r 的平方，其含义是变量 x 引起 y 变异的回归平方和占 y 变异总平方和的比率。r^2 的取值范围为[0,1]，它只能表示相关程度而不能表示相关性质。

相关系数 r 的计算步骤如下：

① 列出各对变量值 x_i 和 y_i（$i=1,2,\cdots,n$），并分别计算出 $\sum_{i=1}^{n}x_i$、$\sum_{i=1}^{n}y_i$、$\sum_{i=1}^{n}x_i^2$、$\sum_{i=1}^{n}y_i^2$、$\sum_{i=1}^{n}(x_iy_i)$。

② 计算离均差平方和及离均差积（L_{xx}、L_{yy}、L_{xy}），其公式为

$$L_{xx}=\sum_{i=1}^{n}(x_i-\overline{x})^2=\sum_{i=1}^{n}x_i^2-\frac{1}{n}(\sum_{i=1}^{n}x_i)^2 \tag{5.1}$$

$$L_{yy}=\sum_{i=1}^{n}(y_i-\overline{y})^2=\sum_{i=1}^{n}y_i^2-\frac{1}{n}(\sum_{i=1}^{n}y_i)^2 \tag{5.2}$$

$$L_{xy}=\sum_{i=1}^{n}(x_i-\overline{x})(y_i-\overline{y})=\sum_{i=1}^{n}(x_iy_i)-\frac{1}{n}(\sum_{i=1}^{n}x_i\sum_{i=1}^{n}y_i) \tag{5.3}$$

③ 求相关系数 r 值，公式为

$$r=\frac{\sum_{i=1}^{n}(x_i-\overline{x})(y_i-\overline{y})}{\sqrt{\sum_{i=1}^{n}(x_i-\overline{x})^2\sum_{i=1}^{n}(y_i-\overline{y})^2}}=\frac{L_{xy}}{\sqrt{L_{xx}L_{yy}}} \tag{5.4}$$

式(5.4)中分母为相关系数 r 的标准误。

例 5.1 某单位调查研究饮水中含氟量与氟牙症发病率的关系，获得资料如表 5.1 所示，计算两者的相关系数和决定系数。

表 5.1 饮水中含氟量与氟牙症发病率的关系

饮水中含氟量 x_i(mg/L)	氟牙症发病率 y_i(%)
0.2	5.3
0.5	10.7
1.0	41.4
1.5	70.9
3.0	90.5
4.5	100.0

解：为了便于计算，将表 5.1 列成表 5.2 的形式。

表 5.2 相关系数计算

x_i	y_i	x_i^2	y_i^2	x_iy_i
0.2	5.3	0.04	28.09	1.06
0.5	10.7	0.25	114.49	5.35
1.0	41.4	1.00	1713.96	41.40
1.5	70.9	2.25	5026.81	106.35
3.0	90.5	9.00	8190.25	271.50
4.5	100.0	20.25	10000.00	450.00
10.7 $\sum_{i=1}^{n}x_i$	318.8 $\sum_{i=1}^{n}y_i$	32.79 $\sum_{i=1}^{n}x_i^2$	25073.60 $\sum_{i=1}^{n}y_i^2$	875.66 $\sum_{i=1}^{n}(x_iy_i)$

按式(5.1)、式(5.2)、式(5.3)计算 L_{xx}、L_{yy}、L_{xy}，即

$$L_{xx}=32.79-\frac{1}{6}\times 10.7^2=13.7083$$

$$L_{yy}=25073.60-\frac{1}{6}\times 318.8^2=8134.6933$$

$$L_{xy}=875.66-\frac{1}{6}\times 10.7\times 318.8=307.1333$$

按式(5.4)计算相关系数 r 为

$$r=\frac{307.1333}{\sqrt{13.7083\times 8134.6933}}=0.9197$$

决定系数为

$$r^2=0.9197^2=0.8458$$

5.2.2 相关系数的假设检验

总体的相关系数为 ρ，根据式(5.4)计算的相关系数 r 是总体相关系数的估计值。从

$\rho=0$(无线性相关)的总体中抽出的样本,其 r 值并不一定为 0,故得到 r 值后,必须检验 r 是否是来自 $\rho=0$ 的总体,以判定两个变量间是否确实存在直线相关关系。因此,相关系数的假设检验是通过检验样本的相关系数“r”与“0”是否有显著性差别,以此来判断总体的 x_i 与 y_i 的是否有相关性,即总体的相关系数“ρ”是否等于“0”。通常有 t 检验法与相关系数 r 界值法。

1. t 检验

计算相关系数 r 的标准误和统计量 t 值

$$S_r=\sqrt{\frac{1-r^2}{n-2}} \tag{5.5}$$

$$t=\frac{r-\rho}{S_r} \tag{5.6}$$

相关系数 r 在 $\rho=0$ 时服从自由度 $\nu=n-2$ 的 t 分布,可作统计假设 $H_0:\rho=0$;$H_1:\rho\neq 0$。在检验假设 H_0 下,式(5.6)可写为

$$t=\frac{r}{S_r}=\frac{r\sqrt{n-2}}{\sqrt{1-r^2}} \tag{5.7}$$

例 5.2 例 5.1 的相关系数 $r=0.9197$,$n=6$。试检验饮水中含氟量与氟牙症发病率间的相关是否有显著性($\alpha=0.01$)。

解:① 建立假设并确定检验水准

$$H_0:\rho=0$$
$$H_1:\rho\neq 0$$
$$\alpha=0.01$$

② 计算统计量 t 值

$$t=\frac{r\sqrt{n-2}}{\sqrt{1-r^2}}=\frac{0.9197\times\sqrt{6-2}}{\sqrt{1-0.9197^2}}=4.6849$$

③ 查 t 分布表当 $\nu=6-2=4$ 时,$t_{\alpha/2}(\nu)=t_{0.005}(4)=4.604$,$t=4.6849>t_{0.005}(4)$,落入拒绝域,按 $\alpha=0.01$ 水准拒绝 H_0,可认为饮水中含氟量与氟牙症发病率间有线性相关关系。

2. 相关系数 r 界值表

在计算出 r 值之后,也可直接查相关系数 r 界值表(附录 6),根据自由度查出相应的 r_α,若 $r\geqslant r_\alpha$,则两变量间的相关有显著性。

如例 5.1 的相关系数 $r=0.9197$,自由度 $\nu=6-2=4$。由相关系数 r 界值表(附录 6)查出 $r_{0.01}(4)=0.917$,$r=0.9197>r_{0.01}(4)$,这与 t 检验结论相同。

5.3 一元线性回归分析

两个变量间的相关系数 r 反映两个变量之间线性相关关系程度。当相关系数 r 有显著性时,只能说明两个变量间存在线性相关关系,但它不能反映两变量间相互依存的数

量关系。若要从一个变量(自变量 x)的值推算另一个变量(因变量 y)的值,可进行线性回归分析。根据回归分析所处理自变量的个数,可将其分为一元线性回归分析和多元线性回归分析。本章主要介绍一元线性回归分析。

5.3.1 一元线性回归方程的建立

对于有一定联系的两个变量 x,y,在观测或试验中得到若干对数据

$$(x_1,y_1),(x_2,y_2),\cdots,(x_n,y_n)$$

在直角坐标系上,标出各对数据对应的点,称其为散点图(参看图 5.1)。

散点图中的点虽然是散乱的,但是如果这些点大体散布在某条直线的周围,就说 x 与 y 之间大致成直线关系[参看图 5.1(a)、(c)],可用直线回归方程来描述,其一般形式为

$$\hat{y}=a+bx \tag{5.8}$$

这里,在变量 y 上方加"ˆ"是为了与它的实际观测值 y 相区别。因为实际观测值的一组数据中,x 与 y 之间一般不具有式(5.8)中的函数关系。

式(5.8)读作"$\hat{y}$ 依 x 的直线回归方程"。其中 x 是自变量,$\hat{y}$ 是与 x 值相对应的 y 的点估计值;a 是当 $x=0$ 时的 $\hat{y}$ 值,即直线在 y 轴上的截距,叫回归截距;b 是回归直线的斜率,叫回归系数,其含义是自变量 x 增加一个单位,$\hat{y}$ 平均增加或减少的单位数。只要求出 a 和 b 的值,直线回归方程就能完全确定下来。

回归直线在平面坐标系中的位置取决于 a、b 的取值,为了使 $\hat{y}=a+bx$ 能最好地反映 y 与 x 两变量间的数量关系,根据最小二乘法原理,必须使

$$Q=\sum_{i=1}^{n}(y_i-\hat{y}_i)^2=\sum_{i=1}^{n}[y_i-(a+bx_i)]^2$$

达到最小。根据微积分学中的极值原理,必须使 Q 对 a、b 的一阶偏导数值为 0,即

$$\begin{cases}\dfrac{\partial Q}{\partial a}=\displaystyle\sum_{i=1}^{n}(-2)[y_i-(a+bx_i)]=0\\[2ex]\dfrac{\partial Q}{\partial b}=\displaystyle\sum_{i=1}^{n}(-2)x_i[y_i-(a+bx_i)]=0\end{cases}$$

整理得正规方程组

$$\begin{cases}na+b\displaystyle\sum_{i=1}^{n}x_i=\sum_{i=1}^{n}y_i\\[2ex]a\displaystyle\sum_{i=1}^{n}x_i+b\sum_{i=1}^{n}x_i^2=\sum_{i=1}^{n}(x_iy_i)\end{cases}$$

解方程组,得

$$\begin{cases}b=\dfrac{\displaystyle\sum_{i=1}^{n}(x_iy_i)-\frac{1}{n}(\sum_{i=1}^{n}x_i\sum_{i=1}^{n}y_i)}{\displaystyle\sum_{i=1}^{n}x_i^2-\frac{1}{n}(\sum_{i=1}^{n}x_i)^2}=\dfrac{\displaystyle\sum_{i=1}^{n}(x_i-\overline{x})(y_i-\overline{y})}{\displaystyle\sum_{i=1}^{n}(x_i-\overline{x})^2}=\dfrac{L_{xy}}{L_{xx}} & (5.9)\\[2ex]a=\overline{y}-b\overline{x} & (5.10)\end{cases}$$

例 5.3 某环境监测站研究水中溶解氧与微安值之间的关系，对 7 份水同时用碘量法测定溶解氧和用快速普法测微安值，测定结果如表 5.3 所列。

表 5.3 水样溶解氧与微安值测定表

溶解氧 x_i(mg/L)	微安值 y_i(μA)
0.44	2.1
0.66	2.3
0.76	2.4
1.29	2.7
1.58	2.8
2.07	3.1
2.27	3.2

解：先计算基础数据并列成表 5.4 的形式。

表 5.4 直线回归分析基础数据计算

x_i	y_i	x_i^2	y_i^2	$x_i y_i$
0.44	2.1	0.1936	4.41	0.924
0.66	2.3	0.4356	5.29	1.518
0.76	2.4	0.5776	5.70	1.824
1.29	2.7	1.6641	7.29	3.483
1.58	2.8	2.4964	7.84	4.424
2.07	3.1	4.2849	9.61	6.417
2.27	3.2	5.1529	10.24	7.264
9.07 $\sum_{i=1}^{n} x_i$	18.6 $\sum_{i=1}^{n} y_i$	14.805 $\sum_{i=1}^{n} x_i^2$	50.44 $\sum_{i=1}^{n} y_i^2$	25.854 $\sum_{i=1}^{n} (x_i y_i)$

分别计算$\overline{x}$、$\overline{y}$、L_{xx}、L_{yy}、L_{xy}：

$$\overline{x} = \frac{1}{n}\sum_{i=1}^{n} x_i = \frac{1}{7} \times 9.07 = 1.2957$$

$$\overline{y} = \frac{1}{n}\sum_{i=1}^{n} y_i = \frac{1}{7} \times 18.6 = 2.6571$$

$$L_{xx} = \sum_{i=1}^{n} x_i^2 - \frac{1}{n}(\sum_{i=1}^{n} x_i)^2 = 14.805 - \frac{1}{7} \times 9.07^2 = 3.0529$$

$$L_{yy} = \sum_{i=1}^{n} y_i^2 - \frac{1}{n}(\sum_{i=1}^{n} y_i)^2 = 50.44 - \frac{1}{7} \times 18.6^2 = 1.0171$$

$$L_{xy} = \sum_{i=1}^{n} x_i y_i - \frac{1}{n}(\sum_{i=1}^{n} x_i \sum_{i=1}^{n} y_i) = 25.854 - \frac{1}{7} \times 9.07 \times 18.6 = 1.7537$$

按式(5.9)、式(5.10)计算 a 与 b 的值分别为

$$b = \frac{L_{xy}}{L_{xx}} = \frac{1.7537}{3.0529} = 0.5744$$

$$a = \overline{y} - b\overline{x} = 2.6571 - 1.2957 \times 0.5744 = 1.9129$$

从而线性回归方程为

$$\hat{y} = 1.9129 + 0.5744x$$

按所求得的一元线性回归方程，在 x 的实测值范围内(本例为 0.44～2.27mg/L)，任意取两点(x_1，$\hat{y}_1$)和(x_2，$\hat{y}_2$)连一直线，即为回归直线(图 5.2)。

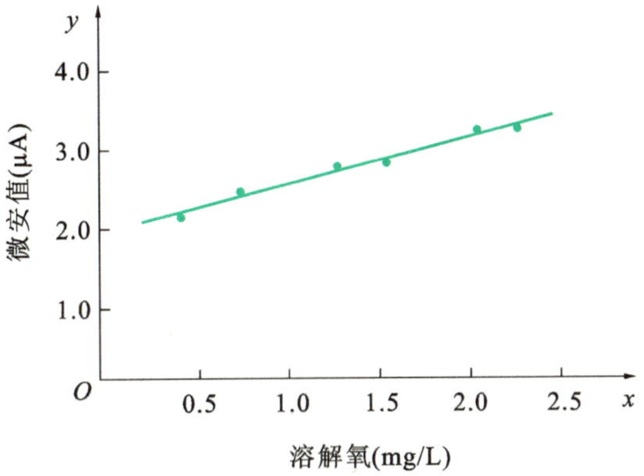

图 5.2　水中溶解氧与微安值间的关系

从图中可以看出，尽管 $\hat{y}=1.9129+0.5744x$ 是该资料最恰当的回归方程，但各个散点并不是恰好落在回归直线上，而是比较靠近，这说明由 x 去估计 y 是存在随机误差的。因此，必须根据回归的数学模型对随机误差进行估计，并对回归方程进行假设检验。

5.3.2　最小二乘法估计

最小二乘法是通过处理各种观测数据进行测量平差的一种基本方法。如果以不同精度多次观测一个或多个未知量，为了求定各未知量的最可靠值，各观测量必须加改正数，使其各改正数的平方乘以观测值的权数的总和最小，因此称最小二乘法。所谓“权”就是表示观测结果质量相对可靠程度的一种权衡值。

最小二乘法也是数理统计中一种常用的方法，在工业技术和其他科学研究中有广泛应用。

考虑

$$Q(\boldsymbol{\beta}) = \boldsymbol{\varepsilon}^{\mathrm{T}}\boldsymbol{\varepsilon} = (\boldsymbol{y} - \boldsymbol{X\beta})^{\mathrm{T}}(\boldsymbol{y} - \boldsymbol{X\beta}) \tag{5.11}$$

即

$$\begin{aligned} Q(\boldsymbol{\beta}) &= \boldsymbol{\varepsilon}^{\mathrm{T}}\boldsymbol{\varepsilon} = \sum_{i=1}^{n}\varepsilon_i^2 \\ &= \sum_{i=1}^{n}(y_i - \beta_0 - \beta_1 x_{i1} - \cdots - \beta_p x_{ip})^2 \end{aligned} \tag{5.12}$$

其中 $\boldsymbol{\varepsilon}=(\varepsilon_1,\varepsilon_2,\cdots,\varepsilon_n)^{\mathrm{T}}$，$\boldsymbol{y}=(y_1,y_2,\cdots,y_n)^{\mathrm{T}}$，$\boldsymbol{\beta}=(\beta_0,\beta_1,\cdots,\beta_p)^{\mathrm{T}}$，

$$\boldsymbol{X}=\begin{pmatrix} 1 & x_{11} & x_{12} & \cdots & x_{1p} \\ 1 & x_{21} & x_{22} & \cdots & x_{2p} \\ \vdots & \vdots & \vdots & & \vdots \\ 1 & x_{n1} & x_{n2} & \cdots & x_{np} \end{pmatrix}$$

$Q(\boldsymbol{\beta})$是 n 次观测值 y_i 与 $\beta_0+\beta_1 x_{i1}+\cdots+\beta_p x_{ip}(i=1,2,\cdots,n)$间误差的平方和，简称误差平方和。

所谓最小二乘法估计，就是寻找回归参数 $\boldsymbol{\beta}$ 的估计值 $\hat{\boldsymbol{\beta}}$，使式(5.12)定义的误差平方和达到最小，即

$$\begin{aligned} Q(\hat{\boldsymbol{\beta}}) &= \sum_{i=1}^{n}(y_i-\hat{\beta}_0-\hat{\beta}_1 x_{i1}-\cdots-\hat{\beta}_p x_{ip})^2 \\ &= \min_{\beta_0,\beta_1,\cdots,\beta_p}\left\{\sum_{i=1}^{n}(y_i-\beta_0-\beta_1 x_{i1}-\cdots-\beta_p x_{ip})^2\right\} \end{aligned} \tag{5.13}$$

满足式(5.13)的 $\hat{\boldsymbol{\beta}}=(\hat{\beta}_0,\hat{\beta}_1,\cdots,\hat{\beta}_p)^{\mathrm{T}}$ 称为回归参数。

$\boldsymbol{\beta}=(\beta_0,\beta_1,\cdots,\beta_p)^{\mathrm{T}}$ 的最小二乘法的估计值，简称最小二乘法估计。

下面用微积分知识求满足式(5.13)的解，对式(5.12)中各 $\beta_j(j=1,2,\cdots,p)$分别求偏导数，得

$$\begin{cases} \dfrac{\partial Q}{\partial \beta_0}=-2\sum_{i=1}^{n}(y_i-\beta_0-\beta_1 x_{i1}-\cdots-\beta_p x_{ip}) \\ \dfrac{\partial Q}{\partial \beta_1}=-2\sum_{i=1}^{n}x_{i1}(y_i-\beta_0-\beta_1 x_{i1}-\cdots-\beta_p x_{ip}) \\ \cdots \\ \dfrac{\partial Q}{\partial \beta_p}=-2\sum_{i=1}^{n}x_{ip}(y_i-\beta_0-\beta_1 x_{i1}-\cdots-\beta_p x_{ip}) \end{cases} \tag{5.14}$$

令式(5.14)中各式等于零，其解用 $\hat{\beta}_0,\hat{\beta}_1,\cdots,\hat{\beta}_p$ 表示，有

$$\begin{cases} \sum_{i=1}^{n}(\hat{\beta}_0+\hat{\beta}_1 x_{i1}+\cdots+\hat{\beta}_p x_{ip})=\sum_{i=1}^{n}y_i \\ \sum_{i=1}^{n}x_{i1}(\hat{\beta}_0+\hat{\beta}_1 x_{i1}+\cdots+\hat{\beta}_p x_{ip})=\sum_{i=1}^{n}x_{i1}y_i \\ \cdots \\ \sum_{i=1}^{n}x_{ip}(\hat{\beta}_0+\hat{\beta}_1 x_{i1}+\cdots+\hat{\beta}_p x_{ip})=\sum_{i=1}^{n}x_{ip}y_i \end{cases} \tag{5.15}$$

上式用矩阵式表示得

$$\boldsymbol{X}^{\mathrm{T}}\boldsymbol{X}\hat{\boldsymbol{\beta}}=\boldsymbol{X}^{\mathrm{T}}\boldsymbol{y} \tag{5.16}$$

称式(5.16)为正规方程。当 $\boldsymbol{X}^{\mathrm{T}}\boldsymbol{X}$ 可逆，即 $\boldsymbol{X}$ 的秩为 $p+1$ 时，正规方程式(5.16)有唯一解，即

$$\hat{\boldsymbol{\beta}}=(\boldsymbol{X}^{\mathrm{T}}\boldsymbol{X})^{-1}\boldsymbol{X}^{\mathrm{T}}\boldsymbol{y} \tag{5.17}$$

下面用矩阵式证明式(5.17)确实使 $Q(\boldsymbol{\beta})$达到最小：

$$Q(\boldsymbol{\beta})=\boldsymbol{\varepsilon}^{\mathrm{T}}\boldsymbol{\varepsilon}=(\boldsymbol{y}-\boldsymbol{X\beta})^{\mathrm{T}}(\boldsymbol{y}-\boldsymbol{X\beta})$$

$$
\begin{aligned}
&= [(\boldsymbol{y}-\boldsymbol{X}\hat{\boldsymbol{\beta}})+\boldsymbol{X}(\hat{\boldsymbol{\beta}}-\boldsymbol{\beta})]^{\mathrm{T}}[(\boldsymbol{y}-\boldsymbol{X}\hat{\boldsymbol{\beta}})+\boldsymbol{X}(\hat{\boldsymbol{\beta}}-\boldsymbol{\beta})] \\
&= (\boldsymbol{y}-\boldsymbol{X}\hat{\boldsymbol{\beta}})^{\mathrm{T}}(\boldsymbol{y}-\boldsymbol{X}\hat{\boldsymbol{\beta}})+(\hat{\boldsymbol{\beta}}-\boldsymbol{\beta})^{\mathrm{T}}\boldsymbol{X}^{\mathrm{T}}\boldsymbol{X}(\hat{\boldsymbol{\beta}}-\boldsymbol{\beta}) \\
&\quad +(\hat{\boldsymbol{\beta}}-\boldsymbol{\beta})^{\mathrm{T}}\boldsymbol{X}^{\mathrm{T}}(\boldsymbol{y}-\boldsymbol{X}\hat{\boldsymbol{\beta}})+(\boldsymbol{y}-\boldsymbol{X}\hat{\boldsymbol{\beta}})^{\mathrm{T}}\boldsymbol{X}(\hat{\boldsymbol{\beta}}-\boldsymbol{\beta})
\end{aligned}
\tag{5.18}
$$

由于 $\hat{\boldsymbol{\beta}}$ 满足正规方程，则 $\boldsymbol{X}^{\mathrm{T}}(\boldsymbol{y}-\boldsymbol{X}\hat{\boldsymbol{\beta}})=\boldsymbol{0}$，即上式第三项及第四项都等于零，第二项 $(\hat{\boldsymbol{\beta}}-\boldsymbol{\beta})^{\mathrm{T}}\boldsymbol{X}^{\mathrm{T}}\boldsymbol{X}(\hat{\boldsymbol{\beta}}-\boldsymbol{\beta})\geqslant 0$，等号成立当且仅当 $\boldsymbol{\beta}=\hat{\boldsymbol{\beta}}$。因此

$$
\begin{aligned}
Q(\boldsymbol{\beta}) &= (\boldsymbol{y}-\boldsymbol{X}\hat{\boldsymbol{\beta}})^{\mathrm{T}}(\boldsymbol{y}-\boldsymbol{X}\hat{\boldsymbol{\beta}})+(\hat{\boldsymbol{\beta}}-\boldsymbol{\beta})^{\mathrm{T}}\boldsymbol{X}^{\mathrm{T}}\boldsymbol{X}(\hat{\boldsymbol{\beta}}-\boldsymbol{\beta}) \\
&\geqslant (\boldsymbol{y}-\boldsymbol{X}\hat{\boldsymbol{\beta}})^{\mathrm{T}}(\boldsymbol{y}-\boldsymbol{X}\hat{\boldsymbol{\beta}}) = Q(\hat{\boldsymbol{\beta}})
\end{aligned}
\tag{5.19}
$$

式(5.19)中等号成立当且仅当 $\boldsymbol{\beta}=\hat{\boldsymbol{\beta}}$。至此证明了式(5.17)中的 $\hat{\boldsymbol{\beta}}$ 是 $\boldsymbol{\beta}$ 的最小二乘估计。

求出回归参数的最小二乘估计后，即可得到因变量与自变量的经验线性回归方程

$$
\hat{y} = \hat{\beta}_0+\hat{\beta}_1 x_1+\cdots+\hat{\beta}_p x_p \tag{5.20}
$$

当自变量 $x_1,x_2,\cdots,x_p$ 分别取值 $x_{i1},x_{i2},\cdots,x_{ip}$ 时，计算得 $\hat{y}_i=\hat{\beta}_0+\hat{\beta}_1 x_{i1}+\cdots+\hat{\beta}_p x_{ip}$，称之为 y_i 的回归拟合值$(i=1,2,\cdots,n)$，简称拟合值。相应地，$\hat{\boldsymbol{y}}=(\hat{y}_1,\hat{y}_2,\cdots,\hat{y}_n)^{\mathrm{T}}=\boldsymbol{X}\hat{\boldsymbol{\beta}}=\boldsymbol{X}(\boldsymbol{X}^{\mathrm{T}}\boldsymbol{X})^{-1}\boldsymbol{X}^{\mathrm{T}}\boldsymbol{y}$。$\boldsymbol{X}(\boldsymbol{X}^{\mathrm{T}}\boldsymbol{X})^{-1}\boldsymbol{X}^{\mathrm{T}}$ 称为帽子矩阵。一般令 $\boldsymbol{H}=\boldsymbol{X}(\boldsymbol{X}^{\mathrm{T}}\boldsymbol{X})^{-1}\boldsymbol{X}^{T}$，易证明 $\boldsymbol{H}$ 是幂等矩阵。同时称 $e_i=y_i-\hat{y}_i$ 为第 i 次观测的残差或误差。相应地，称 $\boldsymbol{e}=(e_1,e_2,\cdots,e_n)^{\mathrm{T}}=\boldsymbol{y}-\hat{\boldsymbol{y}}=(\boldsymbol{I}-\boldsymbol{H})\boldsymbol{y}$ 为残差向量。而残差平方和 $\boldsymbol{e}^{\mathrm{T}}\boldsymbol{e}=\sum_{i=1}^{n}e_i^2$ 通常记为 S_E，即

$$
S_E = \boldsymbol{e}^{\mathrm{T}}\boldsymbol{e} = \sum_{i=1}^{n}e_i^2 \tag{5.21}
$$

它反映了经验线性回归方程与实际数据的偏离程度或拟合程度。S_E 愈小，说明经验线性回归方程与数据拟合得愈好。

由正规方程式(5.16)可得

$$
\boldsymbol{X}^{\mathrm{T}}(\boldsymbol{y}-\boldsymbol{X}\hat{\boldsymbol{\beta}}) = \boldsymbol{0}
$$

即

$$
\boldsymbol{X}^{\mathrm{T}}\boldsymbol{e} = 0
$$

$$
\sum_{i=1}^{n}e_i = 0
$$

$$
\sum_{i=1}^{n}e_i x_{ij} = 0 \quad (j=1,2,\cdots,p)
$$

可见残差的平均值为零，且残差向量 $\boldsymbol{e}$ 与 p 个向量$(x_{1j},x_{2j},\cdots,x_{nj})^{\mathrm{T}}(j=1,2,\cdots,p)$都是正交的。拟合向量属于这 p 个向量及$(1,1,\cdots,1)$所组成的空间，这个空间也被称为估计空间。

5.3.3 一元线性回归的假设检验

任何两个变量之间都可通过简单的方法建立一个线性回归方程，该方程是否有意义，能不能指导实验，关键在于回归是否达到了显著水平。

(1) 线性回归的变异来源

考虑

$$\sum_{i=1}^{n}(y_i-\overline{y})^2=\sum_{i=1}^{n}(y_i-\overline{y}+\hat{y}_i-\hat{y}_i)^2=\sum_{i=1}^{n}[(\hat{y}_i-\overline{y})+(y_i-\hat{y}_i)]^2$$
$$=\sum_{i=1}^{n}(\hat{y}_i-\overline{y})^2+\sum_{i=1}^{n}(y_i-\hat{y}_i)^2+2\sum_{i=1}^{n}(\hat{y}_i-\overline{y})(y_i-\hat{y}_i) \tag{5.22}$$

由于$(y_i-\hat{y}_i)$为随机误差,是相互独立的,所以式(5.22)中 $2\sum_{i=1}^{n}(\hat{y}_i-\overline{y})(y_i-\hat{y}_i)=0$,因此

$$\sum_{i=1}^{n}(y_i-\overline{y})^2=\sum_{i=1}^{n}(\hat{y}_i-\overline{y})^2+\sum_{i=1}^{n}(y_i-\hat{y}_i)^2 \tag{5.23}$$

式(5.23)中,$\sum_{i=1}^{n}(y_i-\overline{y})^2$ 为因变量 y 的离均差平方和,即 L_{yy};$\sum_{i=1}^{n}(\hat{y}_i-\overline{y})^2$ 为因 x 变异引起 y 变异的平方和,称为回归平方和,记作 U;$\sum_{i=1}^{n}(y_i-\hat{y}_i)^2$ 为随机因素引起的 y_i 与 $\hat{y}_i$ 之间差异的平方和,称为离回归平方和(剩余平方和),记作 Q。也就是说,因变量 y 的离均差平方和等于回归平方和与离回归平方和之和。

即

$$L_{yy}=U+Q$$

下面导出 U 与 Q 的计算公式:

$$\begin{aligned}U&=\sum_{i=1}^{n}(\hat{y}_i-\overline{y})^2\\&=\sum_{i=1}^{n}[b(x_i-\overline{x})]^2\\&=b^2\sum_{i=1}^{n}(x_i-\overline{x})^2\\&=b\sum(x_i-\overline{x})(y_i-\overline{y})\\&=bL_{xy}\end{aligned}$$

而 $b=\frac{L_{xy}}{L_{xx}}$,所以有

$$U=bL_{xy}=\frac{L_{xy}^2}{L_{xx}}$$

$$Q=L_{yy}-U=L_{yy}-\frac{L_{xy}^2}{L_{xx}}$$

由于一元线性回归只涉及1个变量,所以回归平方和自由度为1,回归平方和等于回归方差;离回归平方和自由度为 $n-1-1=n-2$,离回归平方和除以相应自由度即为离回归方差(剩余方差),记作 $S_{y/x}^2$,$S_{y/x}^2$ 的正根值称为离回归标准差,习惯上称作回归估计标准误,即

$$S_{y/x}=\sqrt{\frac{Q}{n-2}}$$

如果变量 y 与 x 之间无线性关系，样本来自总体，其回归与剩余方差应相等，即回归系数 $\beta\neq0$。检验 y 与 x 之间是否存在线性关系，可采用 F 检验和 t 检验。

(2) F 检验

检验 y 与 x 之间是否存在线性关系，采用 F 检验法，检验假设为 H_0：两变量间无线性关系；H_1：两变量间有线性关系。在检验假设为 H_0 的条件下，回归方差与剩余方差的比值服从 $\nu_1=1$ 和 $\nu_2=n-2$ 的 F 分布，所以可用

$$F=\frac{\frac{U}{1}}{\frac{Q}{n-2}}=\frac{U}{Q}\cdot(n-2) \tag{5.24}$$

来检验线性回归关系的显著性。

例 5.4 试检验例 5.3 提供的资料的线性回归关系的显著性。

解：建立假设

$H_0:\beta=0$；$H_1:\beta\neq0$。$\alpha=0.05$。

根据前面所得数据，计算出 U 与 Q 的值

$$U=\frac{L_{xy}^2}{L_{xx}}=\frac{1.7537^2}{3.0529}=1.00739$$

$$Q=L_{yy}-U=1.0171-1.00739=0.00971$$

按式(5.24)计算统计量 F 值

$$F=\frac{U}{Q}\cdot(n-2)=\frac{1.00739}{0.00971}\times(7-2)=518.738$$

查 F 分布表，得 $F_{0.025}(1,5)=10.01$，$F=518.738>10.01$，落入拒绝域，按 $\alpha=0.05$ 拒绝 H_0，接受 H_1，可认为两变量间存在线性回归关系。

(3) t 检验

采用 t 检验也可以检验线性回归关系的显著性。假设 $H_0:\beta=0$；$H_1:\beta\neq0$。该方法是检验样本回归系数 b 是否来自 $\beta=0$ 的双变量总体，以推断线性回归的显著性。

回归叙述的标准误差 S_b 和 t 值计算公式分别为：

$$S_b=\sqrt{\frac{\sum_{i=1}^{n}(y_i-\hat{y})^2}{(n-2)\sum_{i=1}^{n}(x_i-\bar{x})^2}}=\frac{S_{y/x}}{\sqrt{L_{xx}}}=\frac{\sqrt{\frac{Q}{n-2}}}{\sqrt{L_{xx}}} \tag{5.25}$$

$$t=\frac{b-\beta}{S_b} \tag{5.26}$$

式(5.26)服从 $\nu=n-2$ 的 t 分布，由 t 值可得出样本回归系数 b 落在 $\beta=0$ 总体中的区间概率。

例 5.5 用 t 检验法检验例 5.3 提供的资料的回归关系的显著性。

解：建立假设

$H_0:\beta=0;H_1:\beta\neq0$。$\alpha=0.05$。

$$S_b=\frac{\sqrt{\dfrac{Q}{n-2}}}{\sqrt{L_{xx}}}=\frac{\sqrt{\dfrac{0.00971}{7-2}}}{\sqrt{3.0529}}=0.02522$$

$$t=\frac{b-\beta}{S_b}=\frac{0.5744-0}{0.02522}=22.7756$$

按 $\nu=7-2=5$，查 t 分布表得，$t_{\alpha/2}(5)=2.57$，$|t|=22.7756>2.57$，落入拒绝域，即按 $\alpha=0.05$ 的水准应拒绝 H_0，接受 H_1，结论与 F 检验相同。

上述 t 检验和 F 检验都是对线性回归关系的假设检验，两者是完全一致的。因为在同一概率值下，$\nu_1=1$，$\nu_2=n-2$ 的一尾 F 值恰巧为 $\nu=n-2$ 的两尾 t 值的平方，且计算出的 F 值也是 t 值的平方。本例中 $t^2=22.7756^2=518.728$ 与 $F=518.738$ 的微小差异是因四舍五入造成的。由下面的式子可以看出来：

$$t^2=\frac{b^2}{S_b^2}=\frac{b^2}{\dfrac{S_{y/x}^2}{L_{xx}}}=\frac{b^2L_{xx}}{S_{y/x}^2}=\frac{U}{\dfrac{Q}{n-2}}=F$$

5.3.4 预测问题

在进行线性相关分析时，应注意以下几点：

① 积差相关系数只适用于双变量正态分布资料，否则要通过变量变换使之正态化，然后根据变换值计算其相关系数。

② 不能只根据相关系数的绝对值大小来判断相关的密切程度，而必须要进行假设检验。

例如，有两个相关系数 $r_1=0.601$，$\nu_1=6$，$r_2=0.401$，$\nu_2=40$。不能只根据 $r_1>r_2$ 就作出 r_1 比 r_2 相关更密切的结论。因为查相关系数 r 界值表，前一样本得 $P>0.05$，后一样本得 $P<0.01$，若按同一检验水准 $\alpha=0.05$ 判断，可以认为前者无线性相关关系，而后者有线性相关关系。可见，为了正确推断两变量间有无线性相关关系，必须进行假设检验。

但是，任何事物都不是绝对的。在进行相关分析时，若资料相当多($n\geqslant50$)时，就可以根据相关系数的绝对值的大小，来判断相关的密切程度。一般认为：

$\lvert r\rvert\leqslant0.3$	弱相关(或称无相关)
$0.3<\lvert r\rvert\leqslant0.5$	低度相关
$0.5<\lvert r\rvert\leqslant0.8$	显著相关
$0.8<\lvert r\rvert\leqslant1$	高度相关

③ 相关可以是因果关系，也可以只是平行关系。相关显著，只说明两现象的数量间存在线性相关关系，但不能证明事物间有内在的联系。当事物间有内在联系尚未被认识前，相关分析能从数量上给理论研究提供线索。

思考题与习题

1. 什么是相关和回归？
2. 什么是相关系数和决定系数？它们各自的意义是什么？
3. 什么是最小二乘法？

6 数据整理与修约

本章提要

环境数据的审核是多方面与多层次的，从数据收集到数据整理都设有大量技术规范和标准。本章参考《数值修约规范与极限数值的表示和判定》(GB/T 8170—2008)，只介绍数据修约原则及可疑值剔除方法，不讲解数据收集过程的质量保证。

异常值(或异常观测值)指样本中的个别值，其数值明显偏离它(或它们)所属样本的其余观测值。异常值可能是总体固有随机变异性的极端表现。异常值的筛选与剔除从来都是数据整理的重点，本章将介绍常用的可疑值剔除与筛选方法，即 Grubbs 检验法、Dixon 检验法和偏度-峰度检验法。

6.1 数据整理

6.1.1 有效数字

0、1、2、3、4、5、6、7、8、9 这 10 个数码称为数字，由单一数字或多个数字可以组成数值，一个数值中，各个数字所占的位置称数位。运算和报告结果必须注意有效数字，有效数字用于表示核算结果，指在核算或测量中实际能测得的数据，即表示数字的有效意义。一个由有效数字构成的数值，其倒数第二位以上的数字应该是可靠的或者确定的，只有末位数字是可疑的或不确定的。所谓有效数字是由全部确定数字和一个不确定数字构成。

记录和报告测量结果指定了包含有效数字的位数，对有效数字的位数不能任意删除或增加。有效数字构成的测定值必然是近似值，因此测定的运算应按照近似计算规则进行。

数字“0”是否为有效数字与它在数值中的位置有关。当它用于指示小数点的位置而与测量的准确程度无关时，不是有效数字，当它用于表示与测量准确程度有关的数值大小时，即为有效数字。

例 6.1 判断下列数据的有效数字个数。

① 0.0236,3 位有效数字;0.006,1 位有效数字;
第 1 个非零数字前的“0”不是有效数字。

② 2.0004,5 位有效数字;2903,4 位有效数字;
非零数字中的“0”是有效数字。

③ 3.9800,5 位有效数字;0.230%,3 位有效数字
小数中最后一个非零数字后的“0”是有效数字。

④ 2.33×10^4,3 位有效数字;2.3300×10^4,5 位有效数字。

6.1.2 数值修约原则

所谓数值修约是指通过省略原数值的最后若干位数字,调整所保留的末位数字,使最后所得到的值最接近原数值的过程,经数值修约后的数值称为(原数值的)修约值。

本书根据《数值修约规则与极限数值的表示和判定》(GB/T 8170—2008)中规定的数据修约原则进行数值的修约。

(1)确定修约位数表达方式

第一步:指定数位。

①指定将数值修约成 n 位有效位数。

②指定修约间隔为 10^{-n}(n 为正整数),或指明将数值修约到 n 位小数。

③指定修约间隔为 1,或指明将数值修约到“个”数位。

④指定修约间隔为 10^n(n 为正整数),或指明将数值修约到 10^n 数位,或指明将数值修约到“十”“百”“千”……数位。

第二步:将数值修约为 n 位有效位数。

(2)进舍规则

①拟舍去的最左一位数字小于 5 时,则舍去,保留的各位数字不变。

将 12.1498 修约成 2 位有效位数,得 12。

将 12.1498 修约到小数点后一位,得 12.1。

②拟舍弃数字的最左一位数字大于 5 或虽等于 5 而其后并非全部为 0 的数字时,则进 1,即保留的末尾数字加 1。

将 1268 修约到“百”位数,得 13×10^2(特定时可写成 1300)。

“特定时”是指修约间隔或有效位数明确时。

将 1268 修约成 3 位有效位数,得 127×10。

将 10.502 修约到个位数,得 11。

③拟舍去数字的最左一位数字为 5,而右边无数字或均为 0 时,若所保留的末位数字为奇数(1、3、5、7、9)则进一,为偶数(2、4、6、8、0)则舍去。

修约间隔为 0.1(或 10^{-1})时:

拟修约值	修约值
1.050	1.0

1.350　　　　　　1.4

修约间隔为 1000(或 10^3)：

拟修约值　　　　修约值

2500　　　　　　2×10^3(特定时可写为 2000)

3500　　　　　　4×10^3(特定时可写为 4000)

将下列数字修约成两位有效位数：

拟修约值　　　　修约值

0.0325　　　　　0.032

32500　　　　　 32×10^3(特定时可写为 32000)

负数修约时，先将它的绝对值按前述的规定进行修约，然后在所得值前面加上负号。

将下列数字修约到十数位：

拟修约值　　　　修约值

−355　　　　　　-36×10(特定时可写为−360)

(3)不得连续修约

拟修约的数字在确定修约位数后一次修约获得结果，不得多次连续修约。

修约 15.4546，修约间隔 1，结果为 15。

错误：15.4546 ⟶ 15.455 ⟶ 15.46 ⟶ 15.5 ⟶ 16

将 213.499 修约成 3 位有效位数时，结果应为 213。

错误：213.499 ⟶ 213.50 ⟶ 214

在具体实施过程中，有时测试与计算部门将获得的数值按指定的修约位数多一位或几位报出，而后由其他部门判定。为避免产生连续修约的错误，按下述步骤进行。

第一步，报出数值最右的非零数字为 5 时，应在数值后面加“(+)”或“(−)”或不加符号，以分别表明已进行过舍、进或未舍未进。

例如：16.50(+)表示实际值大于 16.50，经修约设计成为 16.50；16.50(−)表示实际值小于 16.50，经修约进 1 成为 16.50。

第二步，如果判定报出值需要进行修约，当拟舍弃数字的最后一位数字为 5 而后面无数字或皆为 0 时，数值后面有(+)号者进 1，数值后面有(−)号者舍去，其他仍按规则(2)进行。

例如：将表 6.1 中第一列数字修约到个数位后进行判定(报出值多留一位到一位小数)。

表 6.1　数字修约

实测值	报出值	修约值
15.4546	15.5(−)	15
16.5203	16.5(+)	17
17.5000	17.5	18
−15.4546	−15.5(−)	−15

(4)0.5 单位修约与 0.2 单位修约

必要时，可采用 0.5 单位修约和 0.2 单位修约。

① 0.5 单位修约

将拟修约数乘以 2，按指定数位依规则(2)修约，所得数再除以 2。

例如：将表 6.2 第一列数修约到个数位的 0.5 单位(或修约间隔为 0.5)。

表 6.2 0.5 单位修约

拟修约数值 (A)	乘 2 (2A)	2A 修约值 (修约间隔为 1)	A 修约值 (修约间隔为 0.5)
60.25	120.50	120	60.0
60.38	120.76	121	60.5
−60.75	−121.50	−122	−61.0

② 0.2 单位修约

将拟修约数乘以 5，按指定数位依规则(2)修约，所得数值再除以 5。

例如：将表 6.3 第一列数修约到“百”数位的 0.2 单位(或修约间隔为 20)。

表 6.3 0.2 单位修约

拟修约数值 (A)	乘 5 (5A)	5A 修约值 (修约间隔为 100)	A 修约值 (修约间隔为 20)
830	4150	4200	840
842	4210	4200	840
−930	−4650	−4600	−920

(5)术语解释

① 修约间隔是确定修约保留位数的一种方法，修约间隔的数值一经确定，修约值即为该数值的整倍数。

如指定修约间隔为 0.1，修约值即应在 0.1 的整数倍中选取，相当于将数值修约到一位小数。

如指定修约间隔为 100，修约值即应在 100 的整数倍中选取，相当于将数值修约到“百”位数。

② 有效位数。对没有小数位且以若干个零结尾的数值，从非零数字最左一位向右数得到的位数减去无效零(即仅为定位用的零)的个数，为有效位数；对其他十进位数值，从非零数字最左一位向右数得到的位数也是有效位数。

例 6.2 35000 若有 2 个无效零，则为 3 位有效位数，应写为 350×10^2，若有 3 个无效零，则为 2 位有效位数，应写为 35×10^3。

3.2、0.32、0.032、0.0032 均为 2 位有效位数；0.0320 为 3 位有效位数。

12.490 为 5 位有效位数；10.00 为 4 位有效位数。

③ 0.5 单位修约(半个单位修约)，指修约间隔为指定位数的 0.5 单位，即修约到指定位数的 0.5 单位。

例如，将 60.28 修约到个位数的 0.5 单位，得 60.5。

④ 0.2 单位修约，指修约间隔为指定数位的 0.2 单位，即修约到指定数位的 0.2

单位。

例如，将 832 修约到“百”数位的 0.2 单位，得 840。

6.1.3 近似计算规则

(1)加法和减法

几个近似值相加减时，其和或差的有效数字取决于绝对误差最大的数值，即最后结果的有效数字自左起不超过参加计算的近似值中第一个出现的可疑数字。如在小数的加减计算中，结果所保留的小数点后的位数与各近似值中小数点后位数最小者相同。在实际运算过程中，保留的位数比各数值中小数点后位数最多者多留 1 位小数，而计算结果则按数值修约规则处理。

例如：508.4－438.68＋13.046－6.0548

≈508.4－438.68＋13.046－6.05

≈76.72

最后计算结果只保留 1 位小数，为 76.7。

当两个很接近的近似值相减时，其差的有效数字位数会有很多损失。所以，如有可能，应把计算程序组织好，尽量避免错误。

(2)乘法和除法

近似值相乘除时，所得积或商的有效数字位数取决于相对误差最大的近似值，即最后结果的有效数字位数要与各近似值中有效数字位数最小者相同。在实际运算中，先将各近似值修约至比有效数字位数最少者多保留 1 位有效数字，再将计算结果按上述规则处理。

例如：0.0676×70.19×6.50237

≈0.0676×70.19×6.502

≈30.850975688

最后计算结果用 3 位有效数字表示为 30.9。

在当前普遍使用手持计算器的情况下，为了减少计算误差，可在运算过程中适当保留较多的数字，对中间结果不作修约，只将最终结果修约到所需位数。

对于第 1 位是 8 或 9 的近似值，在乘除计算中有效数字的位数可多计 1 位。

例如：0.983　可视为 4 位有效数字

80.44　可视为 5 位有效数字

(3)乘方和开方

近似值乘方或开方时，原近似值有几位有效数字，计算结果就可以保留几位有效数字。

例如：$6.54^2=42.7716$，保留 3 位有效数字则为 42.8。

$\sqrt{7.39}=2.7184554444\cdots$，保留 3 位有效数字则为 2.72。

(4)对数和反对数

在近似值的对数计算中，所取对数的小数点后的位数(不包括首数)应与真数的有效数字位数相同。举例如下。

例 6.3 求 H^+ 浓度为 7.89×10^{-2} mol/L 溶液的 pH 值。

解：$[H^+]=7.89\times10^{-2}$ mol/L，$pH=-\lg[H^+]=-\lg(7.98\times10^{-2})\approx1.098$

例 6.4 求 pH 值为 3.20 溶液的 $[H^+]$。

解：$pH=-\lg[H^+]=3.2$，$[H^+]=6.3\times10^{-3}$ mol/L

(5)平均值

求 4 个或 4 个以上准确度接近的近似值的平均值时，其有效数字可增加一位。

例 6.5 求下列近似值的平均值，3.77、3.70、3.79、3.80、3.72。

解：$\bar{x}=\frac{1}{5}\times(3.77+3.70+3.79+3.80+3.72)$

$=3.756$

6.2 异常值筛选与处理

异常值(或异常观测值)指样本中的个别值，其数值明显偏离它(或它们)所属样本的其余观测值。

异常值可能是总体固有的随机变异性的极端表现，这种异常值和样本中其余观测值属于同一总体。异常值也可能产生于试验条件和方法或数据采集时出现的偶然误差偏离，或产生于观测、记录中的失误。这种可疑值和样本中其余观测值不属于同一个总体。

在考察样本的各观测值中，除个别异常值外，其余大部分观测值(样本)应该来自同一个正态总体或近似正态总体。关于样本来自正态总体或近似正态总体的判断，可以根据技术上的知识，通过对考察对象以及以往数据进行正态性的检验。

在一组观测数据中，异常值可能是单个，也可能是多个，因此异常值的检验有单个异常值检验和多个异常值检验。

(1)异常值检验

单个异常值判断需要根据实际情况，确定合适的异常值检验判断规则，指定检出异常值的显著性水平 α(检出水平)，根据 α 与观测值个数(n)确定统计量临界值，再通过不同方法计算统计量，所得值若超过临界值，则判断事先确定待查的极端观测值为异常值，否则就判断“没有异常值”。检出水平(α)常取 5%、1%(或 10%)。

多个异常值判断即重复使用单个异常值判断方法的检验规则。首先按照单个异常值判断方法检验全体观察值的异常值，若不能检出异常值，则整个检验结束，若检出一个异常值，再用相同的检验水平和规则进行下一个异常值的检验，直到不能检出异常值，或检出异常值超过上限为止(占观测值的比例较小)。

(2)异常值处理(剔除或修正)

异常值产生的技术上和物理上的原因是异常值处理的依据，其处理规则如下。

① 对检出的异常值若无技术上、物理上的足以说明其异常的理由，则不得剔除或修正。

② 异常值中除有技术上、物理上的充分理由说明其异常之外，表现为统计上高度异

常，也允许剔除或修正。具体过程如下：

第一步，确定判断异常值是否高度异常的统计检验显著性水平 α^*（亦称为剔除水平），其值小于检出水平 α。

第二步，对前面检出的异常值，按规定以剔除水平 α^* 代替检出水平 α 进行显著性检验，若在剔除水平下，此检验是显著的，则判定此异常值表现高度异常。在重复使用同一检验规则时，每次检出异常值后都要再检验它在剔除水平 α^* 下是否高度异常，若某次检验中检出的异常值为高度异常，则这个异常值以及在它前面检出的异常值都可被剔除或修正。

剔除水平 α^*（显著性水平）一般采取 1%或更小，不宜采用大于 5%的值。在选用剔除水平的情况下，检出水平可取 5%或者更大些。

③ 检出的异常值都可以被剔除或进行修正。

上述规则的选用应根据实际问题的性质，权衡寻找产生异常值原因的代价，正确判断异常值的得益和错误剔除正常值的风险而定。

判断以及剔除异常值有多种检验方法，在已知标准差情形下使用奈尔(Nair)法。在一般情况下，标准差事先不知道，而要由测定数据本身获得，并用以检验该组观测值中是否存在异常值，在此情况下，通常采用 Grubbs 检验法、Dixon 检验法和偏度-峰度检验法。

6.2.1 Grubbs 检验法

Grubbs 检验法可用于检验多组（组数为 l）测量值均值的一致性和剔除多组测量值均值中的异常值，也可以用于检验一组测量值（个数 n）的一致性和剔除一组测量值中的异常值。检出的异常值个数不超过 1。

(1)单侧异常值检验

① 将观测值按大小顺序排列：$x_1 \leqslant x_2 \leqslant \cdots \leqslant x_n$。

② 计算样本平均值 $\bar{x}$ 和样本标准差 s：

$$\bar{x} = \frac{1}{n}(x_1 + x_2 + \cdots + x_n), s = \sqrt{\frac{\sum_{i=1}^{n}(x_i - \bar{x})^2}{n-1}}$$

③ 计算统计量 G_n：

$$G_n = \frac{(x_n - \bar{x})}{s} \tag{6.1}$$

④ 确定检出水平 α，查表 6.4 对应的 n、α 的临界值 $G_{(1-\alpha),n}$。

⑤ 当 $G_n > G_{(1-\alpha),n}$，判断最大值 x_n 为异常值；否则，判断“没有异常值”。

⑥ 在给出剔除水平 α^* 前提下，由表 6.4 查出对应的 n、α^* 的临界值 $G'_{(1-\alpha),n}$。

当 $G_n > G'_{(1-\alpha),n}$，判断 x_n 为高度异常值；否则，判断“没有高度异常值”。

对最小观测值的检验，使用统计量 G'_n：

$$G'_n = \frac{\bar{x} - x_1}{s} \tag{6.2}$$

其余规则相同。

(2)双侧情形的检验

① 根据式(6.1)、式(6.2)计算 G_n、G'_n的值。

② 确定检出水平 α，由表 6.4 查出对应的 n、$G'_{(1-\alpha/2),n}$。

③ 当 $G_n>G'_n$且 $G_n>G'_{(1-\alpha/2),n}$，判断 x_n 为异常值，当 $G'_n>G_n$ 且 $G'_n>G'_{(1-\alpha/2,n)}$，判断 x_1 为异常值；否则，判断“没有异常值”。

④ 在给定剔除水平 α^* 的前提下，由表 6.4 查出对应临界值 $G_{(1-\alpha^*/2),n}$，判断 x_1 为高度异常值，否则判断“没有高度的异常值”。

表 6.4　Grubbs 临界值 G 值

n	显著性水平 α					n	显著性水平 α				
	0.10	0.05	0.025	0.01	0.005		0.10	0.05	0.025	0.01	0.005
3	1.148	1.153	1.155	1.155	1.155	30	2.583	2.745	2.908	3.103	3.236
4	1.425	1.463	1.481	1.492	1.496	31	2.577	2.759	2.924	3.119	3.253
5	1.602	1.672	1.715	1.749	1.764	32	2.591	2.773	2.938	3.135	3.270
6	1.729	1.822	1.887	1.944	1.973	33	2.604	2.786	2.952	3.150	3.286
7	1.828	1.938	2.020	2.097	2.139	34	2.616	2.799	2.965	3.164	3.301
8	1.909	2.032	2.126	2.22	2.274	35	2.628	2.811	2.979	3.178	3.316
9	1.977	2.110	2.215	2.323	2.387	36	2.639	2.823	2.991	3.191	3.330
10	2.036	2.176	2.290	2.410	2.482	37	2.650	2.835	3.003	3.204	3.343
11	2.088	2.234	2.355	2.485	2.564	38	2.661	2.846	3.014	3.216	3.356
12	2.134	2.285	2.412	2.550	2.636	39	2.671	2.857	3.025	3.228	3.369
13	2.175	2.331	2.462	2.607	2.699	40	2.682	2.866	3.036	3.240	3.381
14	2.213	2.371	2.507	2.659	2.755	41	2.692	2.877	3.046	3.251	3.393
15	2.247	2.409	2.549	2.705	2.806	42	2.700	2.887	3.057	3.261	3.404
16	2.279	2.443	2.585	2.747	2.852	43	2.710	2.896	3.067	3.271	3.415
17	2.309	2.475	2.620	2.785	2.894	44	2.719	2.905	3.075	3.282	3.425
18	2.335	2.501	2.651	2.821	2.932	45	2.727	2.914	3.085	3.292	3.435
19	2.361	2.532	2.681	2.954	2.968	46	2.736	2.923	3.094	3.302	3.445
20	2.385	2.557	2.709	2.884	3.001	47	2.744	2.931	3.103	3.310	3.455
21	2.408	2.580	2.733	2.912	3.031	48	2.753	2.940	3.111	3.319	3.464
22	2.429	2.603	2.758	2.939	3.060	49	2.760	2.948	3.120	3.329	3.474
23	2.448	2.624	2.781	2.963	3.087	50	2.768	2.956	3.128	3.336	3.483
24	2.467	2.644	2.802	2.987	3.112	60	2.837	3.025	3.199	3.411	3.560
25	2.486	2.663	2.822	3.009	3.135	70	2.893	3.082	3.257	3.471	3.622
26	2.502	2.681	2.841	3.029	3.157	80	2.940	3.130	3.305	3.521	3.673
27	2.519	2.698	2.859	3.049	3.178	90	2.981	3.171	3.347	3.563	3.716
28	2.534	2.714	2.876	3.068	3.199	100	3.017	3.207	3.383	3.600	3.754
29	2.549	2.730	2.893	3.085	3.218						

例 6.6 对同一样品做 10 次平行测定，获得数据分别为 4.41、4.49、4.50、4.51、4.64、4.75、4.81、4.95、5.01、5.39。检验最大值是否为异常值。取检出水平 $\alpha=5\%$。（最大值为 5.39）。

解：$\bar{x}=4.746$，$s=0.305$，$n=10$

$$G_{10}=\frac{x_{10}-\bar{x}}{s}=\frac{5.39-4.746}{0.305}=2.11$$

当 $n=10$ 时，查表 6.4 可知，$G_{0.95,10}=2.176$，因 $G_{10}<G_{0.95,10}$，故判断 $x_{10}=5.39$ 为正常值。

6.2.2 Dixon 检验法

Dixon 检验法用于一组观测值的一致性检验和剔除一组观测值中的异常值，适用于检出一个或多个异常值。

6.2.2.1 单侧进行的检验法

按大小顺序排列观测值 $x_1\leqslant x_2\leqslant\cdots\leqslant x_n$，计算统计量，统计量计算公式如表 6.5 所示。

① 确定检出水平 α，由表 6.6 查出对应的 n、α 的临界值 $D_{(1-\alpha),n}$。

② 检验高端值时，当 $D>D_{(1-\alpha),n}$，判断 x_n 为异常值；检验低端值时，当 $D'>D_{(1-\alpha),n}$，判断 x_1 为异常值；否则，判断“未发现异常值”。

③ 在给出剔除水平 α^* 的前提下，从表 6.6 查出对应的 n、α^* 的临界值 $D_{(1-\alpha^*),n}$。

④ 检验高端值时，当 $D>D_{(1-\alpha^*),n}$，判断 x_n 为高度异常值；检测低端值时，$D'>D_{(1-\alpha^*),n}$，判断 x_1 为高度异常值；否则，判断“没有发现高度异常值”。

表 6.5 Dixon 检验统计量 D 计算公式

样本大小	检验高端异常值	检验低端异常值
n:3～7	$D=r_{10}=\frac{x_n-x_{n-1}}{x_n-x_1}$	$D'=r'_{10}=\frac{x_2-x_1}{x_n-x_1}$
n:8～10	$D=r_{11}=\frac{x_n-x_{n-1}}{x_n-x_2}$	$D'=r'_{11}=\frac{x_2-x_1}{x_{n-1}-x_1}$
n:11～13	$D=r_{21}=\frac{x_n-x_{n-2}}{x_n-x_2}$	$D'=r'_{21}=\frac{x_3-x_1}{x_{n-1}-x_1}$
n:14～30	$D=r_{22}=\frac{x_n-x_{n-2}}{x_n-x_3}$	$D'=r'_{22}=\frac{x_3-x_1}{x_{n-2}-x_1}$

表 6.6 单侧 Dixon 检验法的临界值 D

n	检验高端异常值 D、低端异常值 D'	90%	95%	99%	99.5%
3	$D=r_{10}=\frac{x_n-x_{n-1}}{x_n-x_1}$ 或 $D'=r'_{10}=\frac{x_2-x_1}{x_n-x_1}$	0.886	0.941	0.988	0.994
4		0.679	0.765	0.889	0.926
5		0.557	0.642	0.780	0.821
6		0.482	0.560	0.698	0.740
7		0.434	0.507	0.637	0.680

续表 6.6

n	检验高端异常值 D、低端异常值 D'	90%	95%	99%	99.5%
8	$D=r_{11}=\dfrac{x_n-x_{n-1}}{x_n-x_2}$ 或 $D'=r'_{11}=\dfrac{x_2-x_1}{x_{n-1}-x_1}$	0.479	0.554	0.683	0.725
9		0.441	0.512	0.635	0.677
10		0.409	0.477	0.597	0.639
11	$D=r_{21}=\dfrac{x_n-x_{n-2}}{x_n-x_2}$ 或 $D'=r'_{21}=\dfrac{x_3-x_1}{x_{n-1}-x_1}$	0.517	0.576	0.679	0.713
12		0.490	0.546	0.642	0.675
13		0.467	0.521	0.615	0.649
14	$D=r_{22}=\dfrac{x_n-x_{n-2}}{x_n-x_3}$ 或 $D'=r'_{22}=\dfrac{x_3-x_1}{x_{n-2}-x_1}$	0.492	0.546	0.641	0.674
15		0.472	0.525	0.616	0.647
16		0.454	0.507	0.595	0.624
17		0.438	0.490	0.577	0.605
18		0.424	0.475	0.561	0.589
19		0.412	0.462	0.547	0.575
20		0.401	0.450	0.535	0.562
21		0.391	0.440	0.524	0.551
22		0.382	0.430	0.514	0.541
23		0.374	0.421	0.505	0.532
24		0.367	0.413	0.497	0.524
25		0.360	0.406	0.489	0.516
26		0.354	0.399	0.486	0.508
27		0.348	0.393	0.475	0.501
28		0.342	0.387	0.469	0.495
29		0.337	0.381	0.463	0.489
30		0.332	0.376	0.457	0.483

6.2.2.2 双侧情形的检验法

① 与单侧情形的检验法中间计算统计量相同，计算 D 与 D'。

② 确定检出水平 α，由表 6.7 查出对应 n、α 的临界值 $D_{(1-\alpha),n}$。

③ 当 $D>D'$，$D>D_{(1-\alpha),n}$，判断 x_n 为异常值；当 $D>D'$，$D'>D_{(1-\alpha),n}$，判断 x_1 为异常值；否则，判断“没有发现异常值”。

④ 在给出剔除水平 α^* 的前提下，由表 6.7 查出对应的 n、α^* 临界值 $D_{(1-\alpha^*),n}$。

当 $D>D'$，$D>D_{(1-\alpha^*),n}$，判断 x_n 为高度异常值；当 $D'>D$，$D'>D_{(1-\alpha^*),n}$，判断 x_1 为高度异常值；否则，判断“没有发现高度异常值”。

表 6.7　双侧 Dixon 检验的 D 临界值

n	统计量 D	95%	99%
3	r_{10} 和 r'_{10} 中较大者	0.970	0.994
4		0.829	0.926
5		0.710	0.821
6		0.628	0.740
7		0.569	0.680
8	r_{11} 和 r'_{11} 中较大者	0.608	0.717
9		0.564	0.672
10		0.530	0.635
11	r_{21} 和 r'_{21} 中较大者	0.619	0.709
12		0.583	0.660
13		0.557	0.638
14	r_{22} 和 r'_{22} 中较大者	0.586	0.670
15		0.565	0.647
16		0.546	0.627
17	r_{22} 和 r'_{22} 中较大者	0.529	0.610
18		0.514	0.594
19		0.501	0.580
20		0.489	0.567
21		0.478	0.555
22		0.468	0.544
23		0.459	0.535
24		0.451	0.526
25		0.443	0.517
26		0.436	0.510
27		0.429	0.502
28		0.423	0.495
29		0.417	0.489
30		0.412	0.483

例 6.7　一组测定值按从小到大顺序排列为 14.65、14.90、14.90、14.92、14.95、14.96、15.00、15.00、15.01、15.02，检验低端值 14.65 是否为异常值。

解：指定 $\alpha=1\%$，单侧情形，对 $n=10$，使用

$$D' = r'_{11} = \frac{x_2 - x_1}{x_{n-1} - x_1} = \frac{14.90 - 14.65}{15.01 - 14.65} = 0.694$$

查表 6.6 可得 $D'_{0.99,10} = 0.597$，$D' > D'_{0.99,10}$，故判断最小值为异常值。

双侧情形，对 $n=10$，计算 $D'=0.694$ 和 D

$$D = r_{11} = \frac{x_n - x_{n-1}}{x_n - x_2} = \frac{15.02 - 15.01}{15.02 - 14.90} = \frac{0.01}{0.12} = 0.083$$

查表 6.7 得到 $D'_{0.99,10}=0.635$，因为 $D'>D$，$D'>D'_{0.99,10}$，故判断最小值 14.65 为异常值。

当需检出多个异常值时，可以重复使用 Dixon 检验法进行检验，即将剔除第一个异常值后的其余观测值，继续按上述检测规则进行检验，如仍能检出异常值，则继续剔除。

6.2.3　偏度-峰度检验法

在未知标准差情形下判断和处理异常值，当检出异常值的个数上限大于 1 时，可采用偏度-峰度检验法。其使用条件是，先考查样本各观测值，确认其样本主体来自正态总

体，而极端值较明显地偏离样本主体。考查使用条件时，可将观测值点于正态概率纸上，当样本主体基本在一条直线旁，而其一端或两端的个别点明显向外偏离时，可用偏度-峰度检验法。

6.2.3.1 单侧情形——偏度检验法

① 对观测值 $x_1, x_2, \cdots, x_n$，计算偏度统计量：

$$b_s = \frac{\sqrt{n}\sum_{i=1}^{n}(x_i-\bar{x})^3}{\left[\sum_{i=1}^{n}(x_i-\bar{x})^2\right]^{\frac{3}{2}}} = \frac{\sqrt{n}\left[\sum_{i=1}^{n}x_i^3 - 3\bar{x}\sum_{i=1}^{n}x_i^2 + 2n(\bar{x})^3\right]}{\left[\sum_{i=1}^{n}x_1^2 - n(\bar{x})^2\right]^{\frac{3}{2}}} \qquad (6.3)$$

② 确定检出水平 α，由表 6.8 查出对应的 n、α 的临界值 $b'_{(1-\alpha),n}$；

③ 对上侧情形，当 $b_s > b'_{(1-\alpha),n}$ 时，判断最大值 x_n 为异常值；否则，判断“没有异常值”；

④在给出剔除水平 α^* 的前提下，由表 6.8 查出对应 n、α^* 的临界值 $b'_{(1-\alpha^*),n}$。

对上侧情形，当 $b_s > b'_{(1-\alpha^*),n}$，判断 x_n 为高度异常值；对下侧情形，当 $-b_s > b'_{1-\alpha^*,n}$，判断 x_1 为高度异常值；否则，判断“没有高度异常值”。

表 6.8 偏度检验法的临界值

n	95%	99%	n	95%	99%
8	0.99	1.42	40	0.59	0.87
9	0.97	1.41	45	0.56	0.82
10	0.95	1.39	50	0.53	0.79
12	0.91	1.34	60	0.49	0.72
15	0.85	1.26	70	0.46	0.67
20	0.77	1.15	80	0.43	0.63
25	0.71	1.06	90	0.41	0.60
30	0.66	0.98	100	0.39	0.57
35	0.62	0.92			

6.2.3.2 双侧情形——峰度检验法

① 对观测值 $x_1, x_2, \cdots, x_n$，计算峰度统计量：

$$b_K = \frac{\sqrt{n}\sum_{i=1}^{n}(x_i-\bar{x})^4}{\left[\sum_{i=1}^{n}(x_i-\bar{x})^2\right]^2} = \frac{n\left[\sum_{i=1}^{n}x_i^4 - 4\bar{x}\sum_{i=1}^{n}x_i^3 + 6(\bar{x})^2\sum_{i=1}^{n}x_i^2 + 3n(\bar{x})^4\right]}{\left[\sum_{i=1}^{n}x_1^2 - n\frac{1}{(\bar{x})^2}\right]^2} \qquad (6.4)$$

② 确定检测水平 α，由表 6.9 查出对应的 n、α 的临界值 $b''_{(1-\alpha),n}$。

③ 当 $b_K > b''_{1-\alpha,n}$，判断离均值最远的观测值为异常值；当 $b_K \leqslant b''_{(1-\alpha),n}$，判断“没有异常值”。

④ 在给出剔除水平 α^* 的前提下，从表 6.9 查出对应的 n、α^* 的临界值 $b_K \leqslant b''_{(1-\alpha^*),n}$，当 $b_K > b''_{(1-\alpha^*),n}$，判断离均值最远的观测值为高度异常值；否则，判断“没有高度异常值”。

表 6.9 峰度检验法的临界值

n	95%	99%	n	95%	99%
8	3.70	4.53	40	4.05	5.02
9	3.86	4.82	45	4.02	4.94
10	3.95	5.00	50	3.99	4.87
12	4.05	5.20	60	3.93	4.73
15	4.13	5.30	70	3.88	4.62
20	4.17	5.38	80	3.84	4.52
25	4.14	5.29	90	3.80	4.45
30	4.11	5.20	100	3.77	4.37
35	4.08	5.11			

7 污染物核算

本章提要

污染物核算的方法包括实测法、物料衡算法、产排污系数法。

实测法是通过在污染物排放现场进行污染物与污染介质(流体)特性的测定,从而确定污染物排放量的方法。这种方法的准确性与监测数据的准确性关系很大;物料衡算法是通过物质守恒规律,根据进出系统的物料总量以及物质转换规律来核算污染物产排量的。该方法准确性高,但因为物质转化规律复杂,实际应用有限。

产排污系数法是根据大量的实际数据总结归纳出来的单位产品或单位原材料消耗量的污染物产生系数。该方法灵活简单,但产排污系数需要根据行业发展及时更新。

上述三种方法各有利弊,在环境保护工作中相互补充完善。本章将结合具体实例介绍上述三种方法的应用。

污染物产生与排放量是环境保护工作的基础信息,在环境管理、环境影响评价、环境规划等工作中都需要准确核定单个污染源或区域总体污染源的产生排放量。污染物的产排量可以通过现有的数据库获得,如环境统计数据信息库和污染源普查数据库。

污染物核算是对水污染物、大气污染物、固体废物、放射性污染和噪声的实物量进行计算并核准过程的总称。污染物核算是获得准确环境基础信息的保障,也是环境保护工作者必备的基础知识和工作技能。

7.1 污染物核算概述

随着社会经济的迅速发展,大量的生活、工业、农业废物进入环境,改变了环境的物质能量循环,导致环境质量恶化,造成了一系列的环境问题和公害事件。环境污染的日益严重,已成为全社会关注的问题。要掌握环境发展规律,实施环境管理政策,准确把握排入环境的污染物产排量是一项基础性的工作。

因此污染物产排量核算是环境保护工作的重要内容之一，在进行环境监察、排污权交易、排污收费等具体的环境管理工作中，都会涉及。污染物核算属于环境核算的基础性工作，亦属于国民经济统计的基础工作。

7.1.1 污染物核算的应用

(1)在环境统计工作中的应用

环境统计工作是我国的一项环境保护制度。我国环境统计法规中规定，各级政府环境保护行政主管部门要会同地方政府对辖区内污染物排放单位的基本情况、污染物排放量、排放特征等信息进行收集、整理、汇总、公布。2007 年第一次全国污染源普查对全国范围内的所有工业、生活、农业、集中污染治理设施基本信息污染物排放量实施了普查，并建立污染源信息数据库，同时在此基础上形成了更新机制。目前我国各级政府环保行政主管部门都有辖区内以工业污染源为主，包含农业污染、生活污染、集中污染治理设施的污染源数据库。

在环境统计中污染物核算是重要的组成部分。环境统计信息的核心就包含了辖区内主要污染源的污染物产排情况，污染物核算的准确性决定了环境统计信息能否为其他环境管理工作和政府决策提供数据依据。目前环境统计工作中已经形成了较为完善的污染物核算方法和体系，也积累了大量的污染物核算系数，是其他环境保护工作值得借鉴的宝贵经验。

(2)在污染源管理工作中的应用

我国环境保护制度有不少专门针对污染源的环境管理制度，如环境影响评价、“三同时”制度、排污申报登记制度、排污收费制度等。

新建项目的污染物是其重要的环境影响因素，在环境影响评价技术咨询工作中，核算拟建项目主要污染物的产生量与排放量是工程分析的重要内容。环评技术文件中的污染物产排量力求准确无误，因为环评中对核算污染物产排量的准确性直接影响着后续“三同时”制度、污染治理设施设计、建设、验收等工作。

控制现有污染源排放总量，也需要应用到污染物核算的内容。准确无误地计算污染物的排放量是计算与收取排污税的重要基础。一方面要保证企业能承担排污后治理污染的责任，另一方面也要客观地核算污染物的产生量。

在总量控制与排污权交易中，准确无误地核算污染物的产生量、排放量、削减量是开展工作的基础。

7.1.2 污染物核算类型及其内容

污染物核算类型通常按照环境因子与污染来源划分。

(1)按环境因子划分：可分为水污染核算、大气污染核算、固体废物核算、噪声污染核算等。上述几种类型的污染核算在排放标准、量纲、污染物统计指标选取、统计口径等方面都有较大差异,因此污染物核算在最基础操作过程中通常按环境介质开展。

(2)按污染物来源划分:通常可分为工业污染核算、农业污染核算、生活污染核算、集中污染治理设施污染核算等。不同来源的污染排放类别差异很大,在核定不同污染源污染物产生排放量时,要了解该污染源的生产工艺、原料投入使用、产品产出以及污染物的产生规律等。

① 工业污染源:不同行业的工业污染源污染类型差别很大,因此在进行工业污染核算时需要根据具体的行业把握核算的重点。我国环境统计制度中对辖区内主要工业污染源的污染物已经有系统地统计与收集,因此工业污染核算工作已经形成了一套集合监测、污染物核算系数、数据审核办法等较为完善的工作制度。

② 农业污染源:主要包括畜禽养殖、渔业、种植业几类,重点核定养殖、种植的畜禽粪便、污水、种植化肥农药流失量以及农膜残留量等。

③ 生活污染源:主要指辖区内居民以及第三产业的污染。重点核算生活过程中的生活污水、生活垃圾产生量,核算的污染物主要为耗氧型污染物(如 BOD_5、COD_{Cr})和营养性污染物(如 NH_3-N、总氮、总磷等)。

污染物核算的方法大致可分为实测法、物料衡算法、产排污系数法三类。三种方法各有利弊,在实际的工作中会根据实际工作条件选择相应的污染物方法。本书将介绍上述三种方法的应用,其他污染物核算方法,读者可以查阅相关的教材与政策规范。

7.2 实 测 法

实测法是指通过在污染物排放现场实地进行污染样品采集和污染介质(废水、废气)流量的测定,以此确定污染物排放量的方法。该方法通常选择有代表性的监测数据作为计算依据,因此结论比较客观可靠。

废水污染物的排放量:

$$G = C_i \times Q_i \times 10^{-6} \tag{7.1}$$

废气污染物的排放量:

$$G = C_i \times Q_i \times 10^{-9} \tag{7.2}$$

式中 G——污染物 i 的排放量,t;

Q_i——污染物 i 的实测流量,t;

C_i——污染物 i 的平均排放浓度,为污染物实测值的加权平均数。

C_i 的计算公式如下:

$$C_i = \frac{C_1Q_1 + C_2Q_2 + \cdots + C_nQ_n}{Q_1 + Q_2 + \cdots + Q_n} \tag{7.3}$$

式中 C_n——废水(废气)第 n 次实测浓度,废水排放浓度单位为 mg/L,废气排放浓度单位为 mg/m^3;

Q_n——废水(废气)第 n 次实测流量,废水排放流量单位为 m^3/h,废气排放流量单位为 L/s；

n——测定次数。

例 7.1 某企业第一季度排放废水 2×10^5 t，污水 COD_{Cr} 平均排放浓度为 60 mg/L，请计算该企业 COD_{Cr} 排放量为多少？

COD_{Cr} 排放量：$G=C_i\times Q\times10^{-6}=2\times10^5\times60\times10^{-6}=12(\text{t})$

注：水的相对密度是 1，因此 1 t 水等同于 1 m^3 水。

实测法核算的核心是污染物的排放浓度与污染介质排放量，用实测法核算污染物只局限于有组织的排放。实测法对监测数据的准确性有较高的要求，若监测数据没有代表性，或监测数据质量不高，则实测法是无法计算出准确的污染物排放量的。通过有效性审核的在线监测数据、例行监督性监测数据、环境影响评价监测或环保验收监测，这类的监测数据都属于有效的监测数据。有监测资质的监测单位提供的监测数据都可以作为实测法的计算数据。

监测数据的准确性很大程度上取决于监测设备、人员配置等外在因素。污染源监测并未做到全覆盖，只针对辖区主要工业污染源，农业源、生活源监测几乎为空白，因此实测法作为常规的污染物核算方法还难以应用到所有污染源。需要注意的是实测法很难对无组织排放的污染物产排量进行核算。

7.3 物料衡算法

物料衡算法是以质量守恒为基础对参与反应的物料变化规律进行分析，以此来核算污染物产、排量的方法。在工艺流程确定后，根据原料与产品之间的定量化关系，可以计算原料的消耗量，各种中间产物、产品、副产品的产量，原料等物质的流失量。物料衡算法在工业设计、化工工艺计算等领域有广泛的应用。

环境保护工作中，在掌握工艺流程、物质转化等规律的基础上，可以通过物料衡算法核算污染物的产排量，基本公式如下：

$$\sum G_{投入}=\sum G_{产品}+\sum G_{流失} \tag{7.4}$$

$$\sum G_{排放}=\sum G_{投入}-\sum G_{回收}-\sum G_{处理}-\sum G_{转化}-\sum G_{产品} \tag{7.5}$$

从公式可见，物料衡算法是在掌握物质转化规律的基础上，通过核定投入物料与产出产品量来推导污染物产生量的方法。因此物料衡算法的准确性取决于对物料投入量、物料去向、生产工艺设备情况以及生产管理环节的了解程度。实际工作中遇到的物质转化过程是很复杂的，因此物料衡算法在实际工作过程中应用有限。有不少物料衡算公式除了依据物质转化规律外，还根据实际工作累计的资料增加了经验系数。

鉴于物料衡算法的特点，本章只以燃料燃烧二氧化硫、燃烧烟尘物料衡算公式的推导为基础，讲解物料衡算法的应用，以及物料衡算公式的推导思路。

7.3.1 物料衡算公式推导

不同类别的燃料都含有硫分，燃料中的硫燃烧生成二氧化硫，同时释放热量，化学反应方程式如下：

$$S+O_2 = SO_2$$

通过上述物质转化规律可以推导出燃料燃烧二氧化硫的产生量。由于不同燃料中硫分存在形式略有差异，因此燃料二氧化硫产生量的计算方式也略有不同。本节将介绍不同燃料形式的二氧化硫产生量的物料衡算公式。

7.3.1.1 燃煤二氧化硫产生量

各类燃料中，煤的硫分含量最高。煤炭中硫分包括有机硫、硫铁矿、硫酸盐三类。前两部分为可燃性硫，在煤的燃烧过程中可转化为二氧化硫。第三部分硫酸盐为不可燃硫分，计入灰分。可燃硫分占总硫分的70%～90%，具体计算中可取平均值80%。

从硫燃烧的化学反应方程式可以看出二氧化硫的产生规律如下。

$$\begin{array}{cc} S+O_2 & = SO_2 \\ 1\ \text{mol} & 1\ \text{mol} \\ 32\ \text{g} & 64\ \text{g} \end{array}$$

1 mol 硫燃烧会生成 1 mol 二氧化硫，1 mol 硫与二氧化硫的质量分别为 32 g 和 64 g。折算后可知，1 g 硫燃烧会生成 2 g 二氧化硫，根据上述物质的转化规律，燃煤二氧化硫的物料衡算公式为

$$G_{SO_2产} = B \times S \times 80\% \times 2 \tag{7.6}$$

式中 $G_{SO_2产}$——二氧化硫产生量，t；

B——煤使用量，t；

S——煤中的含硫率，%；

80%——可燃硫占总硫的比率。

我国煤的含硫率总体并不高，煤层平均含硫率为0.9%，含硫率大于2%的占总煤储量的10%。但我国储煤含硫率分布不均，南方地区煤中硫分高，北方地区煤中硫分低，各地区硫分可参考附录8。我国实行 SO_2 的总量控制，在两控区内要求用煤含硫率需低于1%，各地区根据自身的二氧化硫总量控制要求，对燃煤含硫率还有更加严格的要求。

7.3.1.2 燃油二氧化硫产生量

燃油产生的二氧化硫也可以用物料衡算方法核算，燃油中所有硫分均能转化为二氧化硫，计算公式如下：

$$G_{SO_2产} = B \times S \times 2 \tag{7.7}$$

式中 $G_{SO_2产}$——二氧化硫产生量，t；

B——燃油使用量，t；

S——燃油中的含硫率，%。

燃油硫分一般可分为高硫和低硫，前者含硫率高达3.5%～4.5%，后者含硫率为1%以下。目前我国对不同含硫率燃料油的使用范围并未作出严格规定。但《燃料油》

(SH/T 0356—1996)中规定了1号、2号燃料油硫的含量百分比小于1%。

例7.2 某县城全年耗煤量350万t,其中陕西神木煤150万t,平均含硫率0.7%,铜川煤200万t,平均含硫率1%,求该县城全年二氧化硫产生量为多少?

解:将耗煤量与含硫率代入式(7.6):

$$G_{SO_2产} = B \times S \times 80\% \times 2$$
$$= 150 \times 0.7\% \times 80\% \times 2 + 200 \times 1\% \times 80\% \times 2$$
$$= 4.88(万\ t)$$

7.3.1.3 气体燃料二氧化硫产生量

气体燃料主要包含天然气和人工合成燃气。气体燃料中的硫分以有机硫和H_2S为主,气体燃料中硫分燃烧充分,转化率高。但气体燃料在生产使用前通常都要进行脱硫净化处理。其含硫率并不高,通常为6~900 mg/m^3,因此气体燃料的二氧化硫产生量相对较低。

气体燃料的含硫率表达形式有三类:一类为全硫,即单位体积气体燃料中,硫分的质量;二为硫化氢的质量浓度,即单位体积燃料中硫化氢的质量;三为硫化氢的体积浓度,即单位体积硫化氢的体积百分比。不同的含硫率,燃料二氧化硫的计算公式略有差异。

(1)含硫率为全硫

参考硫转化为二氧化硫的规律,燃气中硫分为全硫时的二氧化硫产生量物料衡算公式如下:

$$G_{SO_2} = 2 \times V \times S_t \times 10^{-9} \tag{7.8}$$

式中 G_{SO_2}——燃气二氧化硫产生量,t;

V——气体燃料消耗量,m^3;

S_t——气态燃料含硫率(全硫),mg/m^3。

(2)含硫率为硫化氢浓度

硫化氢气体是燃气中硫分的主要形式,因此气体燃料的硫分也可以记作硫化氢的浓度。硫化氢燃烧化学反应方程式如下:

$$2H_2S + 3O_2 = 2SO_2 + 2H_2O$$

燃气中硫化氢的浓度有两种形式,一种为质量浓度,一种为体积比例。不同的硫化氢浓度形式,其物料衡算公式略有不同。

① 含硫率为硫化氢质量浓度

根据硫化氢燃烧的化学反应方程式可知,1 mol硫化氢燃烧会产生1 mol二氧化硫,如下:

$$\begin{array}{ccc} 2H_2S + 3O_2 & = & 2SO_2 + 2H_2O \\ 1\ mol & & 1\ mol \\ 34\ g & & 64\ g \end{array}$$

根据上述化学反应方程式,1 mol硫化氢燃烧会生成1 mol二氧化硫,即1g硫化氢燃烧会生成1.88 g二氧化硫。因此燃气中含硫率为硫化氢质量浓度时,二氧化硫产生量的物料衡算公式为

$$G_{SO_2} = 1.88 \times V \times S_{H_2S} \times 10^{-9} \tag{7.9}$$

式中 G_{SO_2}——燃气二氧化硫产生量，t；

V——气体燃料消耗量，m^3；

S_{H_2S}——气态燃料含硫率(硫化氢)，mg/m^3；

1.88——硫化氢转化为二氧化硫的质量转化系数，即 1 g 硫化氢燃烧会生成 1.88 g的二氧化硫。

② 含硫率为硫化氢体积浓度

从硫化氢燃烧的化学反应方程式可知，1 m^3 硫化氢气体燃烧后会产生 1 m^3 二氧化硫气体，因此可推导出气体燃料二氧化硫产生量计算公式为

$$G_{SO_2} = 2857.14 \times V \times H_2S\% \times 10^{-6} \tag{7.10}$$

式中 G_{SO_2}——燃气二氧化硫产生量，t；

V——气体燃料消耗量，m^3；

$H_2S\%$——气体燃料中的硫化氢体积百分数；

2857.14——单位体积硫化氢燃烧生成二氧化硫质量转化系数，即 1 m^3 硫化氢气体燃烧会产生 2857.14 g 的二氧化硫，g/m^3。

例 7.3 某燃气锅炉耗天然气 30000 m^3，硫化氢体积百分比为 0.0048%，求该锅炉二氧化硫产生量为多少？

解：根据式(7.10)，该燃气锅炉二氧化硫产生量为：

$$G_{SO_2} = 2857.14 \times 30000 \times 0.0048\% = 4114.28(g)$$

从上述二氧化硫的物料衡算公式可以看出，只要能掌握物质转化规律，就可以通过物质转化规律分析核定污染物的产生量。但是在实际工作中，物料衡算法的应用其实很有限，这是因为实际的物质转化规律十分复杂，运行条件一旦发生变化，产物产量与形态就会发生变化，所以在实际工作中经常会参考实际工作中的经验数据，形成以物料衡算理论为基础，结合实际工作经验数据推导的经验公式。

7.3.2 经验公式

不少污染物的物料衡算公式实际上是经验数据与物料衡算方法的结合。其中燃煤烟尘产生量核算公式就是物料衡算与经验系数的有机结合。

根据《燃煤锅炉烟尘和二氧化硫排放总量核定技术方法——物料衡算法(试行)》(HJ/T 69—2001)，可以通过燃煤的消耗量、燃煤灰分含量等参数计算烟尘产生排放量，计算公式如下：

$$G_d = \frac{B \cdot A \cdot d_{fh}}{1 - C_{fh}} \tag{7.11}$$

式中 G_d——烟尘排放量，t。

B——锅炉耗煤量，t。

A——煤中的灰分，%。

C_{fh}——烟尘中可燃物的百分比，%，与煤炭种类、燃烧设备类型因素有关，层燃炉，C_{fh} 为 15%～45%；抛煤炉，C_{fh} 为 5%～10%；沸腾炉，C_{fh} 为 15%～

25%；煤粉炉，C_{fh} 为 4%～8%。

d_{fh}——转化为烟尘的灰分占总灰分的百分数，%，其值与燃烧方式有关，见表 7.1。

表 7.1　各种炉型 d_{fh} 值

炉型	d_{fh}(%)	炉型	d_{fh}(%)
手烧炉	15～25	沸腾炉	40～60
链条炉	15～25	煤粉炉	70～80
往复推饲炉	15～20	天然气炉	0
振动炉排	20～40	油炉	0
抛煤机炉	25～40	化铁炉	25～35

例 7.4　某煤粉锅炉耗煤量 2000 t，其中灰分比例为 35%，企业采用静电除尘，平均除尘效率为 $\eta=90\%$，问该锅炉烟尘排放量为多少？

解：d_{fh} 取 75%，C_{fh} 取 5%，利用式(7.11)计算烟尘产生量如下：

$$G_d = \frac{B \cdot A \cdot d_{fh}}{1 - C_{th}} = \frac{2000 \times 35\% \times 75\%}{1 - 5\%} = 552.63(\text{t})$$

烟尘排放量：$G_{d排放} = G_d \times (1-\eta)$

$= 552.63 \times (1-90\%)$

$= 55.26\ (\text{t})$

在使用经验公式时，经验数据往往是一个区间，在选择经验数据时应选择与实际情况最接近的经验数据，这就需要在工作中收集企业日常的运行条件来综合判断。若企业尚未运行，例如环评中对尚未建设的企业开展污染物产排量的核定，则需要考虑企业污染排放的最不利情况，以此为基础来选择污染物核算经验参数。

7.4　产排污系数法

7.4.1　产排污系数概述

污染物的产生量和排放量与消耗原材料、产品产量等因素有关，并且该产排量在一定的工艺、规模、技术、管理条件下具有稳定性，将这种污染物的产生和排放规律归纳总结出来，即为产排污系数，产排污系数是长期反复实践的经验积累。

我国环境统计工作已获得较为完善的系数，具体有如下三类。

第一类是中华人民共和国生态环境部编制的《工业污染物产生和排放系数手册》和《排污申报登记实用手册》中编入的排放系数。因系数编制较早，工艺资料粗略，不少设备和工艺已被明令淘汰，难以适应技术的发展更新。

第二类是2007—2009年第一次全国污染源普查期间，环保以及农业等部门联合编制的《第一次全国污染源普查产排污系数》。系数包含工业源、农业源、生活源、集中污染治理设施几大类污染源。这一版系数较旧版在工艺描述上有了较大改善，可根据详细的工艺、原材料、规模、污染治理选择产排污系数，部分行业还增加了一些目前国家产业政策鼓励的新的生产工艺。农业污染源产排污系数包括全国华东、华北、华南、中南、西南五个区域的畜禽养殖、种植、渔业养殖等污染物产排系数；生活污染源系数包含全国五大区域居民生活和第三产业污染物的产排污系数；集中污染治理设施产排污系数包括污水处理厂污泥产生量、垃圾填埋场、危险废物处置场等集中污染治理设施的污染物产排污系数。

第三类是排污许可证核发技术规范中，针对具体行业设定的排放系数。近几年随着排污许可审核发放工作的推进，排污许可证核发的技术规范中也针对行业指定了不少污染物排放系数。此类系数亦可作为环境保护工作的参考。

7.4.2 产排污系数应用实例

产排污系数数据量巨大，涉及面广，目前已经有公开发行的产排污系数资料，在生态环境部网站上也有含具体行业产排污系数的相关技术规范标准，读者可以查阅。本书主要讲解产排污系数使用过程中的注意事项。

产排污系数形式通常为单位产品污染物产生(排放)量、单位原材料使用污染物产生(排放)量。如某工艺生产1 t纸浆会产生12 t废水，沸腾炉燃烧1 t灰分为30%的燃煤会产生烟尘170.1 kg①。

系数法核算污染物计算公式如下：

$$G_i = K_i \times W \tag{7.12}$$

式中 G_i——污染物 i 年排放量，t/a；

K_i——污染物 i 的产(排)污系数，kg/(t产品)或kg/(t原材料)；

W——产品产量或原材料消耗量，t/a。

公式中系数 K_i 的单位为kg/(t产品)或kg/(t原材料)，表示生产1 t产品或使用1 t原材料，会产生(排放)K_i(kg)的污染物 i，通过核定产品产量以及原材料使用情况，可以核算出污染物i的产生(排放)量。因此在产排污系数中应注意系数的使用条件以及系数的单位。本书以《燃煤锅炉烟尘和二氧化硫排放总量核定技术方法——物料衡算法(试行)》(HJ/T 69—2001)中烟尘产排污系数的应用为例讲解产排污系数的使用原则。该标准中规定了燃煤量与烟尘产污系数计算烟尘产生量(表7.2)，并将设备的类型分为层燃炉、抛煤炉、沸腾炉3类，设置灰分含量为10%、15%、20%、25%、30%、35%、40%、45%、50%共9个梯度。上述灰分梯度以外的燃煤的烟尘产生系数可以通过内插法进行计算。

---

① 《燃煤锅炉烟尘和二氧化硫排放总量核定技术方法——物料衡算法(试行)》(HJ/T 69—2001)。

表 7.2　不同燃烧方式燃用不同灰分含量(A)燃煤时烟尘产污系数(K)(kg/t)

A	10%	15%	20%	25%	30%	35%	40%	45%	50%
层燃炉	14.29	21.43	28.57	35.72	42.86	50			
抛煤炉		68.18	90.91	113.64	136.37	159.09	181.82	204.55	
沸腾炉				141.75	170.10	198.45	226.80	255.15	283.50

例 7.5　某企业锅炉为沸腾炉，去年上半年锅炉耗煤量 200 t，其中 150 t 灰分 25%，50 t 燃煤平均灰分为 27%，请参考表 7.2 计算该锅炉去年上半年的烟尘产生量为多少？

解：灰分 $A\%=25\%$，使用量 150 t；查表 7.2 知系数为 141.75 kg/t，烟尘产生量计算如下：

$$
\begin{aligned}
G_{烟尘产} &= 141.75\times150\times10^{-3}\\
&= 21262.5\times10^{-3}\\
&= 21.2625\ (\mathrm{t})
\end{aligned}
$$

灰分 27%，使用量 50 t，计算烟尘产生量之前，需要先用内插法计算灰分为 27%燃煤的产排污系数。

设灰分为 X，系数为 Y，内插法计算系数如下：

$$\frac{X_2-X}{X-X_1}=\frac{Y_2-Y}{Y-Y_1}$$

$$\frac{30-27}{27-25}=\frac{170.10-Y}{Y-141.75}$$

通过上述公式计算出，灰分为 27%的燃煤，在沸腾炉燃烧过程中的烟尘产生系数为 153.08 kg/t。

可计算烟尘产生量为：

$$
\begin{aligned}
G_{烟尘产} &= 153.08\times50\times10^{-3}\\
&= 7654\times10^{-3}\\
&= 7.654(\mathrm{t})
\end{aligned}
$$

该企业烟尘产生总量为：$21.2625+7.654\approx28.92\ (\mathrm{t})$

从上述案例可以看出，产排污系数的使用并不难，在使用过程中除了要注意单位，还需要仔细阅读产排污系数的使用条件。第一次污染源普查期间编制的产排污系数有严格使用条件要求，如对区域、行业、工艺、产能作了划分。读者可根据需要查阅相关系数学习。

需注意的是，目前我国产业政策更新很快，部分工艺已经逐渐被淘汰，在选择系数时需要根据实际工艺酌情选择。若没有具体系数，可以结合实测法与物料衡算法，对污染物产排量进行综合核定。

实测法、物料衡算法、产排污系数法的计算结果会略有出入，但三种方法结论并不相悖。在有条件的情况下，可以同时用三种方法对污染物进行核算并相互验证、比对，在信息准确的情况下，不同方法计算的污染物出入过大，就需要计算者进一步核准数据的准确性。在实际工作中三种方法可以互补不足，可根据实际工作情况选择适当的污染物核算方法。在环境管理等工作中，可通过相互比对各种方法计算的污染物产排量查找排污企业的问题。

思考题与习题

1. 某除尘系统每小时进入的烟气量为 10000 m^3（标准状况），含尘浓度 2200 mg/m^3，每小时收集粉尘 18 kg，若不计漏气，求净化后废气含尘浓度。

2. 某冶炼厂排气筒截面面积 0.4 m^2，排气平均流速 12 m/s，实测所排废气中 SO_2 平均浓度 12 mg/m^3，粉尘浓度 8 mg/m^3，计算该排气筒每小时 SO_2 和粉尘的排放量。

3. 集中污水处理厂日处理污水 20 万 t，其中 COD、氨氮进口浓度分别为 300 mg/L、25 mg/L，排放平均浓度分别为 50 mg/L、2 mg/L，请核算该污水处理厂一年的最大污染物削减量以及污染物的削减效率。

4. 某锅炉为煤粉炉，每小时耗煤 0.8 t，煤的灰分、硫分分别为 12%、0.7%，请核算该锅炉的烟尘产生量与二氧化硫产生量。

8 Excel 统计分析的计算机处理

本章提要

统计软件可以简化统计计算、提高统计分析的效率。统计分析软件种类繁多，如 SAS、SPSS、S-Plus、Excel 等，而且不少软件和计算机语言还可根据用户需要，针对性地开发相应的统计分析项目。

Office 自带的 Excel 数据整理软件可满足日常的统计分析工作。Excel 具有界面友好、操作简单、容易上手的特点，且几乎能完成所有常规的统计运算。本章以 Excel 2010 为统计分析软件，结合教材前面章节教授的环境统计分析内容，介绍其计算机辅助运算操作。

通过本章的学习，读者应能应用 Excel 2010 中的“统计函数”或“分析工具库”中的统计功能完成统计参数计算、显著性检验、抽样、区间估计、相关性分析等统计分析。

统计分析计算烦琐，概念性强，对于一般学生而言，统计计算是比较难的部分。通过运用统计软件可以简化计算过程，提高学生的独立思考能力与学习积极性。目前常用的统计分析软件很多，如 SAS、SPSS、S-Plus、Excel 等，另外还有不少计算机语言可以根据需要开发所需的统计分析项目，如 Python 语言、R 语言等。

对于常规的环境统计分析来说不需要用到超过专业以及复杂的统计运算，Excel 基本能满足日常的统计分析工作。其操作足够简单，界面友好，容易上手，同时功能强大，几乎能完成所有的统计分析工作。本章就以 Excel 为统计分析软件，结合课程前面章节的统计分析内容讲解环境统计计算机辅助分析。

视频

Excel 统计分析介绍

8.1 Excel 统计分析功能介绍

Excel 可以进行常规的统计运算，常用的工具包括分析工具库和统计函数。运算的方式包括函数以及常规的数据分析工具库。本书选取 Office 2016 和 Office 2010 版本自带的 Excel 为基础讲解本章内容。

8.1.1 Excel 统计函数

Excel 函数共有信息函数、数学函数、统计函数等 10 类函数，其中统计函数可进行如方差计算、统计分析、相关性检验等多种统计分析的运算。在 Excel“公式”菜单点击“插入函数”选择函数，如图 8.1 所示。点击函数图标即可弹出函数对话框，如图 8.2(a)所示。

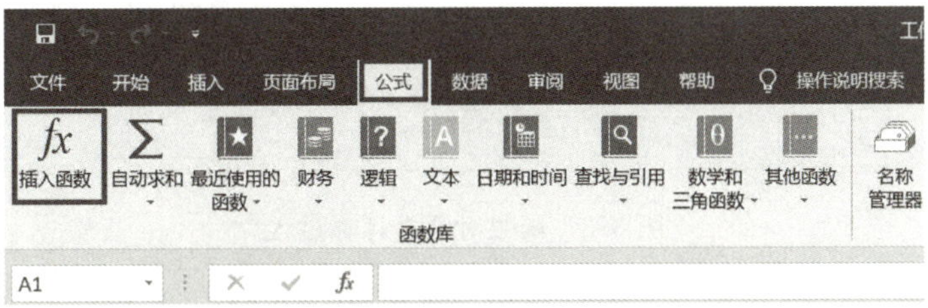

图 8.1 Excel 函数选取

通过点击“插入函数”弹出函数对话框，可根据计算要求搜索查询需要的统计函数，Excel对相应的函数有简易说明，如图 8.2(b)所示。

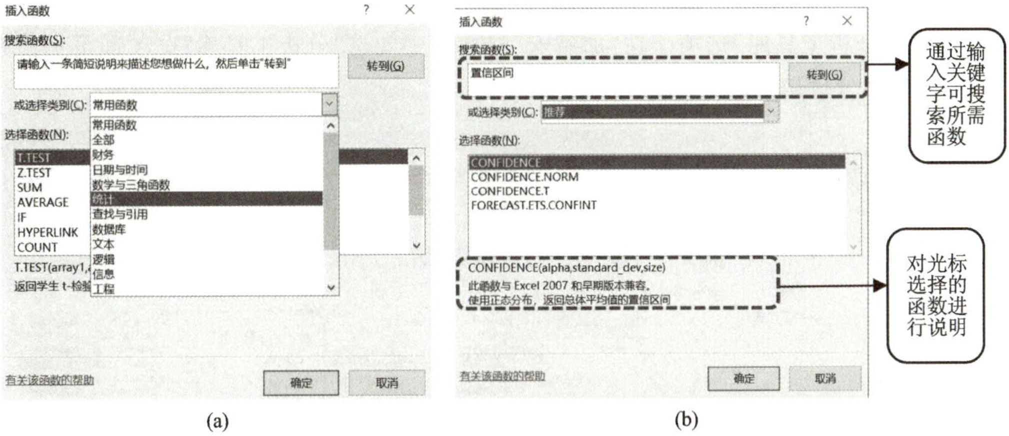

图 8.2 函数对话框及其搜索功能

(a)函数对话框；(b)函数对话框的搜索功能

选择好统计函数，点击对话框下的“确定”，会弹出“函数参数”的对话框，根据函数需要的参数以及参数说明，选择该函数所需要的参数，点击“确定”后，即可返回该函数的计算结果。如图 8.3 所示，点击输出结果的单元格可看到函数、函数参数等信息。如本例可看到函数为置信区间函数 CONFIDENCE，函数参数有 3 个：分别为“显著性水平 Alpha”“总体标准差 Standard_dev”“样本容量 Size”，计算过程中光标移动至相应的参数，函数中会有相应的参数进行解释说明。Excel 的函数可多个套用，但需要保证逻辑关系正确。

由于 Excel 涉及的统计函数繁多，在这里就不再赘述，读者可以通过附录 6 查阅相关函数及其说明。

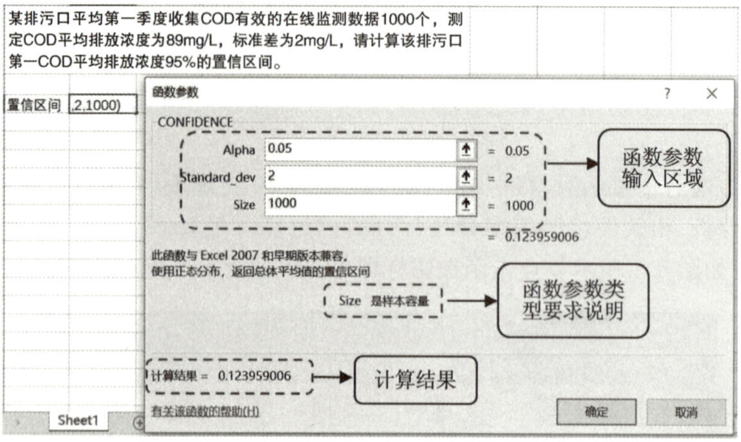

图 8.3　函数对话框计算过程

8.1.2　Excel 统计分析工具库

安装完整版 Office 后，可通过“加载宏”，调用 Excel 自带的统计工具库。操作步骤如下。

在 Excel 软件左上角的“文件”菜单选择“选项”栏，如图 8.4(a)所示对话框，选择选项后，弹出如图 8.4(b)所示对话框，选择“分析工具库”后，点击“转到”，系统将弹出如图 8.5 所示的“分析工具库”选项。在“加载宏”对话框中勾选“分析工具库”选项即可加载系统自带的数据分析功能。

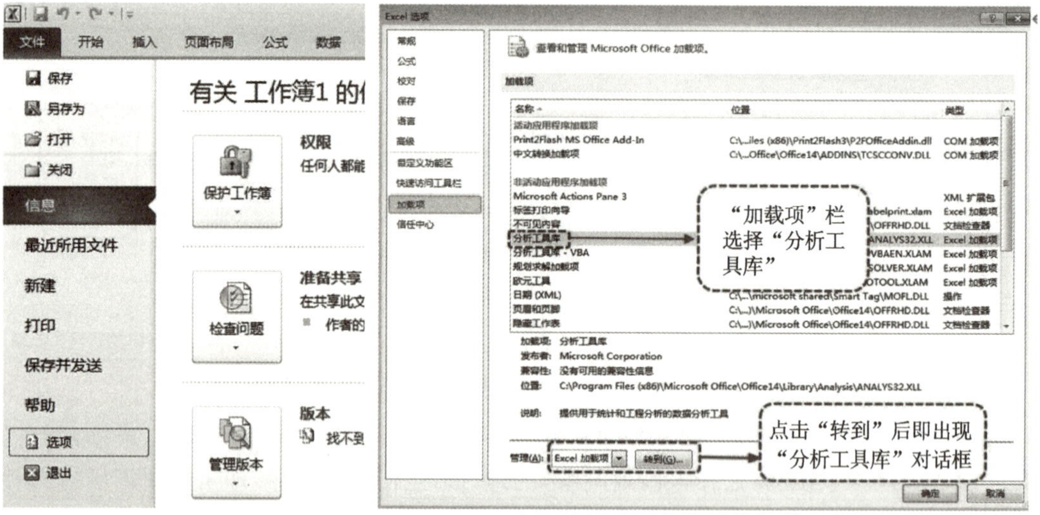

(a)　　　　(b)

图 8.4　Excel 分析工具库加载

加载宏完成后，工具栏上的“数据”菜单会出现“数据分析”选项，如图 8.6 所示。在进行统计分析运算时，选择该“数据分析”选项会弹出 “数据分析”对话框，如图 8.7 所示。可以根据具体的统计分析内容选择不同的统计分析运算。

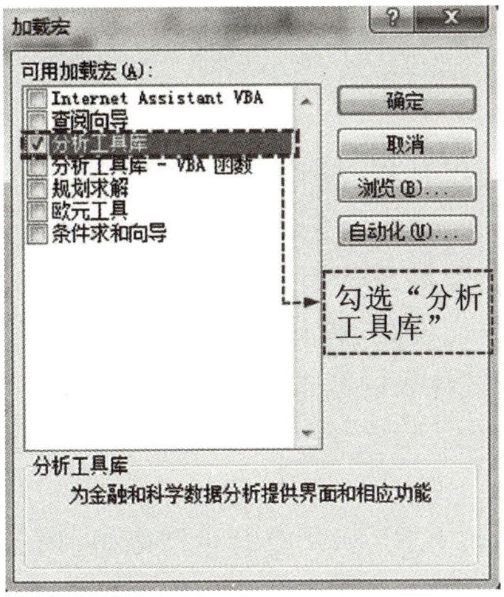

图 8.5 勾选分析工具库

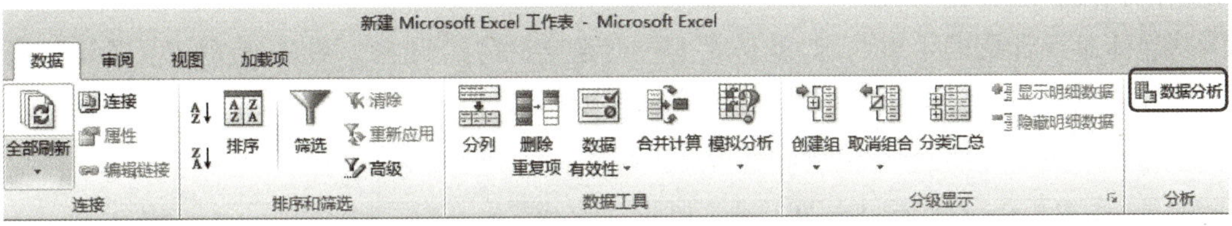

图 8.6 Excel 2010“数据分析”选项

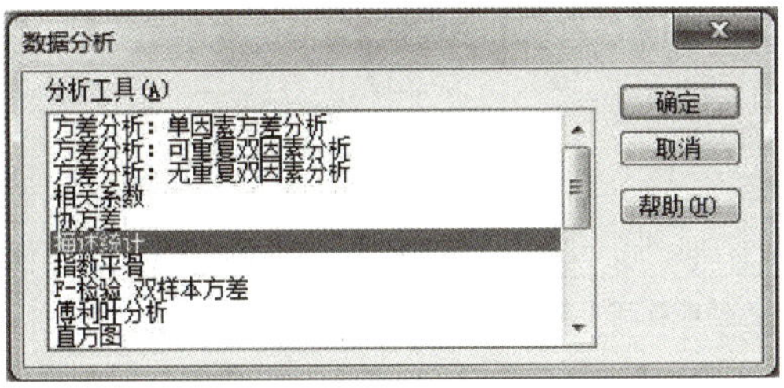

图 8.7 数据分析工具中的统计分析工具

8.2 统计数据整理与公布

数据整理包括对数据的收集、审核、分组、汇总等工作，较为直观与简单的方法就是制作统计图与统计表。如果需要探讨数据的分布规律，可用频数图对样本数据进行分析，同时统计描述功能可以计算方差、置信度等信息。

统计表与统计图是分析数据的重要方法。统计表是利用表格形式分析与表达数据结果的，可以较为全面地掌握环境统计数据信息。统计图是利用点、线、面等的升降、长短、面积大小分析统计数据，这种方法能将复杂的统计数据变得简单、直观。

8.2.1 统计表制作

广义上，统计表包括在数据收集、资料整理分析过程中使用的原始表、调查表、统计台账、统计汇总表、统计计算表、统计分析表等；狭义上，统计表专指用于数据表达、分析结果的表，本书介绍的是狭义上的统计表。统计表的制作工具繁多，文稿编辑软件以及统计软件均可制作表格，且界面友好、操作简单。表格的制作与类型在本书第 1 章已作介绍，本章不再赘述，只介绍统计表的基本结构与制作原则。

8.2.1.1 统计表结构

(1)标题

统计表的标题位于统计表上方，标题应简单清晰，同时能全面概括表格的内容。表号通常是根据相关文章按顺序排号，统计文章或报告章节较多的时候，可以在表号中增加章节，例如“表 3.1—1”表示第三章第一节的第一个表格。

(2)表体

表体是统计表的主要内容，就形式上包括数字、文字、线条。表格通常由主词和宾词两部分组成。主词是要说明的事物，通常列在表格的左侧；宾词是说明主词的各项指标，通常列在表格的右侧，如图 8.8 所示。

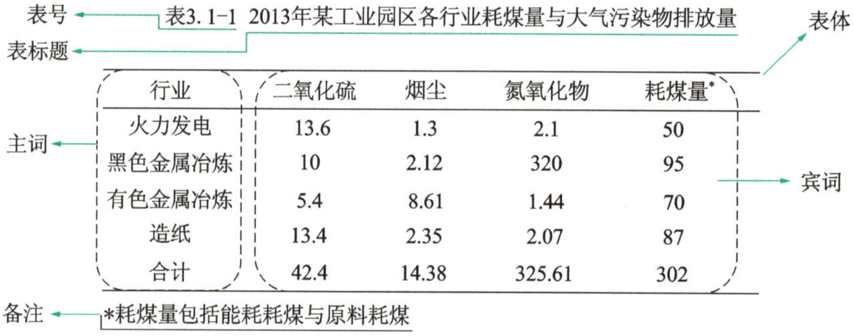

行业	二氧化硫	烟尘	氮氧化物	耗煤量*
火力发电	13.6	1.3	2.1	50
黑色金属冶炼	10	2.12	320	95
有色金属冶炼	5.4	8.61	1.44	70
造纸	13.4	2.35	2.07	87
合计	42.4	14.38	325.61	302

图 8.8 统计表结构示意图

若宾词栏目过多，可与主词交换位置。

表体通常还包括备注栏，备注栏位于表体的下方，一般不列于表格内，可用“*”标出，字体比表格内的字体小。

8.2.1.2 统计表的制作原则

统计表的制作应根据统计报告的要求以及数据的特点来制定，总体来说，统计表应该结构简单、层次分明，内容安排合理，逻辑准确，能突出重点，数据准确，同时能让阅读者便于分析。具体如下：

(1)标题要言简意赅、无歧义、无语病。表的标题应能概括表的内容，必要的时候注明资料的时间、地点。不写标题或者标题过于烦琐都会影响表格在统计资料阐述中的作用。

(2)线条不宜过多，一般上下横线用粗线，左右两侧不封口。

(3)表内数字一般用阿拉伯数字，字体清晰整齐，数字采用左对齐，不用空格。无数字时候用“…”或者“—”代替。

8.2.2 统计图制作方法与应用

视频 Excel 统计函数应用　　　视频 Excel 制作统计图

统计图是利用不同线条、图形等表示统计资料变化分布的一种数据表达方法。Excel、Python 等统计软件均能制作统计图。常用的统计图有条形图、圆形图、线形图、雷达图、箱型图等。随着信息技术的不断发展，统计图的制作软件日益多元化，除了各类统计软件外，一些具有决策功能的软件和计算机语言也可以制作统计图。如 GIS 的相应软件可通过在地图上绘制颜色深浅区域来分析污染程度，或通过三维模拟的方式表征区域的环境质量，这类直观化的统计图绘制方法已经在常规的报告中普遍应用。本章节只介绍 Excel 的统计图制作。

8.2.2.1 统计图的结构

统计图一般包括标题与图体，通常标题位于统计图下方，标题包含图号以及图名，图名能全面说明图的内容，如图 8.9 所示。

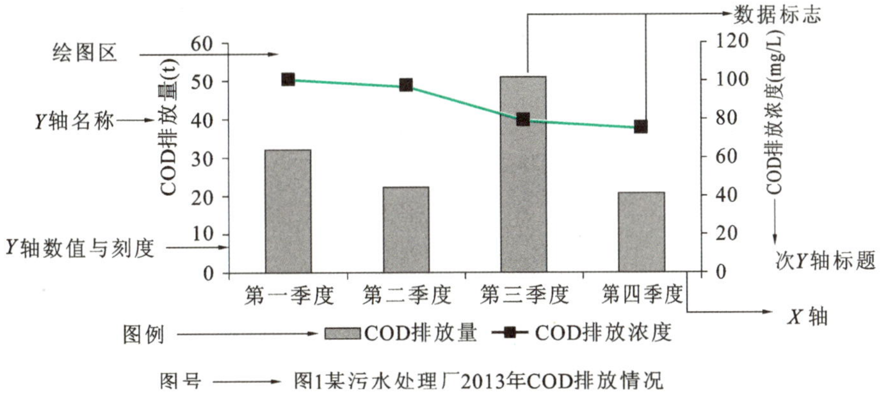

图 8.9 统计图结构示意图

一张统计图的整个区域为图表区，在图表区中由坐标轴围成的区域为绘图区。直条、线条、扇面、圆点等就是数据(系列)标志。若干数据坐标点组成一个数据系列，Excel 可根据数据的情况增加数据系列，但系列不宜太多，否则容易造成数据堆积而无法分析的情况。坐标轴一般有纵轴(*Y* 轴)、横轴(*X* 轴)，横轴一般为分类轴，纵轴一般为数值轴，但 *XY* 散点图等图形的 *X* 轴也是数值轴；坐标轴上有刻度线，刻度线对应的数字叫刻度线标签，坐标轴旁有坐标轴标志；三维图表有第三个轴(*Z* 轴)。饼图、圆环图没有坐标轴。

8.2.2.2 常用的统计图

在实际工作中可根据需要制作不同的统计图，内容形式不拘，但要求结构清晰，通俗易懂。Excel 的统计图制作界面友好简单，并且有相应的说明解释，不同的统计图应用条件略有不同。本章将对 Excel 各类统计图制作进行简单介绍，并以折线图为基础讲解 Excel 的统计图制作过程。其他统计图的制作，读者可以通过软件操作学习。Excel 常用统计图标如表 8.1 所示。

表 8.1 Excel 常用统计图类型与应用

序号	统计图类别	Excel 统计图制作图标	
1	折线图		
2	柱形图	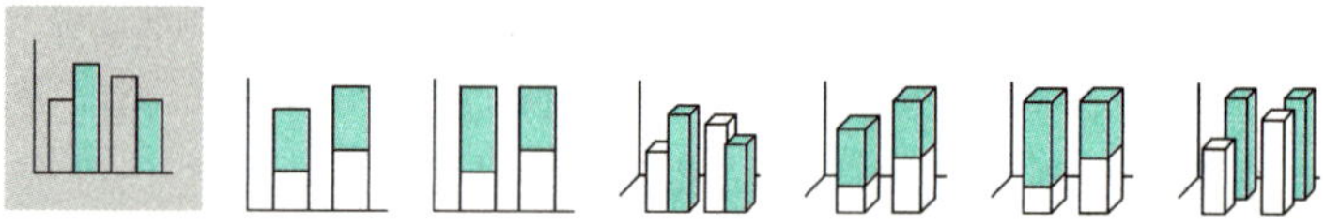	
3	饼图	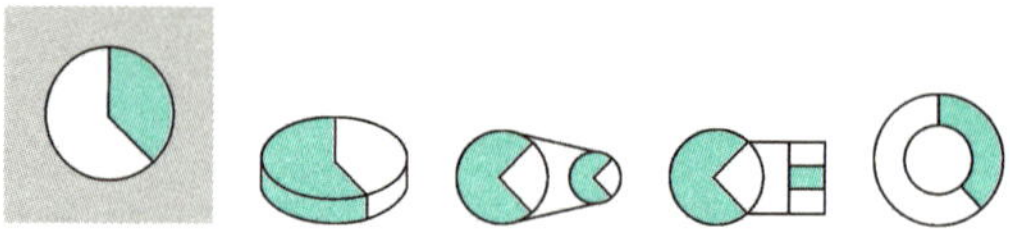	
4	雷达图	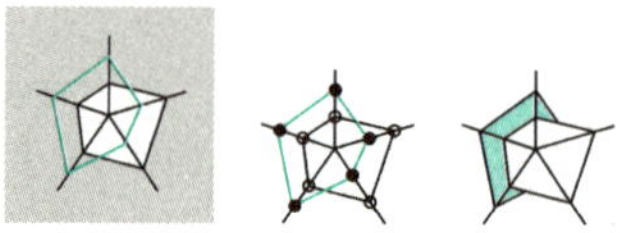	
5	面积图	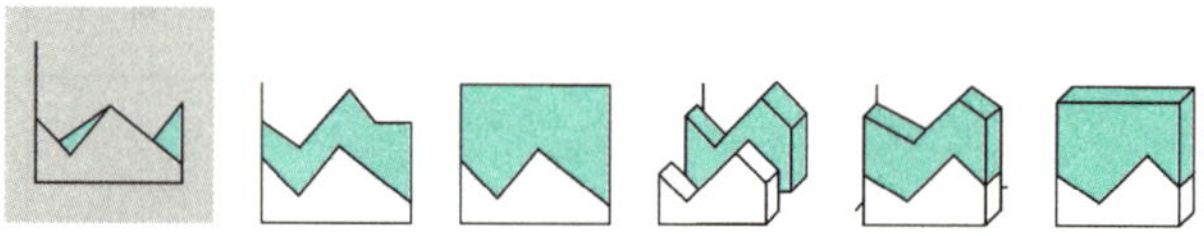	
6	条形图	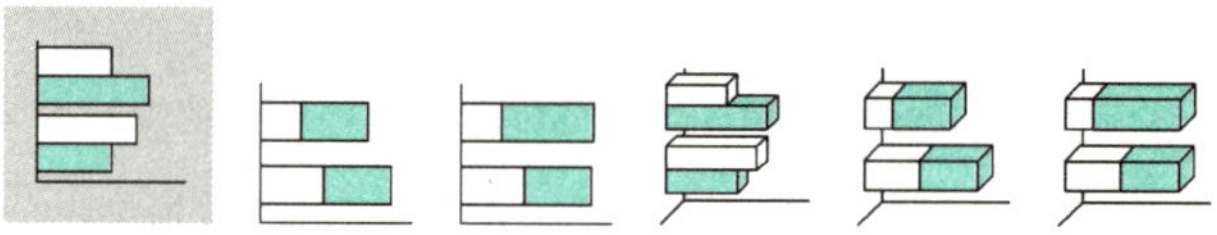	
7	其他图形	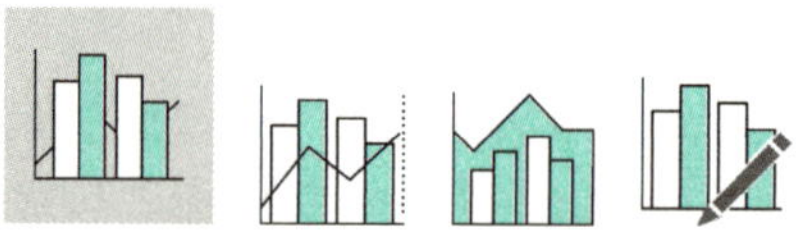	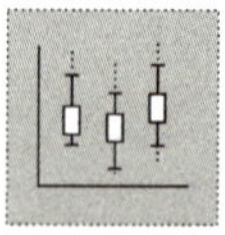
		组合图	线箱图

(1)折线图

折线图(也称线型图)是利用折线高低来反映事物随着其他某一特征而发生变化的统计图类型，可以直观地阐述事物发展变化的规律。Excel 的折线图主要类型有折线图、堆积折线图、百分比堆积折线图、数据点折线图、堆积数据点折线图、百分比堆积数据点折线图和三维折线图几类，通过选择不同的类别可以进行相应的统计图绘制。

(2)柱形图

柱形图是采用柱的长度来描述不同类别之间数据的差异。Excel 自带柱形图有柱形图、堆积柱形图、百分比堆积柱形图、三维簇状柱形图、三维堆积柱形图、三维百分比堆积柱形图和三维柱形图。其中堆积柱形图和百分比堆积柱形图通过将不同类别数据堆积起来，反映相应的数据占总数的多少。三维簇状柱形图利用三维条柱使得图形具有立体感，进一步加强了其修饰效果。

(3)饼图

饼图利用圆饼总面积(100%)表示事物的全部，用各扇形面积(x_i%)表示各个组分的比例，各组成部分的面积之和为 1。饼图可以直观表示总体组分中各个组成部分的构成比例情况。

Excel 自带的饼图有二维饼图、三维饼图、复合饼图、分离型饼图、分离型三维饼图和复合条饼图。其中复合饼图和复合条饼图是在主饼图的一侧生成一个较小的饼图或堆积柱形图，用来进一步反映某一扇形内部各组成部分的构成比。

(4)其他类型

雷达图：将不同方位上数据用曲线连接，形成类似雷达的图形就是雷达图。在环境保护工作中雷达图通常用于制作风频图。

条形图：与柱形图类似，只是将横坐标(X 轴)作为数据轴，纵坐标(Y 轴)作为条形的分类轴。

面积图：与折线图类似，利用面积大小来表征数据变化的规律。

箱型图：可绘制统计数据的四分位数、中位数等，统计中常用来分析数据分散情况。

自定义图：有多个数据系列，Excel 可通过组合上述各类图形，将多个数据系列整合在一个统计图中。

读者可根据数据类别以及想表达的信息，选择相应的统计图。统计图的选择与制作没有固定的要求，重点是能清晰、准确地表达数据。

8.2.2.3 Excel 绘制统计图的一般步骤

下面以折线图为例讲解 Excel 的统计图绘制方法。

例 8.1 某城市某交通主干道噪声数据如表 8.2 所示，请作图表征该交通主干道一天的噪声变化情况。

表 8.2 某城市主干道 24 h 噪声监测值

时间	23	1	3	5	7	9	11	13	15	17	19	21
噪声(dB)	78	52	55	68	77	80	83	89	88	87	85	80

解：Excel 统计图绘制步骤如下：

(1)在 Excel 中输入数据

若已在 Word 中建立数据表，也可通过复制、粘贴将数据输入 Excel 表中，或在 Excel

中输入表 8.2 的数据，如图 8.10 所示。

	A	B	C	D	E	F	G	H	I	J	K	L	M
1													
2	例8.1 某城市某交通主干道噪声数据如表8.2所示，请作图表征该交通主干道一天的噪声变化情况。												
3	表8.2 某城市主干道24h噪声监测值												
4	时间	23	1	3	5	7	9	11	13	15	17	19	21
5	噪声(dB)	78	52	55	68	77	80	83	89	88	87	85	80

图 8.10 某城市主干道 24h 噪声监测值

(2)根据数据选择核实的统计图类别

将需要绘制统计图的数据选择好，再从“插入”菜单的“图表”功能选项中，选择需要的统计图类型，本例选择折线图，如图 8.11 所示。

图 8.11 在“插入”菜单选择需要的统计图类型

选择需要的统计图类型后，光标移动到具体的图形时，系统会自动弹出对该图标统计图的解释说明，如图 8.12 所示。

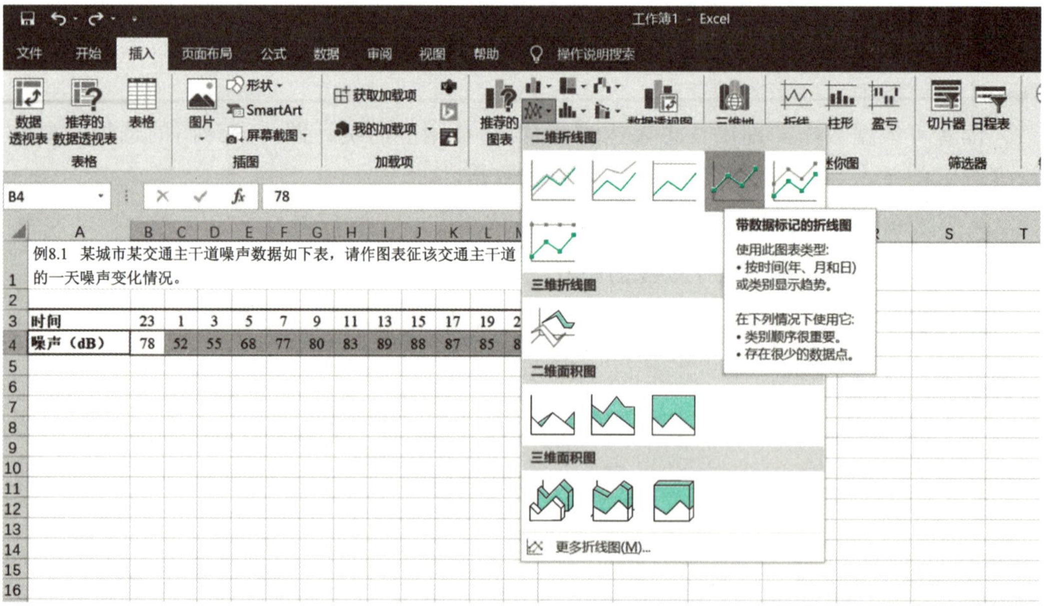

图 8.12 根据数据选择相应的统计图

(3)完善润色统计图

点击选择好的统计图即可快捷生成统计图。双击统计图区域，选择工具栏里的“设计”菜单栏，完成统计图的修订、完善、润色。绘图区也有快捷键对统计图进行修改和完善，如图 8.13 所示。统计图的优劣没有绝对标准，但最基本的要求是清晰、无歧义，数据正确。

本书统计图的制作以 Excel 2016 版本为基础进行讲解。

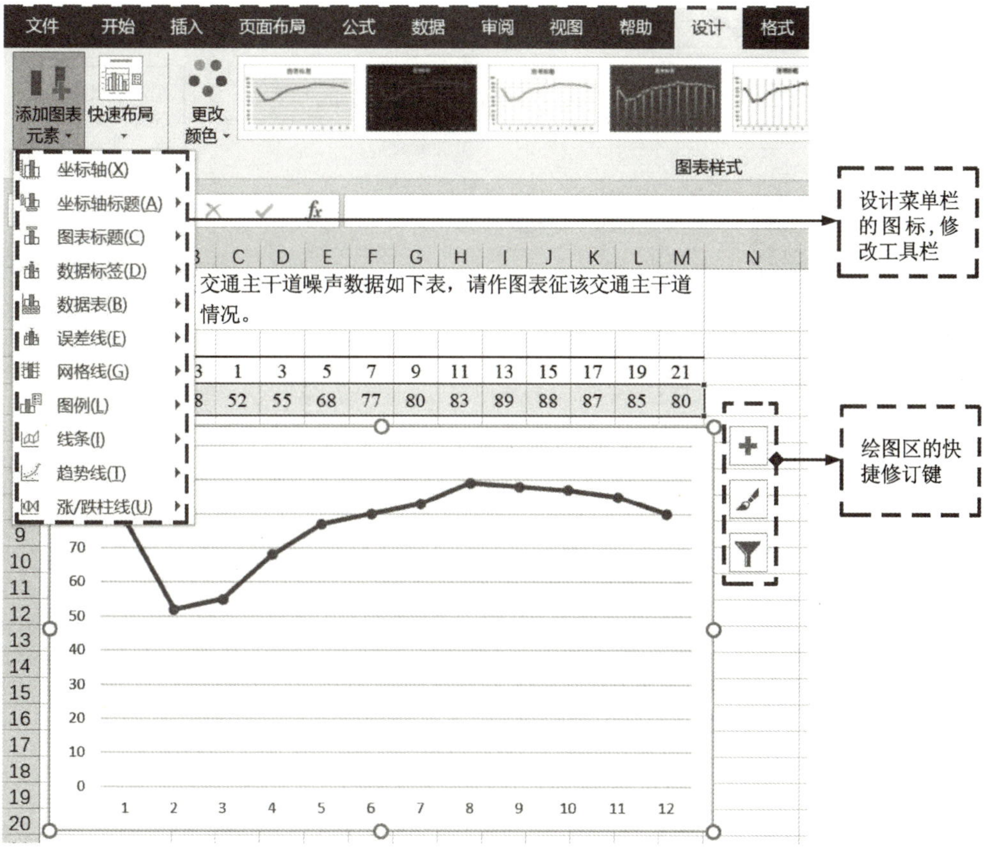

图 8.13　统计图修改完善工具栏

(4)X 分类轴(X 轴)的更改

若 X 分类轴标志是文字，在绘图时只需要同时选择绘图数据与 X 轴分类的文字即可获得相应的统计图。但本例中 X 分类轴的分类标志为时间(数字)，系统会默认数据为绘制统计图的数据系列，因此本例中修改 X 分类轴需要通过更改 X 轴数据标志来修订，具体步骤如下：

第一步，在绘图区点击右键，在右键菜单中选择“选择数据”选项，如图 8.14 所示。

第二步，在“选择数据源”菜单中，点击“水平(分类)轴标签(C)”下的按钮，即可选择本例中的时间栏(图 8.15)，从而更改本例中的 X 轴分类标志。

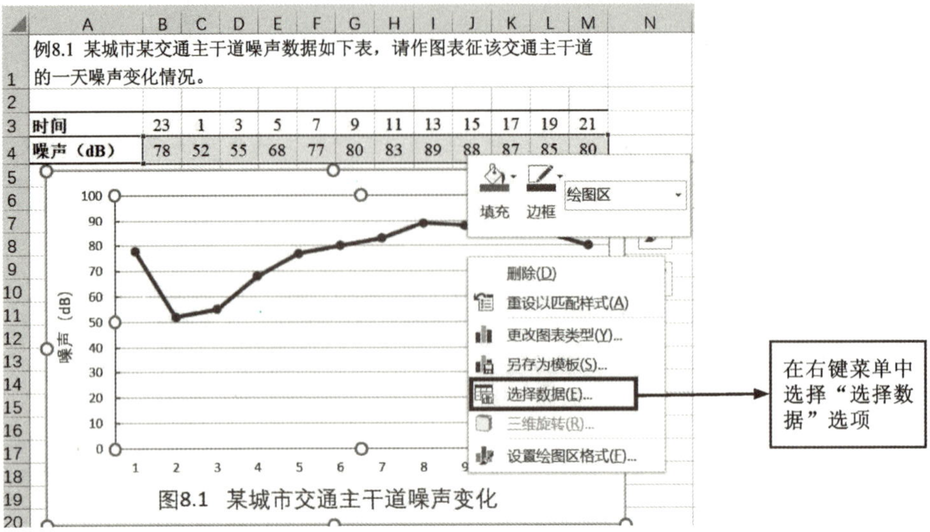

图 8.14 在右键菜单中选择“选择数据”选项

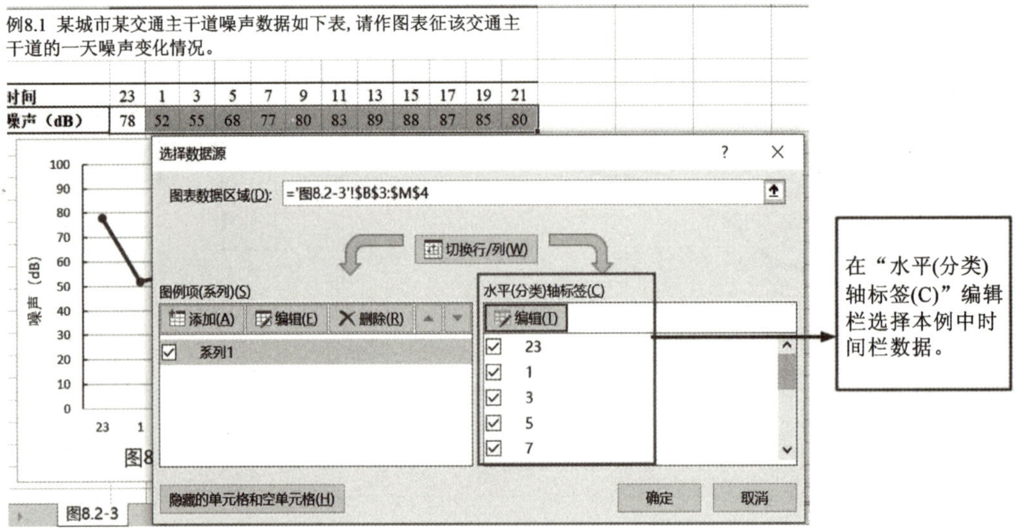

图 8.15 在“选择数据源”选择时间栏数据

(5)统计图的复制粘贴

制作统计图的目的是让报告中的数据资料更加直观明了，统计图制作完成后应插入报告文稿中使得文本报告的数据更加直观清晰。文稿中的统计图应包含原始数据，便于后期修订和完善，粘贴方式如图 8.16(a)所示。通过粘贴完成后，Word 文稿中的统计图即可自带快捷修订方式，后期文稿编辑时可直接在 Word 文档中对统计图进行数据的修订和完善。

统计图的绘制没有唯一的标准，但数据的表达和分析应正确、明晰、无歧义。鉴于现有的 Office 版本具有差异，读者可根据自己的实际情况摸索相应版本绘制统计图的操作。

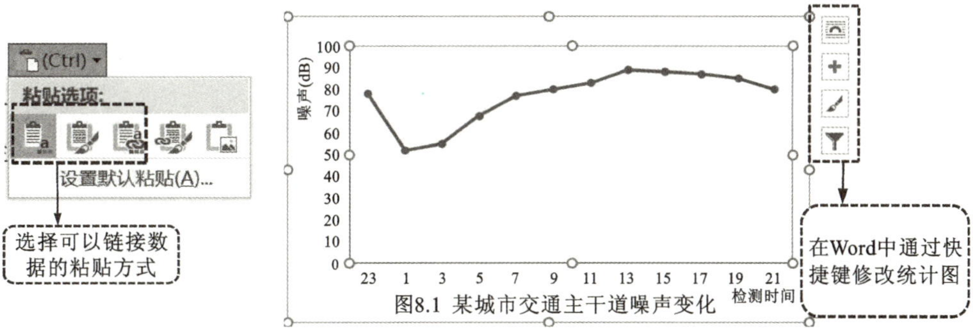

(a) (b)

图 8.16 统计图的复制粘贴方式

(a)统计图粘贴方式;(b)粘贴后的图标快捷修订方式

8.2.3 频数图制作

视频

频数图制作

在环境保护工作中频数图广泛应用于分析大量环境数据的分布情况。

本章将介绍用 Excel 制作频数图。在 Excel 中,频数图称之为直方图。完成“加载宏”之后,在数据分析的统计分析工具库中有直方图的选项。

确定了组数与组距等基本信息后,即可开始通过“统计工具库”中的直方图绘制功能绘制直方图。下面以主干道噪声监测值的分布情况分析为例介绍直方图制作。

例 8.2 某城市主干道噪声监测值如表 8.3 所示,通过频数图分析该城市主干道的噪声分布情况。

表 8.3 某城市主干道噪声监测值(dB)

64	73	67	71	67	71	68	70
59	63	68	70	66	73	71	87
58	84	63	76	74	74	68	73
58	82	75	63	66	66	73	69
80	57	72	75	71	74	68	72
81	75	70	72	72	69	67	65
79	75	60	77	69	67	69	62
55	73	77	60	73	72	79	75
78	61	74	77	60	64	72	67
52	54	51	67	66	74	59	74

解:1. 确定观察值数量、全距、组数、分组

将需要制作直方图的数据输入至 Excel 表中,并完成准备工作,如分组、计算全距等。

(1)计算全距、组距、确定组数

读者可以通过 Excel 自带的函数计算全距,分组原则可参考第 1 章。

① 计算全距 R

$R=X_{max}-X_{min}$,可通过 Excel 自带的最大值、最小值函数来查找观察值中的最大值和最小值,从而计算全距(R=36)。

② 确定组数 n

根据数据量确定组数,组数的确定方法,读者可参考第 1 章内容。本例 n=80,拟分组 12 组。值得注意的是,这里分组的主要目的是计算确定组距,最后的分组数与这里的分组数会略有差异。

③ 计算组距,组距为一组段上下限的差值,可通过公式 $d=\frac{R}{n}$ 计算组距。通过计算,本例组距为 3。

(2)分组

通过拖拽的方式在 Excel 中确定直方图分组,具体步骤如下:

在第一行输入最小值 51、第二行输入 54(即"最小值+组距",注意输入方式,数据格中不能有运算),选择前面输入的两个数据向下拖拽,即可形成公差为组距(本例为 3)的等差数列,如图 8.17 所示的分组栏数列。拖拽到数据刚好大于最大值或比最大值小一个组距的数值,即可停止拖拽。也可以通过其他方式输入分组数列,只要分组数列能形成以组距为公差的等差数列,且最小值与最大值分别位于数列的最大值和最小值即可。

2. 准备 Excel 的统计分析工具

通过加载宏功能加载完成 Excel 的分析工具库之后(具体步骤可参考 8.1.2 节),工具栏上的"数据"菜单即可显示"数据分析"功能,选择点击"数据分析",可弹出"数据分析"的"分析工具"对话框,如图 8.17 所示。

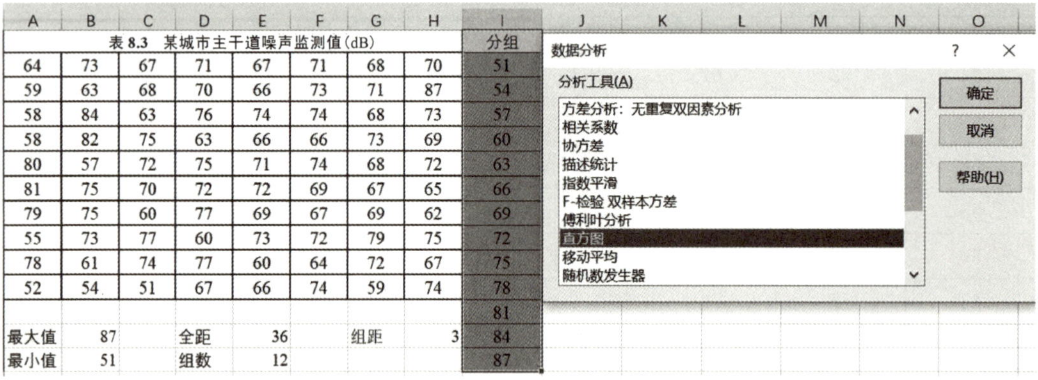

A	B	C	D	E	F	G	H	I
表 8.3 某城市主干道噪声监测值(dB)								分组
64	73	67	71	67	71	68	70	51
59	63	68	70	66	73	71	87	54
58	84	63	76	74	74	68	73	57
58	82	75	63	66	66	73	69	60
80	57	72	75	71	74	68	72	63
81	75	70	72	72	69	67	65	66
79	75	60	77	69	67	69	62	69
55	73	77	60	73	72	79	75	72
78	61	74	77	60	64	72	67	75
52	54	51	67	66	74	59	74	78
								81
最大值	87		全距	36		组距	3	84
最小值	51		组数	12				87

图 8.17 "数据分析"对话框选择"直方图"

3. 制作直方图

(1)调出分析工具库:选择"数据分析"的"分析工具"对话框中的"直方图"选项并点击"确定"后,Excel 会弹出直方图制作对话框,如图 8.17 所示。

(2)输入区域:在数据输入区域将全部观察值选择输入,本例为图 8.18 中的"$A

$2:$H$11”列数据。

(3)接收区域:接收区域选择数据前面指定分组栏数据,即等差数列。本例选择图8.18中的“$I$1:$I$14”数列,即频数图制作分组序列。Excel分组遵循下限在内的原则,本例分组数列“51”表示 51≤X<54 的噪声值,即观察值 X 中大于或等于 51 小于 54 的数据计入本组,最后一组 87,表示大于或等于 87 的数值汇入这一组。

(4)标志:可根据需要勾选标志。若勾选了标志,则表示接收区域选择的数列第一行为数列标志(名称),若第一行不是标志可不用勾选。本例勾选了第一行“分组”栏,因此需要勾选“标志”。

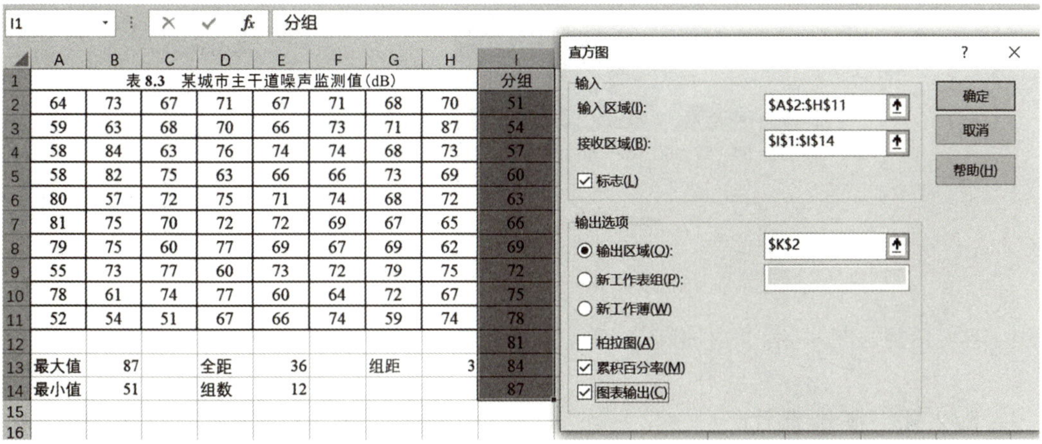

	A	B	C	D	E	F	G	H	I
1	表 8.3 某城市主干道噪声监测值(dB)								分组
2	64	73	67	71	67	71	68	70	51
3	59	63	68	70	66	73	71	87	54
4	58	84	63	76	74	74	68	73	57
5	58	82	75	63	66	66	73	69	60
6	80	57	72	75	71	74	68	72	63
7	81	75	70	72	72	69	67	65	66
8	79	75	60	77	69	67	69	62	69
9	55	73	77	60	73	72	79	75	72
10	78	61	74	77	60	64	72	67	75
11	52	54	51	67	66	74	59	74	78
12									81
13	最大值	87		全距	36		组距	3	84
14	最小值	51		组数	12				87
15									
16									

图 8.18 直方图输入区域

(5)输出选项:系统默认的输出区域为新工作组,也可以根据需求选择输出区域。但需要注意的是,输出的数据不能将原有的数据覆盖,否则输出的内容将会出错。输出的形式可以自主选择是否勾选“图表输出”,是否需要输出“累积百分率”等信息,本例勾选了“累积百分率”和“图表输出”。点击“确定”后可得到如图 8.19 所示的直方图。

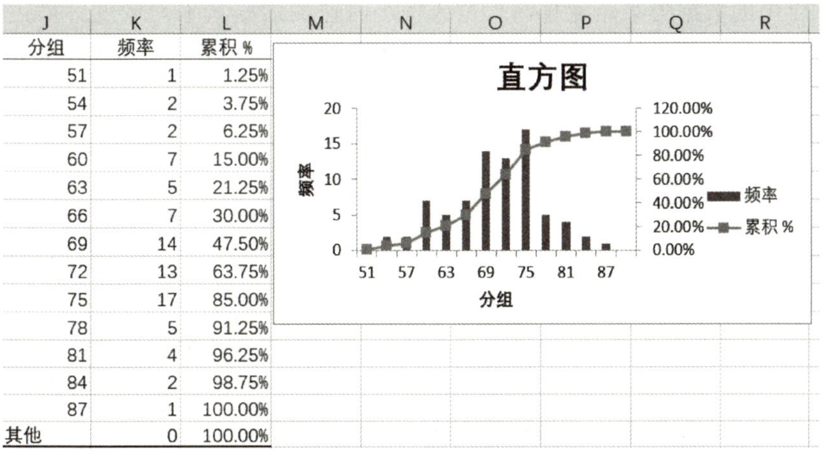

分组	频率	累积 %
51	1	1.25%
54	2	3.75%
57	2	6.25%
60	7	15.00%
63	5	21.25%
66	7	30.00%
69	14	47.50%
72	13	63.75%
75	17	85.00%
78	5	91.25%
81	4	96.25%
84	2	98.75%
87	1	100.00%
其他	0	100.00%

图 8.19 Excel 直方图制作结果

4. 直方图修饰整理

可双击图并对直方图进行调整和完善，如调整图例位置、调整 X 和 Y 轴的标签，调整直方图条间距宽等。本例调整后条间距宽如图 8.20 所示。直方图的调整修饰没有统一的规范，基本原则就是统计图清楚，在直方图中能看清楚数据的分布规律。

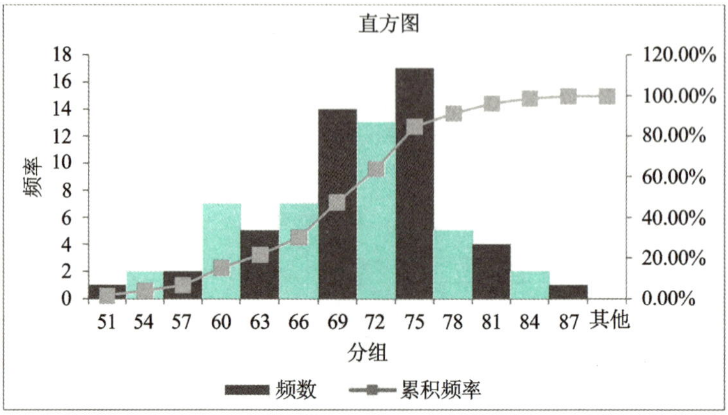

图 8.20　修改后的频数图

在实际的应用中，操作者也可以不用自己分组，即接收区选用空白。

8.2.4　描述统计

Excel 中还有一个比较常用的统计数据的"分析工具"，即数据分析中的"描述统计"。描述统计的任务是描述随机变量的统计规律性，即通过统计量对数据基本的特性进行讨论。描述统计的统计量包括均值、求和、方差、标准误差、标准差、众数、中位数、偏度与峰度等。

以下就以实际案例为基础介绍 Excel 描述统计的操作。

图 8.21 中的数据为某企业排污口全天按小时监测的氨氮平均浓度。描述统计操作如下：

(1)打开原始数据表格，制作本实例的原始数据。无特殊要求，只要满足行或列中为同一属性数值即可。可根据数据内容选择需要分析的数据。

(2)选择"数据菜单"—"数据分析"—"描述统计"后，出现属性设置框，如图 8.21 所示。

① 输入区域

选中要分析的数据，通常为一列或一行数(注意：描述统计只能分析一列数或一行数)，也可以选中多个行或列，但输出的结果还是一行数或一列数的描述统计结果。若勾选数据第一行为数列标志，则需要勾选"标志位于第一行"；如果输入的数据区域没有标志项，则无须勾选此选项，Excel 将在输出表中生成适宜的数据标志。

② 输出选项

可以选择在本表、新工作组、新工作簿中输出。

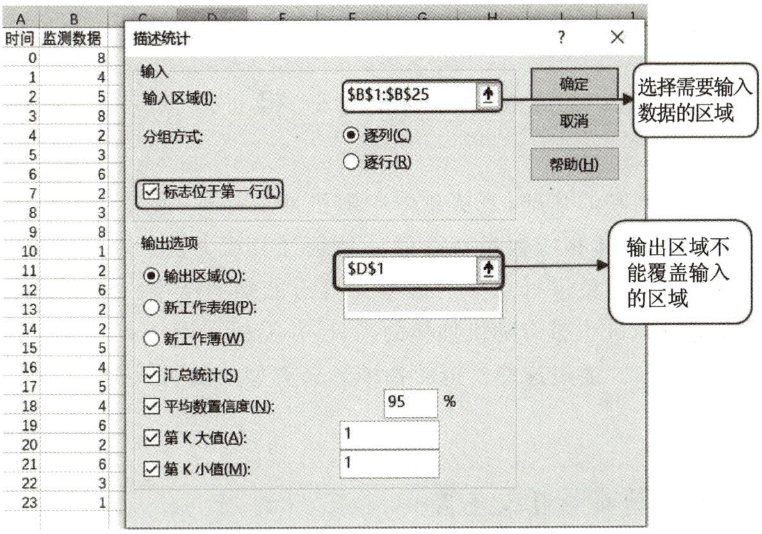

图 8.21 “描述统计”对话框

汇总统计:包括平均值、标准误差(相对于平均值)、中位数、众数、标准偏差、方差、峰度、偏度、极差、最小值、最大值、总和、总个数和置信度等项目。

点击确定后,输出结果如图 8.22 所示。

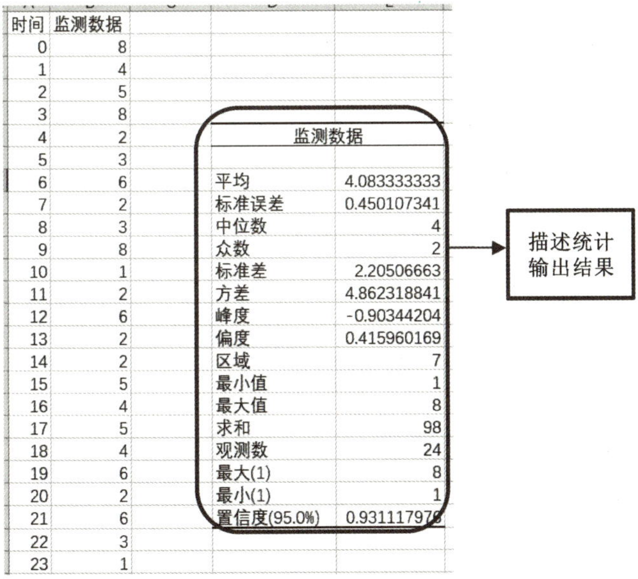

图 8.22 描述统计输出结果

8.3 抽　　样

抽样工作是抽样判断的基础，是从总体中随机抽取样本，通过样本的实际资料计算样本指标，并以此推算总体相应数量特征的一种统计分析方法。在环境保护工作中，可以通过期望对所探讨的对象进行总体的观察并得出准确的结论。多数的统计软件都具有随机抽样的功能，Excel 也带有随机抽样的工具，并能根据操作者的具体工作需求选择不同的抽样样本的分布。通过这些模拟的各种分布类型的随机数据，可以模拟解决一些复杂的问题。

8.3.1 Excel 随机抽样发生器

8.3.1.1 分析工具产生随机数

Excel 随机数发生器可以生成均匀分布、正态分布、伯努利分布、二项式分布、泊松分布、离散分布等多种分布类型的数据。生成不同分布类型的数据，操作对话框的内容大同小异，只是参数略有不同，这是由于不同分布类型是由不同的参数来决定其分配特征的。本书对各类型的数据参数作简单介绍，读者可在此基础上通过实际操作巩固学习。

随机数发生器的使用步骤如下：

(1)基本步骤

选择“工具”菜单中的“数据分析”选项，在“分析工具对话框”中选择“随机数发生器”，显示如图 8.23 所示的对话框。

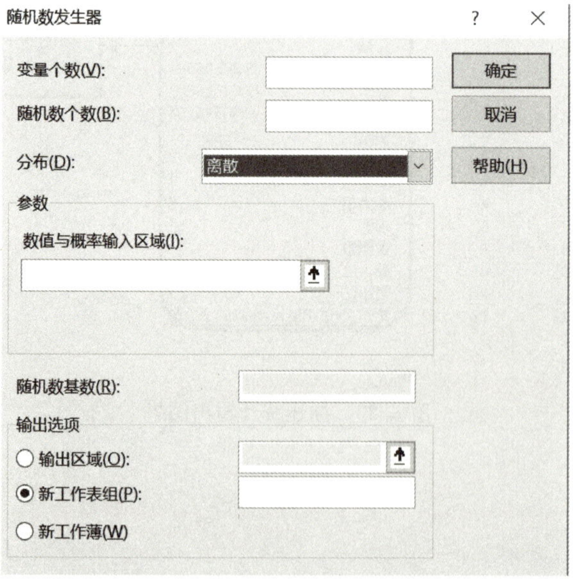

图 8.23　“随机数发生器”对话框

(2)确定变量个数与随机数个数

变量个数:输出表中数值列的列数;随机数个数:输出每一列数据的数值个数。

(3)分布

主要确定输出表中随机数据的分布类型。可以通过下拉菜单选择创建随机数的分布类型。

① 均匀分布:有上、下限,其变量是通过区域中的所有数据进行等概率抽取而得到的,应用最普遍的是范围在 0~1 之间的均匀分布。

② 正态分布:以平均值和标准差来表征。应用最普遍的是均值为 0,标准差为 1 的标准正态分布。

③ 伯努利分布:以给定的试验中成功的概率来表征,伯努利随机变量为 0 或 1。如果变量小于或等于成功的概率,则伯努利随机变量的值为 1;否则,随机变量的值为 0。

④ 二项式分布:以一系列试验中成功的概率来表征。例如,可以按照“试验次数”编辑框中指定的个数生成一系列伯努利随机变量,每一组中所有变量之和为一个二项式随机变量。

⑤ 泊松分布:泊松分布经常用于表示单位时间内事件发生的次数。例如,小时内达到排放标准的在线监测浓度。

⑥ 模式分布:以上界、下界、步长、数值重复率以及序列重复率来表征。

⑦ 离散分布:以数值及其发生概率表示,在本对话框中给定的输入区域必须包含两列,左边一列为生成数值,右边一列为相应的发生概率。所有给定的概率之和必须为 1。

(4)参数

在此输入数值或用来表征当前选定的分布类型的数字。

(5)随机数基数

计算机产生的随机数是伪随机数,序列中每一随机数都依赖于前面的随机数。使用同一数值可生成相同的随机序列。

(6)输出选项

输出区域:在此输入输出表左上角单元格的引用。

新工作表组:单击此选项,可在当前工作簿中插入新工作表。

新工作簿:选择此项可创建新工作簿,并在新工作簿的新工作表中粘贴计算结果。

单击确定,得出结果。

8.3.1.2 用函数产生随机数

Excel 产生随机数的函数为 RAND()。函数 RAND 也可以生成不同分布的随机样本。

(1)均匀随机数:要在一个工作表中动态生成区间[a,b]上的随机数,可以用公式“a+(b-a) * RAND()”,如果要产生[a,b]区间的正随机整数,可以用公式 RANDBETWEEN(a,b)。

(2)正态随机数:要在工作表中动态生成正态分布的随机数值,可以用公式 NORMINV(RAND(),MEAN,STD),其中 MEAN 和 STD 是均值和标准差,取值为数值或数值的引用。例如要生成标准正态分布的随机数值,可以将公式写成:NORMINV(RAND(),0,1)。

(3)伯努利随机数:要在工作表中生成伯努利随机数,用公式 CRITBINOM(1,p,

RAND()),其中 p 是概率值,是一组数据或数值的引用。

(4)二项式随机数:要在工作表中动态地生成二项分布随机数,可用公式 CRITBIN-OM(n,p,RAND( ))。其中 n 为试验次数,p 为成功的概率。

8.3.2 Excel 抽样

为了了解总体的分布形状以及属性,需要通过抽样调查并以调查的结果来推断总体,这就是统计工作中的抽样判断。抽样判断的第一步是抽样,下面介绍用 Excel 来做抽样的方法。Excel 抽样可以避免人工抽样时候因为抽样人主观判断带来的偏差。

(1)选择"数据分析"中的"抽样"会弹出如图 8.24 所示的对话框。

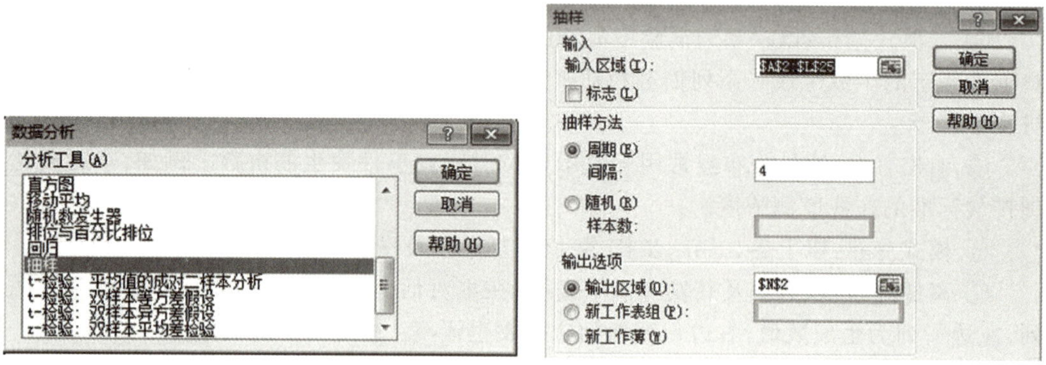

图 8.24 数据分析"抽样"对话框

(2)抽样的方法有周期抽样、随机抽样,根据自己的需要确定不同的周期或相应的样本数量。

8.4 显著性检验

显著性检验也称为假设检验,是统计学中的常用分析方法。其方法是运用统计工具对设定的 H_0 原假设作出"拒绝"还是"不拒绝(视作接受)"的判断,多数统计软件均有假设检验的功能。在 Excel 的数据分析工具库中,主要包括 F 检验、t 检验和 z 检验 3 种,同时 Excel 函数也能实现多种显著性的检验。下面就 Excel 常用的显著性检验作介绍。

视频

方差分析 F 检验

8.4.1 F 检验 双样本方差分析

8.4.1.1 F 检验 双样本方差分析简介

"F 检验 双样本方差分析"是通过双样本 F 检验对两个样本总体的方差进行比较的过程。例如,在环境统计工作中,可以通过对两个环境样本中某污染物的浓度对比使用 F 检验，该工具提供空值假设的检验结果。该假设的内容是：这两个样本来自具有相同方差的分布。F 检验也称为方差齐性检验，是进行 t 检验方法判断的重要前提。

该工具通过 F 检验计算统计量的 F 值，F 值接近于 1 说明基础总体方差是相等的。在输出表中，如果 F<1，则当总体方差相等且根据所选择的显著水平“F 单尾临界值”返回小于 1 的临界值时，“P(F≤f)单尾”返回 F 统计的观察值小于 F 的概率 Alpha(α)。如果 F>1，则当总体方差相等且根据所选择的显著水平，“F 单尾临界值”返回大于 1 的临界值时，“P(F≤f) 单尾”返回 F 统计的观察值大于 F 的概率 Alpha(α)。

8.4.1.2 F 检验 双样本方差分析操作

下面以某企业不同排污口污染物排放浓度数据的分析学习 F 检验双样本方差分析的具体操作。

例 8.3 两排污企业的污染物排放量见图 8.25，请判断两企业的污染物排放量数列的方差齐性。

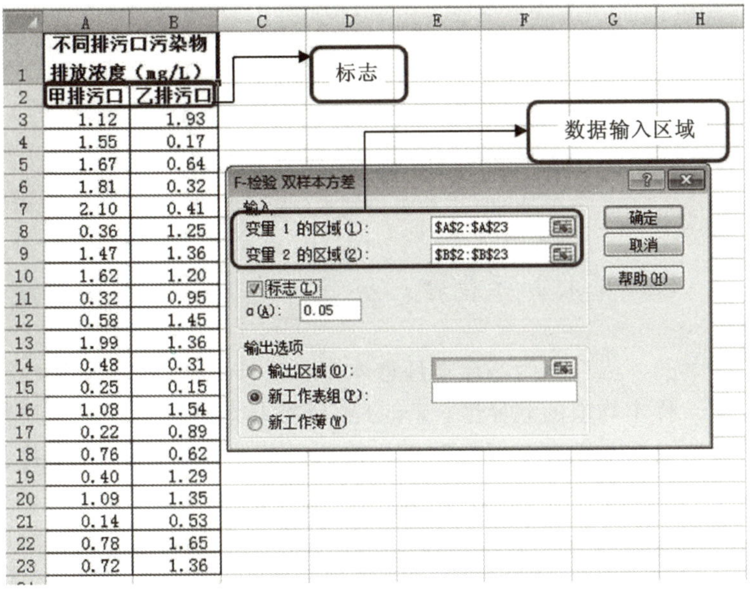

图 8.25 F 检验 双样本方差

解：在数据分析工具库中选择“F 检验 双样本方差分析”，出现如图 8.25 所示的对话框。

(1)数据输入

变量 1 的区域：本例输入“甲排污”列数据，即“$A$2:$A$23”；

变量 2 的区域：本例输入“乙排污”列数据，为“$B$2:$B$23”。

分析对象的两个变量可以具有不同的样本量，若需要把各数列的标志选择输入数据，需要在对话框中选择“标志”栏。

显著性水平 α：一般选择 0.05 或 0.01，在无特别要求的时候可选择 0.05，本例选择 0.05。

(2)输出选项

本选项主要根据要求选择输出结果的储存位置。

与前面描述统计等统计分析过程相同，本项目的选择输出位置有输出区域、新工作簿、新工作表组。

8.4.1.3 F 检验 双样本方差分析结果分析

经过上述检验可以得到如图 8.26 所示的结果。通过输出表格中 P 值来判断双样本方差分析的结果，也可以通过比较来判断概率值的大小。

当概率值 P 小于 0.05 或“F 值”大于“F 单尾临界值”，则说明两样本的方差存在显著性差异，反之则认为两样本方差不存在显著性差异。

本例中 P=0.3807，说明甲排污口与乙排污口污染物排放浓度的标准差不存在显著性差异，简称“方差齐”。

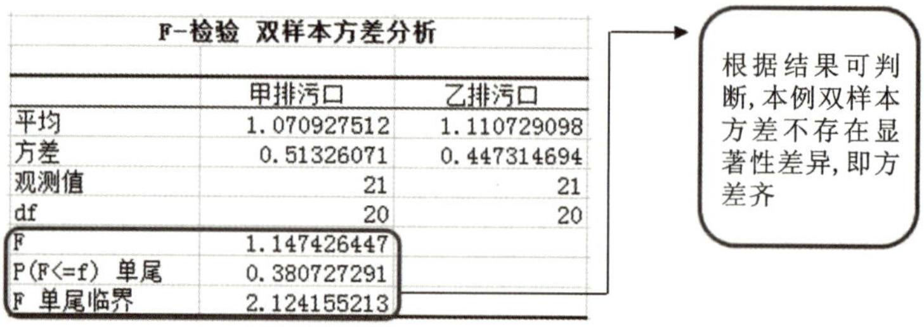
F-检验 双样本方差分析

	甲排污口	乙排污口
平均	1.070927512	1.110729098
方差	0.51326071	0.447314694
观测值	21	21
df	20	20
F	1.147426447	
P(F<=f) 单尾	0.380727291	
F 单尾临界	2.124155213	

图 8.26 F 检验 双样本分析结果表

视频

t 检验

8.4.2 t 检验

当样本为小样本且总体标准差未知时，可以采用 t 检验分析比较样本均值的差异性。Excel 在函数与统计分析工具库中都提供了“双样本等方差假设”“双样本异方差假设”“平均值的成对二样本分析”的 t 检验工具，如图 8.27 所示。读者可根据实际情况选择用统计分析工具库或函数完成相应的 t 检验。

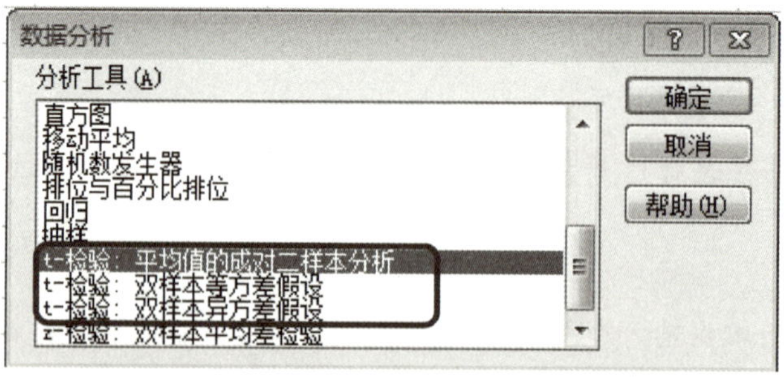

图 8.27 Excel 分析工具中的显著性检验

8.4.2.1 统计分析工具中 t 检验

Excel 分析工具库中的各类 t 检验操作基本相同，只是在参数选择上略有差异，本节就以 F 检验中的案例为基础讲解双样本等方差的 t 检验操作，其他类型的 t 检验读者可在操作实践中学习。

(1)t 检验：双样本等方差

当 F 检验后获得两样本方差无显著性差异时(即方差齐)，可以用“t 检验:双样本等方差”进行显著性检验。该检验主要分析探讨两样本平均值 $\bar{x}_1$ 与 $\bar{x}_2$ 的差异性，也可以用此检验来确定两个样本是否来自具有相同总体平均值的总体。

在分析工具库中选择“双样本等方差”，会弹出如图 8.28(a)所示的对话框。

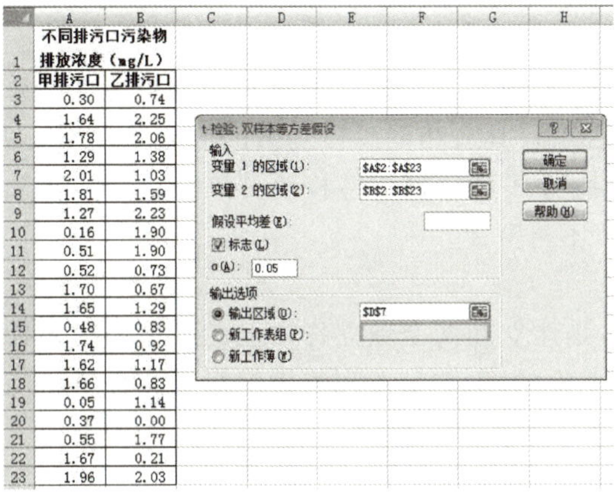

(a)

t-检验：双样本等方差假设		
	甲排污口	乙排污口
平均	1.002459958	1.30263506
方差	0.389347029	0.519328267
观测值	21	21
合并方差	0.454337648	
假设平均差	0	
df	40	
t Stat	-1.44304526	
P(T<=t) 单尾	0.078396876	
t 单尾临界	1.683851014	
P(T<=t) 双尾	0.156793752	
t 双尾临界	2.02107537	

(b)

图 8.28 Excel 分析 t 检验及结果

计算前需要根据实际情况设置检验是单侧检验还是双侧检验，并确定显著性水平。

①确定是双侧检验还是单侧检验

双侧检验即只研究探讨变量 1 与变量 2 平均值之间有无差异，而不考虑变量 1 与变量 2 的大小关系，其假设如下：

检验假设：$H_0:\bar{x}_1=\bar{x}_2$　　备择假设：$H_1:\bar{x}_1\neq\bar{x}_2$

此处变量 1 与变量 2 的位置没有严格规定。

单侧检验即显著性检验中需要探讨研究变量 1 与变量 2 的大小关系，即假设为：

检验假设：$H_0:\bar{x}_1=\bar{x}_2$　　备择假设：$H_1:\bar{x}_1\geqslant\bar{x}_2$

②显著性水平

根据检验对象的显著性水平来确定，通常在没有要求的情况下取 0.05。

在设置了操作条件后再进行数据输入与结果判断。

③输入

在“变量 1 的区域”和“变量 2 的区域”分别输入需要进行显著性检验的两列数据，输入顺序不限。本例显著性检验对比的是数列的平均值，因此不需要数列数据个数一致。但成对检验需要输入的数列数据个数必须一致。

④输出结果与判断

选择需要输出的位置后，单击确定，可以得到如图 8.28(b)所示的结果。t 检验输出的结果包括了两个样本的平均值、样本方差、合并方差、合并自由度等信息。上述结果统计量的计算公式，可参考本书相关章节 t 检验的计算公式。单侧检验和双侧检验结果判断的依据略有差异。

单侧检验：看结果中的“P(T＜＝t)单尾”，若 $P>0.05$，不拒绝检验假设 H_0，即两样本的平均值无显著性差异；若 $P<0.05$，则拒绝 H_0，即两样本均值具有显著的大小差异。至于谁大谁小需要根据实际情况来分析，本例为甲排污口浓度明显高于乙排污口。

双侧检验：看结果中的“P(T＜＝t)双尾”，若 $P>0.05$，不拒绝检验假设 H_0，即两样本平均值无显著性差异；若 $P<0.05$，拒绝 H_0，说明两样本均值有显著性差异。本例为甲排污口浓度明显与乙排污口污染物浓度有显著性差异。

(2)t 检验：双样本异方差

当 F 检验两样本方差的结果具有显著性差异，则说明两样本取自不同分布特性的总体。可以通过修正 t 检验来确定两个样本是否来自具有相同总体均值的分布。在 Excel 操作中需选择“t 检验：双样本异方差”的 t 检验方式进行显著性检验。该方法的操作和结果判断与“t 检验：双样本等方差”相同，本节不再赘述。

(3)t 检验：成对检验

前面介绍的 t 检验是均值的显著性检验，是建立在两个独立样本上的。在环境统计工作与环境统计研究中许多事件结果是成对发生的，例如某监测点大气污染综合整治前后环境质量变化、某土壤监测点治理前后重金属浓度的变化、污染前后某地区各个地下取水口的水质变化等。

成对检验不需要进行方差齐性判断，其操作过程以及结果的判断与前面所述相同，本节不再赘述。但需要注意的是，读者需要根据自己的实际工作情况来判断是否应该选用成对 t 检验。

8.4.2.2 统计函数的 t 检验

Excel 的统计函数具有强大的功能，几乎能完成所有的统计运算，t 检验也不例外。统计函数中用于 t 检验的函数为“TTEST”。具体的操作如下：

在 Excel 表格里需要输出结果的表格中插入函数 TTEST 后，弹出如图 8.29 所示的对话框。

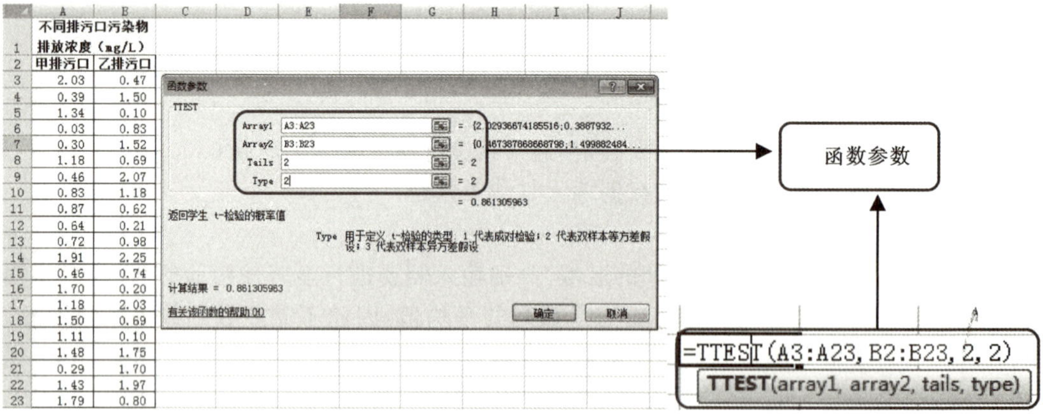

图 8.29　用统计函数进行 t 检验

该函数有三个参数：

数列(Array1,Array2),需要根据实际工作选择要进行显著性检验的数列,数列输入与数据分析不同,不能输入非数据。

Tails:假设类型,即单侧检验或双侧检验,“1”为单侧检验,“2”为双侧检验。

Type:检验类型,“1”为成对检验,“2”为双样本等方差检验,“3”为双样本异方差检验。

8.4.3 z 检验

视频

Z 检验

z 检验通常应用在总体方差已知或者调查样本为大样本的情况下,本节只作简单介绍。该方法在函数中有相关函数,在数据分析工具库中也有相关的计算。下面就两个案例来讲解在 Excel 中 z 检验的操作与应用。

(1)z 检验函数

z 检验函数为“ZTEST”,在需要输出结果的单元格输入该函数后,会弹出如图 8.30 所示的对话框。

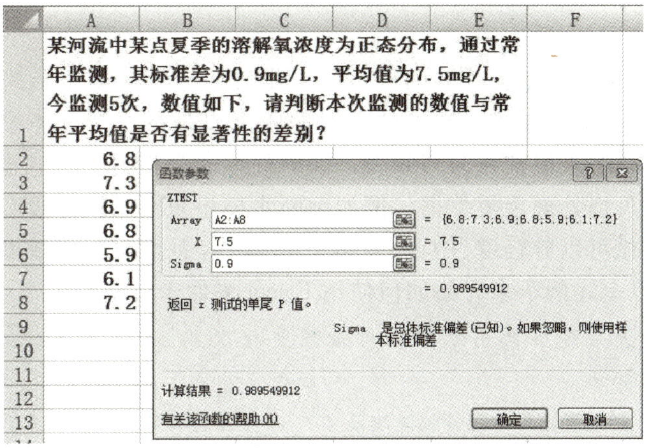

图 8.30 ZTEST 函数对话框

①函数参数

Array:即需要检验的样本均值的数列;

X:需要检验的数值,通常为总体均值;

Sigma:总体标准差,若为空,系统默认为数列的样本标准差。

②结果判断

该函数返回的是 z 检验的单侧概率。

若返回值小于显著性水平 0.05,则说明数列的平均值与数值 X 有显著性差异;

若返回值大于显著性水平 0.05,则说明数列的平均值与数值 X 没有显著性差异。

(2)数据分析库的 z 检验

该方法需要的参数与 t 检验略有不同的是,需要输入两个样本对应的总体方差,如图 8.31 所示。在实际的工作与研究中,总体的信息往往未知,因此本方法在实际工作中的应用意义不大。

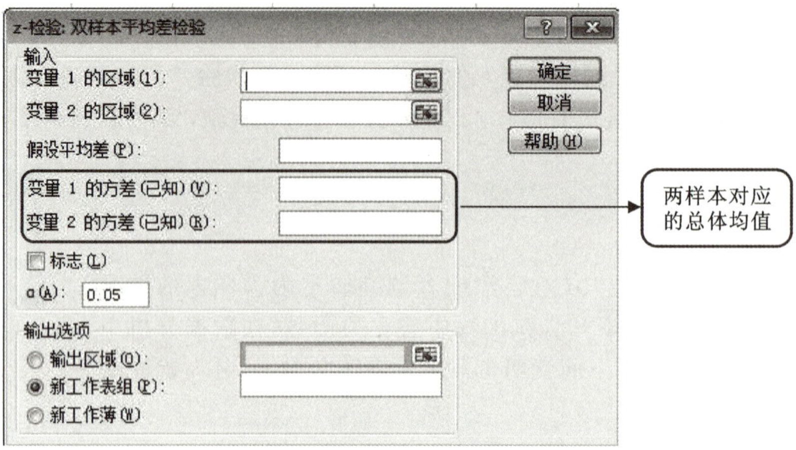

图 8.31　z 检验：双样本平均差检验

视频
卡方检验

8.4.4　卡方检验

卡方检验的重要应用是使用样本数据来检验两个变量的独立性。卡方分布的独立性检验主要是将一个总体按不同特征的属性划分为多维表格，这个表格被称为列联表。独立性检验是探讨列联表中几种特征是否独立，这种统计方法可以处理定类数据。例如判断水体中重金属镉浓度与当地骨质疏松病变的关系，骨质疏松可以分轻度、中度、重度三种属性，而重金属镉浓度可以有不同的浓度水平。以下就以上述例子来介绍如何使用 Excel 来做卡方检验。

例 8.4　调查某地区饮用水源镉污染程度与该地区 40～45 岁女性的骨质疏松发病情况，如表 8.4 所示。

表 8.4　某地区饮用水源地镉浓度及 40～45 岁女性骨质疏松发病人数列联表

		饮用水源镉浓度(mg/L)				
		x<0.001	0.001≤x<0.005	0.005≤x<0.01	0.01<x	总计
骨质疏松情况	轻度	8	12	24	31	75
	中度	6	10	21	67	104
	重度	3	10	18	87	118
总计		17	32	63	185	297

表格中应该注意的是纵横的总计数据应该一致，否则说明前面输入的数据存在错误。

本例中卡方检验的检验假设是该地区女性的骨质疏松发病情况与饮用水源地的镉污染水平无关。

(1)在 Excel 中输入表 8.4 的数据，计算理论频数，即数学期望值。

(2)在要输出的单元格插入函数“CHITEST”，会弹出如图 8.32 所示的对话框。

① “CHITEST”有两个参数，第一为频数的实际测量值，第二为频数的理论值。

②卡方检验的检验假设：

检验假设 H_0：骨质疏松状况与饮用水源地镉含量无显著性关联；

备择假设 H_1：骨质疏松状况与饮用水源地镉含量有显著性关联。

(3)结果判断：卡方检验函数“CHITEST”返回的结果为卡方检验的概率值。若概率值大于显著性水平 α，则说明检验的两个条件无显著性关联；若概率值小于显著性水平 α，则说明检验的两个条件具有显著性的关联。α 在无特殊要求的情况下取 0.05。

本例的概率值约为 0.00127，小于显著性水平，说明该地区 40～45 岁女性骨质疏松发病率与该地区饮用水源地镉浓度有显著性联系。

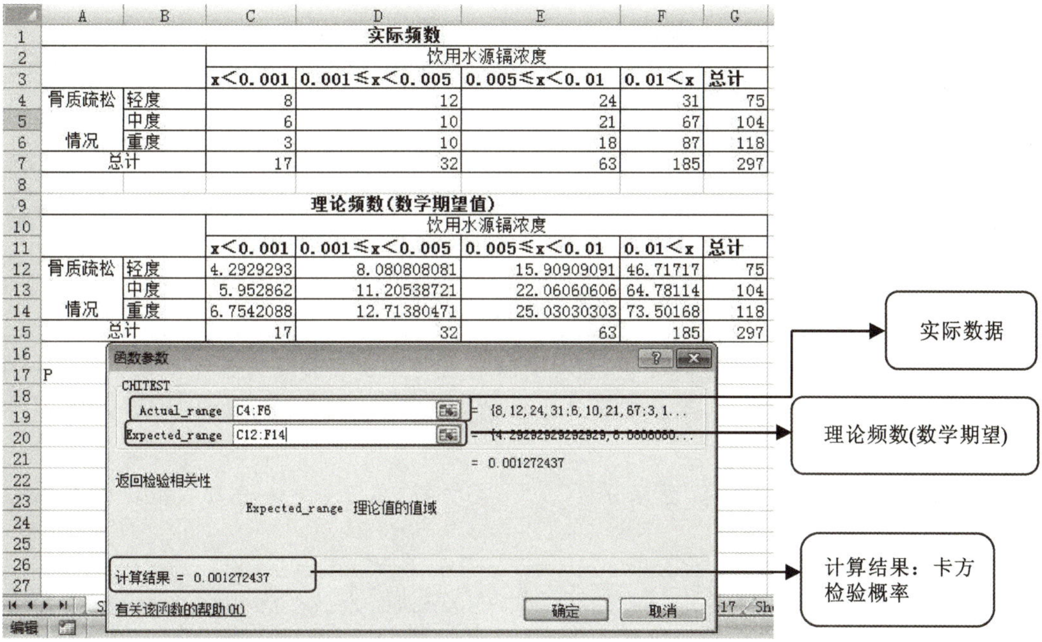

实际频数

		饮用水源镉浓度				
		x<0.001	0.001≤x<0.005	0.005≤x<0.01	0.01<x	总计
骨质疏松情况	轻度	8	12	24	31	75
	中度	6	10	21	67	104
	重度	3	10	18	87	118
总计		17	32	63	185	297

理论频数（数学期望值）

		饮用水源镉浓度				
		x<0.001	0.001≤x<0.005	0.005≤x<0.01	0.01<x	总计
骨质疏松情况	轻度	4.2929293	8.080808081	15.90909091	46.71717	75
	中度	5.952862	11.20538721	22.06060606	64.78114	104
	重度	6.7542088	12.71380471	25.03030303	73.50168	118
总计		17	32	63	185	297

图 8.32 卡方检验对话框

8.5 方差分析

Excel 数据分析工具库中提供了 3 种基本类型的方差分析：单因素方差分析、双因素无重复试验方差分析和双因素可重复试验方差分析，本节将分别介绍这 3 种方差分析的应用。

8.5.1 单因素方差分析

视频 单因素方差分析

单因素方差分析是以一种因素不同水平的变化情况，来分析该因素对事物变化与特性的影响，因此该方法被称为单因素方差分析，因素的特定值称为水平。

单因素方差分析在环境统计与环境保护研究工作中有广泛的应用。例如，通过分析全年不同水文期特定河流的泥沙含量来探讨全年水文期对水土流失的影响；分析不同季节湖泊中叶绿素的浓度来分析季节对湖泊富营养化的影响等。

下面通过例 8.5 来讲解单因素方差分析的步骤。

例 8.5 为探讨水中磷含量对湖泊、水库中叶绿素含量的影响，测定了某湖泊中总磷浓度在 0.001 mg/L、0.004 mg/L、0.01 mg/L、0.03 mg/L、0.1 mg/L、0.6 mg/L 几个浓度水平污染下水体叶绿素的浓度（表 8.5），请判断不同浓度总磷对水体总叶绿素含量的影响。

表 8.5 不同浓度总磷含量下某湖泊的叶绿素含量

总磷(mg/L)	0.001	0.004	0.01	0.03	0.1	0.6
叶绿素(mg/m^3)	0.321	0.713	1.08	4.21	8.2	94.22
	0.453	0.668	1.02	4.02	21.09	93.43
	0.541	0.801	1.21	3.89	19.33	89.21
	0.531	0.924	1.32	3.51	17.01	72.03
	0.446	0.917	1.03	3.95	16.04	78.21

解：在进行单因素方差分析之前，须先将试验所得的数据按一定的格式输入到 Excel 工作表中，其中每种水平的试验数据可以放在一行或一列中，具体的格式如图 8.33 所示。

数据输入完成以后，选择"数据分析"—"方差分析：单因素方差分析"，出现如图 8.33 所示的对话框。

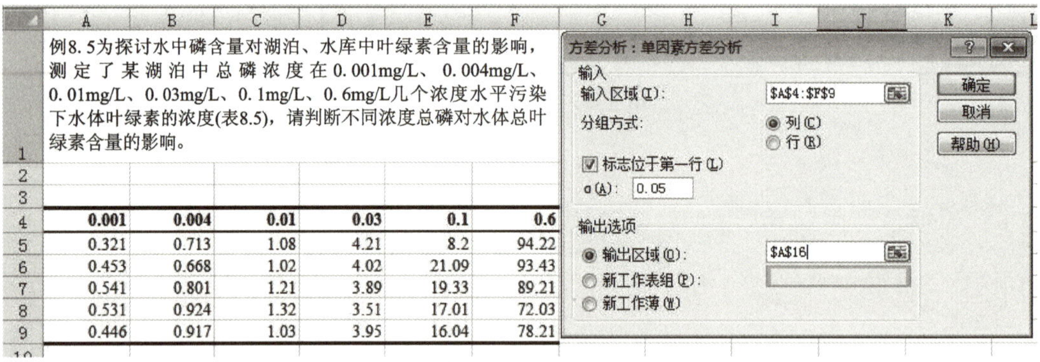

图 8.33 "方差分析"对话框

对话框的内容如下：

①输入区域：选择分析数据所在区域，可以选择水平标志，针对图 8.33 中的数据进行分析，选择"＄A＄4：＄F＄9"数列。

②分组方式：提供列与行的选择，当同一水平的数据位于同一行时选择行，位于同一列时选择列，本例选择列。

③如果在选取数据时包含了水平标志，则选择“标志位于第一行”，本例选取。

④α：显著性水平，一般取 0.05，即 95%的置信度。

⑤输出区域：可选择本页中输出，也可以选择新工作表组和新工作簿输出。

点击确定后可以获得如图 8.34 所示的方差分析结果。方差分析的结果中有各组的平均值、样本方差、观测值数量等信息，同时计算了组间、组内的变化差异，方差分析 F 值以及 F 界值。

16	方差分析：单因素方差分析						
17							
18	SUMMARY						
19	组	观测数	求和	平均	方差		
20	0.001	5	2.292	0.4584	0.007789		
21	0.004	5	4.023	0.8046	0.013488		
22	0.01	5	5.66	1.132	0.01677		
23	0.03	5	19.58	3.916	0.06598		
24	0.1	5	81.67	16.334	24.57523		
25	0.6	5	427.1	85.42	96.8101		
26							
27							
28	方差分析						
29	差异源	SS	df	MS	F	P-value	F crit
30	组间	28172.55	5	5634.509	278.2717	2E-20	2.620654
31	组内	485.9574	24	20.24823			
32							
33	总计	28658.5	29				

图 8.34 方差分析数据输出结果表

在结果判断中只需要看方差分析表中的“P-value”值，若“P-value”值大于显著性水平，本例为 0.05，则说明 6 组数据没有显著性的差异。

若“P-value”小于显著性水平 α（本例为 0.05），则说明方差分析的数组中至少有两列数据的均值有显著性差异。至于是哪两列数据，则需要单独进行显著性检验以准确判断。

本例中“P-value”$=2\times10^{-20}$，远远小于显著性水平，说明 6 个浓度总磷条件下的叶绿素水平，至少有两组浓度存在着显著性的差异。

8.5.2 双因素方差分析

视频

双因素方差分析

单因素方差分析是就一个因素对事物的影响作出的检验与分析，但在实际环境保护工作中，环境问题的结果往往是由多种因素引起的。例如，雾霾产生不仅仅依赖于颗粒物排放，还依赖于天气、温度变化等因素；机动车的氮氧化物排放量不但与燃油有关，还与汽车的类型有关。在这种情况下，机动车的类型与燃料种类对于氮氧化物的排放量还有叠加的作用，因此，在此类环境问题的研究与探讨中，需要将单因素方差分析推广到多因素，所有的这些因素都可能作为解释变量的来源。目前常用的多因素分析软件有 SPSS、SAS、MATLAB 等。Excel 统计软件最多只能进行双因素的方差分析，若涉及三个及以上的影响因素则需要选择可以进行多元统计分析的 SPSS 等软件。

8.5.2.1 不可重复双因素方差分析

在实际的环境问题与环境保护工作中，往往需要考虑两个因素对事件结果的影响，例如季节、环境功能区对大气颗粒物浓度的影响，这涉及季节与环境功能区两个因素。

多因素方差分析与单因素方差分析的基本思路是一致的，不同之处就在于多因素分析中各因素不但对试验指标起作用，而且各因素不同水平的搭配也对试验指标起作用。在统计学上把多因素不同水平的搭配对试验结果的影响称为交互作用，而交互作用只有在重复试验中才能分析出结果，这将在 8.5.2.2 节中介绍。

在用 Excel 的双因素方差分析时，将要考虑 A 因素 a 个水平和 B 因素 b 个水平所决定的“a×b”个结果组合。下面以例 8.6 为例介绍不可重复双因素方差分析的步骤。

例 8.6 不同季节在不同采样点获取的大气中，可吸入微粒 PM10 的浓度值如表 8.6所列。请判断不同季节、不同采样点大气中 PM10 的浓度是否有显著性的差异。

表 8.6 不同季节不同采样点大气中可吸入微粒(PM10)浓度(mg/m^3)

采样点	季节			
	春季	夏季	秋季	冬季
森林公园	0.321	0.214	0.331	0.211
居民区	0.324	0.233	0.542	0.98
商业区	0.604	0.567	0.608	1.092
工业区	0.614	0.465	0.564	0.953

解：本章节重点介绍双因素不可重复方差分析的 Excel 运算，因此有关统计分析检验方法及其计算公式在本章就不再赘述。

① 在 Excel 中输入表格，并在分析工具库中选择“方差分析：无重复双因素分析”，如图 8.35 所示。

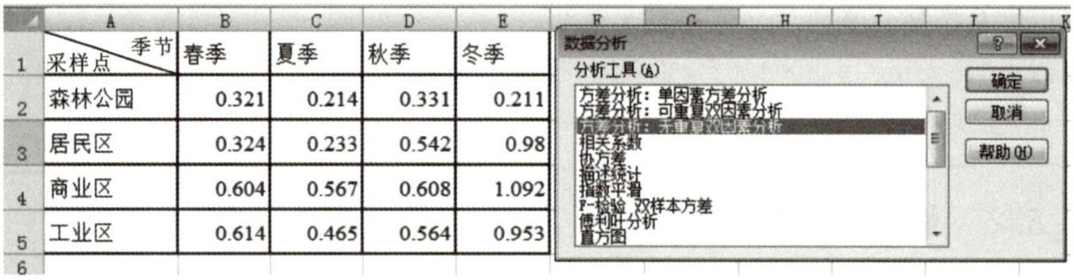

图 8.35 输入分析数据并选择无重复双因素分析

② 单击“确定”弹出“方差分析：无重复双因素分析”对话框，如图 8.36 所示。该对话框里有输入区域，本案例中数据输入区域为 \$A\$1：\$E\$5。在输入数据时建议将数据的标志也输入进去，并选择标志栏目，这样的数据输出结果便于分析。

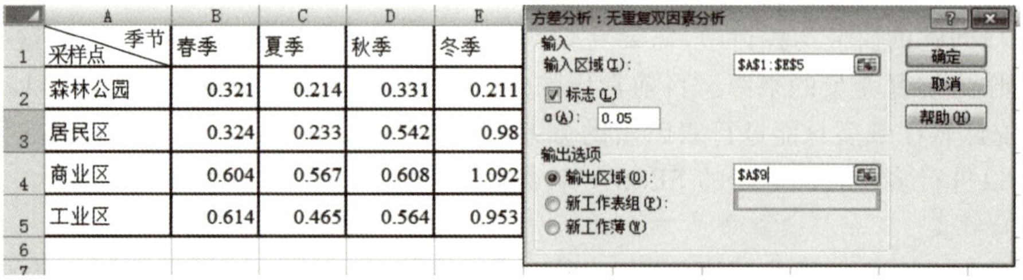

图 8.36 “方差分析：无重复双因素分析”对话框

③ 检验结果判断

点击“确定”后会返回双因素无重复方差分析的结果表，如图 8.37 所示。双因素方差分析结果表与单因素方差分析结果表相同，列出了两个因素观测值的平均值、方差等基本信息。

9	方差分析：无重复双因素分析						
10							
11	SUMMARY	观测数	求和	平均	方差		
12	森林公园	4	1.077	0.26925	0.004312		
13	居民区	4	2.079	0.51975	0.110956		
14	商业区	4	2.871	0.71775	0.062591		
15	工业区	4	2.596	0.649	0.044907		
16							
17	春季	4	1.863	0.46575	0.027379		
18	夏季	4	1.479	0.36975	0.030313		
19	秋季	4	2.045	0.51125	0.015193		
20	冬季	4	3.236	0.809	0.162557		
21							
22							
23	方差分析						
24	差异源	SS	df	MS	F	P-value	F crit
25	行	0.46875	3	0.15625	5.919153	0.016339	3.862548
26	列	0.43072	3	0.143575	5.439002	0.020729	3.862548
27	误差	0.23758	9	0.026397			
28							
29	总计	1.13705	15				

图 8.37　方差分析：无重复双因素分析结果表

本例中季节、采样点对于大气中 PM10 的影响情况，可以看“方差分析”表中的“P-value”值。从“P-value”值可以看出，本例中季节与采样点均对大气中 PM10 的浓度有显著性的影响。

8.5.2.2　可重复双因素方差分析

从例 8.6 的方差分析结果中可以看出，季节、采样点对大气中 PM10 的浓度有显著性的影响。而该双因素交互作用对大气中 PM10 浓度有无显著性影响则需要通过重复试验(监测)才能判断出来。

假设有因素 A、B 作用于试验指标。因素 A 有 n 个水平 $A_1, A_2, \cdots, A_n$，因素 B 有 m 个水平 $B_1, B_2, \cdots, B_m$。对因素 A、B 的每一个水平的一对组合$(A_i, B_j)(i=1,2,\cdots,n; j=1,2,\cdots,m)$，进行 k 次试验，得到“n×m×k”个试验结果，每个试验结果可以表示为 X_{ijk}。为了便于理解，假设因素 A 有四个水平，因素 B 有三个水平，因素 A、B 的每个组合(A_i, B_j)进行三次试验，可以列交互试验数据表如表 8.7 所示。

表 8.7　交互影响试验的参考表格

因素 B	因素 A			
	A_1	A_2	A_3	A_4
B_1	0.21	0.17	0.15	0.18
	0.3	0.17	0.17	0.2
	0.21	0.17	0.16	0.2

续表 8.7

因素 B	因素 A			
	A_1	A_2	A_3	A_4
B_2	0.18	0.15	0.18	0.15
	0.17	0.15	0.17	0.16
	0.18	0.15	0.16	0.17
B_3	0.11	0.19	0.18	0.17
	0.12	0.2	0.19	0.17
	0.13	0.21	0.18	0.17

可以看出,可重复双因素方差分析与不可重复双因素方差分析的区别在于是否进行重复性的试验。

例 8.7 为了检验例题 8.6 中,不同采样点、不同季节对大气中 PM10 的浓度是否有交互影响作用,特采集数据如表 8.8 所列。

表 8.8 不同采样点、不同季节大气中可吸入微粒(PM10)浓度(mg/m^3)

采样点	季节			
	春季	夏季	秋季	冬季
森林公园	0.321	0.214	0.331	0.211
	0.351	0.201	0.299	0.202
	0.322	0.212	0.301	0.221
居民区	0.324	0.233	0.542	0.98
	0.344	0.221	0.551	0.891
	0.401	0.204	0.547	0.982
商业区	0.604	0.567	0.608	1.092
	0.508	0.553	0.598	1.023
	0.579	0.541	0.601	1.091
工业区	0.614	0.465	0.564	0.953
	0.601	0.442	0.556	0.923
	0.594	0.471	0.57	0.042

解:① 在 Excel 中输入表格,并在分析工具库中选择"方差分析:可重复双因素分析",如图 8.38 所示。

数据输入区域应该将因素的标志输入,本例中数据输入区域为"\$A\$1:\$E\$13",每一样本的行数表示因素 A、B 组合的重复试验数,即 k 值。本例中即为"季节"与"采样点",两个因素组合的采样个数为 3。需要说明的是"可重复双因素方差分析"默认第一列与第一行为标志,因此在计算中需要将标志输入,才能获得正确的结果。

采样点＼季节	春季	夏季	秋季	冬季
森林公园	0.321	0.214	0.331	0.211
	0.351	0.201	0.299	0.202
	0.322	0.212	0.301	0.221
居民区	0.324	0.233	0.542	0.98
	0.344	0.221	0.551	0.891
	0.401	0.204	0.547	0.982
商业区	0.604	0.567	0.608	1.092
	0.508	0.553	0.598	1.023
	0.579	0.541	0.601	1.091
工业区	0.614	0.465	0.564	0.953
	0.601	0.442	0.556	0.923
	0.594	0.471	0.57	0.042

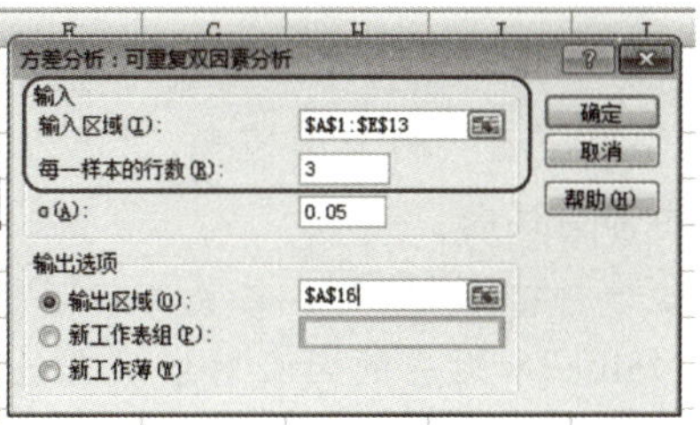

图 8.38　可重复双因素方差分析

② 可重复双因素方差分析结果判断

单击“确定”后，会返回如图 8.39 所示的可重复双因素方差分析结果表。

SUMMARY	春季	夏季	秋季	冬季	总计	
森林公园						
观测数	3	3	3	3	12	
求和	0.994	0.627	0.931	0.634	3.186	
平均	0.331333	0.209	0.310333	0.21133333	0.2655	
方差	0.00029	4.9E-05	0.000321	9.0333E-05	0.003538	
居民区						
观测数	3	3	3	3	12	
求和	1.069	0.658	1.64	2.853	6.22	
平均	0.356333	0.219333	0.546667	0.951	0.518333	
方差	0.001596	0.000212	2.03E-05	0.002701	0.083637	
商业区						
观测数	3	3	3	3	12	
求和	1.691	1.661	1.807	3.206	8.365	
平均	0.563667	0.553667	0.602333	1.06866667	0.697083	
方差	0.00248	0.000169	2.63E-05	0.00156433	0.05134	
工业区						
观测数	3	3	3	3	12	
求和	1.809	1.378	1.69	1.918	6.795	
平均	0.603	0.459333	0.563333	0.63933333	0.56625	
方差	0.000103	0.000234	4.93E-05	0.26783033	0.053712	
总计						
观测数	12	12	12	12		
求和	5.563	4.324	6.068	8.611		
平均	0.463583	0.360333	0.505667	0.71758333		
方差	0.016753	0.024656	0.014396	0.16953063		
方差分析						
差异源	SS	df	MS	F	P-value	F crit
样本	1.176013	3	0.392004	22.5826579	4.86E-08	2.90112
列	0.811817	3	0.270606	15.5890953	2E-06	2.90112
交互	0.747193	9	0.083021	4.78271701	0.000444	2.188766
内部	0.555477	32	0.017359			
总计	3.2905	47				

图 8.39　可重复双因素方差分析结果表

可重复双因素方差分析结果表判断的基本思路与单因素方差分析、不可重复双因素方差分析一致。在“SUMMARY”表格中，对不同分组均有平均值、方差、求和等基本的阐述。

方差分析表格中主要观测截尾概率“P-value”值；“样本”为行对应的因素，本例中为“采样点”；“列”为列对应的因素，本例为“季节”；“交互”为“行×列”，本例中为“采样点×季节”；内部为误差。

方差分析结果判断中，主要关注“P-value”值与显著性水平 α 的关系，当 $P<\alpha$ 时，说明该“P-value”所对应的因素对结果有显著性的影响。以本例而言，P 均小于显著性水平 α（无特殊要求的时候，$\alpha=0.05$），说明季节、采样点对大气中 PM10 的浓度有显著性的影响，同时“季节与采样点”的交互作用对大气中 PM10 浓度的影响相应也是显著的。

也可以由 F 统计量和 F 临界值进行判断：当 F>F crit 时，效应显著，否则认为影响不显著。

8.6 相关性分析与回归分析

视频

相关性与回归曲线

8.6.1 相关性分析

客观事物是普遍联系的，例如环境质量与排污量，污染物的治理投入与周边环境质量等。以数学形式表达，设有两个随机变量 x 和 y，若对于任一随机变量的每一个可能的值，另外一个随机变量都有一个确定的分布与之对应，则称这两个随机变量之间存在着相关关系。

这种相关性有两种类型：

①确定性关系：即自变量 x 会对应确定的因变量 y，这种关系也称之为函数关系。函数关系属于理想状态，在实际的工作与应用中可以作为部分工作的参考借鉴。

②相关性关系：即自变量 x 会对应相应因变量 y 的一个分布。

这种相关性关系可以用相关系数 r 来表示。相关系数 r 用以度量变量之间关系的密切程度，对两个变量之间的线性相关程度的度量指标称为简单相关系数。

下面通过例 8.8 讲解相关系数的计算方法。

例 8.8 观察某交通点大气中氮氧化物的含量与汽车流量的关系，所得资料如表 8.9 所列。试分析汽车流量与氮氧化物浓度的关系。

表 8.9 汽车流量与氮氧化物浓度

汽车流量（辆）	1500	960	1200	1784	1170	1562	1982	1068	1532	1522	1621	1432	2130
氮氧化物浓度（mg/m^3）	0.12	0.039	0.1	0.22	0.129	0.145	0.135	0.0785	0.0985	0.0892	0.0965	0.0818	0.102

解：（1）用函数方法计算相关系数

Excel 相关系数统计函数为“CORRL”，该函数有两个参数，两个参数皆为数列。

在操作中选择相应数列，相关性系数函数在选择数列时不需要考虑哪一组数是自变量 x，哪一组数是因变量 y，如图 8.40 所示。

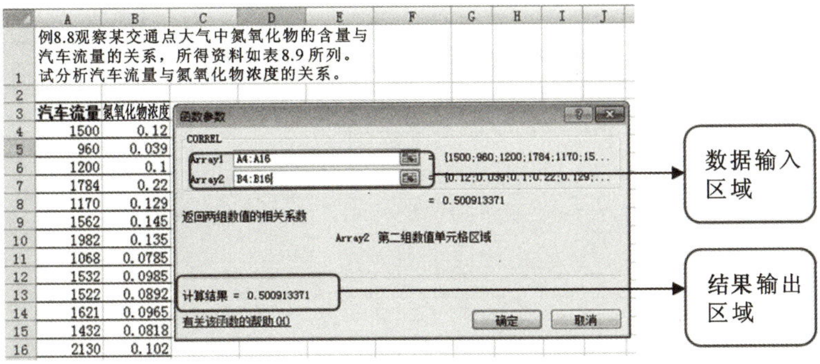

图 8.40 统计函数计算相关系数

(2)用数据分析工具库计算相关系数

Excel 数据分析工具库中有相关系数的计算方法，在选择数据分析的相关系数后，会弹出如图 8.41 所示的对话框。

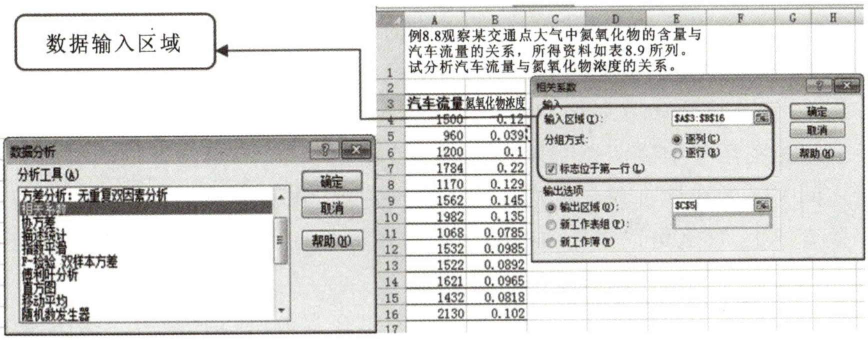

图 8.41 数据分析工具库的相关系数计算功能

① 输入区域：输入两列数据，不需要考虑自变量与因变量。输入数据的个数应该一致。

② 输出区域：与数据分析工具库其他功能相同，可以选择本页输出，也可选择新工作表组与新工作簿输出。

③ 结果判断：数据正确输入完整后，点击确定会得到如图 8.42 所示的表格。

上述函数与数据分析工具库中计算的相关系数 r 只能表示线性相关性，其计算公式为：

$$r=\frac{\sum_{i=1}^{n}(x_i-\bar{x})(y_i-\bar{y})}{\sqrt{\sum_{i=1}^{n}(x_i-\bar{x})^2\sum_{i=1}^{n}(y_i-\bar{y})^2}} \tag{8.1}$$

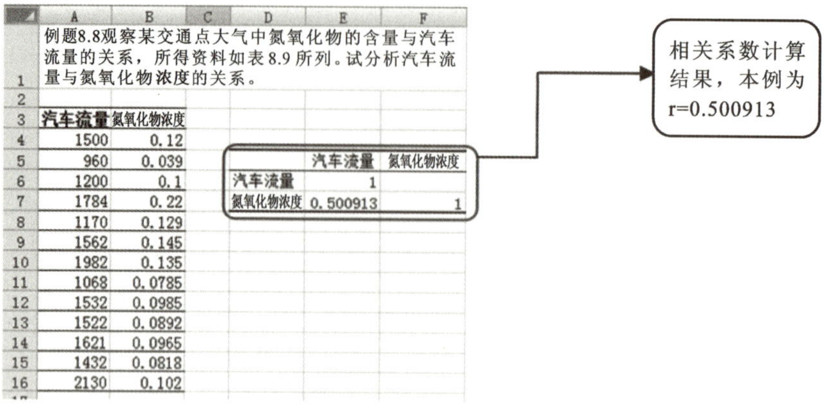

图 8.42　相关系数计算结果

8.6.2　回归分析

设有两个随机变量 x 和 y，若对于任一随机变量的每一个可能的值，另外一个随机变量都有一个确定的分布与之对应，则称这两个随机变量之间存在着相关关系。如果对于变量 x 的每一个可能的值，都有随机变量 y 的一个分布与之相对应，则称随机变量 y 对变量 x 存在着回归关系。确定变量 x 与 y 之间的数学关系式就是回归分析。

Excel 可以进行简单的回归分析，包括简单的线性回归分析与非线性回归分析。

8.6.2.1　简单线性回归分析

简单线性相关用于描述两个变量之间的线性密切程度，简单线性回归可用于确定描述两变量之间关系的线性方程。在拟合一条直线之前，作一散点图很重要。如果散点大致落在一条直线上，那么可以进行本节讲述的简单线性回归分析；若不在一条直线上，则需要参考 8.5.2.2 节所描述的非线性回归方法。

数据分析工具库中的“回归”分析是通过对一组观察值，使用“最小二乘法”直线拟合来执行线性回归分析。它可用来分析单个因变量是如何受一个或几个自变量值的影响的。该方法在实际的环境监测工作中具有广泛的意义。监测方法中常用到的分光光度法、原子吸收方法都需要制作标准曲线和回归方程，标准曲线与回归方程可以用于预测未知浓度的环境样本。

用拟合回归方程的方法制作标准曲线与回归方程误差小，并能准确地计算出未知样本单位污染物浓度。可用回归工具库制作标准曲线，也可以用散点图制作标准曲线。散点图制作标准曲线将在 8.6.2.2 节中详细介绍，本节重点介绍分析工具库中的“回归”工具库的回归分析功能。下面以一案例介绍回归分析。

例 8.9　某实验室测得一砷标准溶液的吸光度，结果如表 8.10 所列，求回归方程并绘出回归直线。

表 8.10　砷标准溶液吸光度

砷含量(mg/L)	0	2	4	6	8	10
吸光度	0.015	0.105	0.205	0.29	0.38	0.47

解:(1)回归分析操作

在选择"数据分析"工具库后,选择"回归",会弹出如图 8.43 所示的对话框。

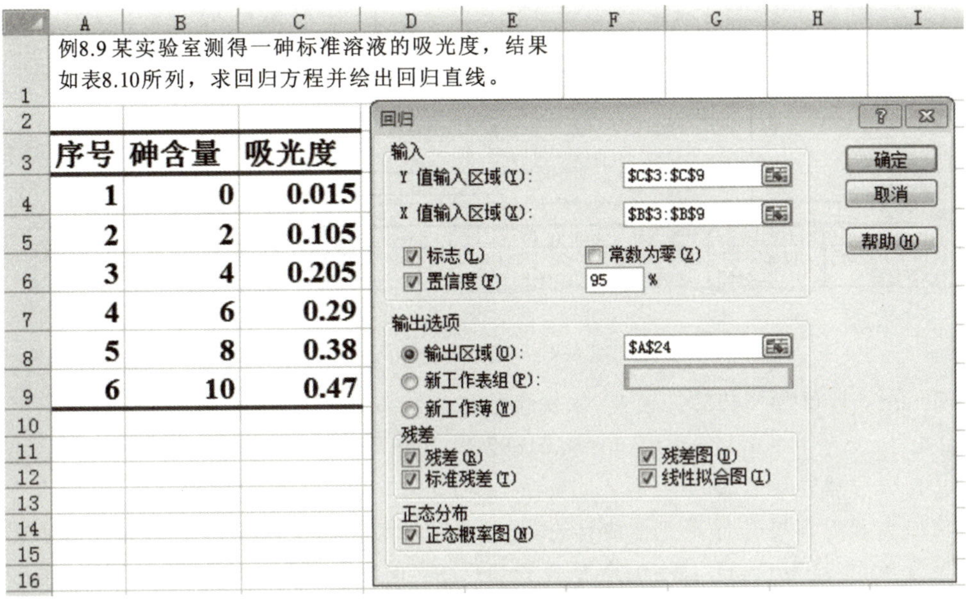

图 8.43 回归分析对话框

①数据输入

Y 值输入区域:在此输入因变量数据区域,该区域必须由单列或单行数据组成;

X 值输入区域:在此输入自变量数据区域。

标志:如果数据源区域的第一行或第一列中包含标志项,应选中此复选框。

置信度:如果需要在汇总输出表中包含附加的置信度,应选中此选项,并在该框中输入所要使用的置信度,系统默认的置信度为 95%。

常数为零:如果要强制回归线经过原点,应选中此项。

汇总输出表至少需要有七列,其中包括方差分析表、系数、y 估计值的标准误差、r^2 值、观察值个数以及系数的标准误差。

② 输出选项

输出区域:与数据分析其他的工具库类似,可以选择新工作表组、新工作簿、本页中其他区域。

需要在输出区域包含残差、标准残差、残差图时应选择此三项。

线性拟合图 :拟合图即为预测值和观察值生成的一张图表。

正态概率图:绘制因变量的正态概率图。如果需要生成一张图表来绘制正态概率,应选中此复选框。

(2)结果分析判断

单击"确定"后,Excel 将计算出结果显示在输出区域中,如图 8.44 所示。

① 拟合回归方程

如图 8.44 所示,截距为"intercept"对应的数值"0.01667",斜率为砷含量对应的

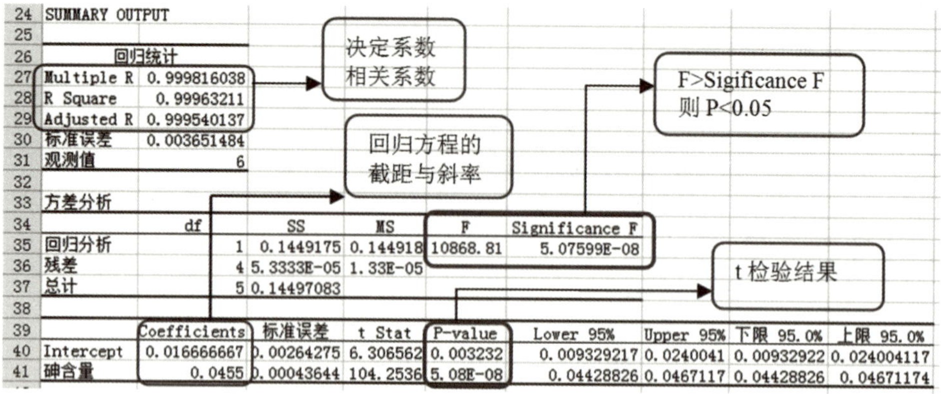

24	SUMMARY OUTPUT								
25									
26	回归统计								
27	Multiple R	0.999816038							
28	R Square	0.99963211							
29	Adjusted R	0.999540137							
30	标准误差	0.003651484							
31	观测值	6							
32									
33	方差分析								
34		df	SS	MS	F	Significance F			
35	回归分析	1	0.1449175	0.144918	10868.81	5.07599E-08			
36	残差	4	5.3333E-05	1.33E-05					
37	总计	5	0.14497083						
38									
39		Coefficients	标准误差	t Stat	P-value	Lower 95%	Upper 95%	下限 95.0%	上限 95.0%
40	Intercept	0.016666667	0.00264275	6.306562	0.003232	0.009329217	0.0240041	0.00932922	0.024004117
41	砷含量	0.0455	0.00043644	104.2536	5.08E-08	0.04428826	0.0467117	0.04428826	0.04671174

图 8.44 回归分析结果

“coefficients”数值“0.0455”。因此，本例线性拟合回归方程为：

$$\hat{y}=0.01667+0.0455x$$

②回归方程显著性检验

回归方程还需要进行显著性的讨论，通常选用 t 检验与 F 检验两种方法。回归显著性的假设为：检验假设：$H_0:\beta=0$；备择假设：$H_1:\beta\neq 0$。其中 β 为回归系数，若 β=0 说明该回归方程的线性回归性不具备显著性。

F 检验：比较方差分析栏“F”值与“Sigificance F”值的大小，本例中，“F=10868.81”远大于“Sigificance F=5.79×10^{-8}”，$P<\alpha$（显著性水平），在无特殊要求的情况下 $\alpha=0.05$（本例 $\alpha=0.05$）。因此可以判断该线性回归具有显著性。

t 检验：回归分析中直接标注出了 t 检验的概率值“P-value”。本例中“P-value”均小于显著性水平 $\alpha=0.05$，说明线性回归方程具有显著性。

也可以从决定系数或相关性系数 r 来判断线性回归的显著性，如图 8.44 所示。相关系数在 0.9 以上或决定系数 r^2 在 0.8 以上，该线性相关才有显著性意义。

本例中的决定系数“R Square”为 0.99963，相关系数 r 为 0.9998。

在环境监测工作中，制作标准曲线对于相关性的显著程度具有很高的要求，通常用相关系数作为判断依据，只有相关系数 $r>0.999$ 的标准曲线才能作为后续污染物预测的依据，部分要求严格的检测方法还需要 $r>0.9999$。

需要注意的是，数据分析中的“回归”工具库只能直接对线性回归进行全面判断，如果要判断非线性回归拟合程度的显著性，则需要修正后才能进行。

8.6.2.2 简单非线性回归分析

Excel 能提供两变量间非线性关系模型的四种拟合回归方程，即指数、对数、多项式、幂法，表达式具体见式(8.2)～式(8.5)。

对数函数曲线：

$$\hat{y}=a+b\cdot \ln x \tag{8.2}$$

幂函数曲线：

$$\hat{y}=a\cdot x^{b} \tag{8.3}$$

指数函数曲线：

$$\hat{y} = a \cdot e^{b \cdot x} \tag{8.4}$$

多项式函数曲线：

$$\hat{y} = a_0 + a_1 x + \cdots + a_n x^n \tag{8.5}$$

上述公式中 a,b,a_i(i=1,2,…,n)为常数,e 为自然对数的底(约为 2.718)。

上述四类方程在环境保护研究工作中能对简单的数据进行拟合预测。例如拟合预测活性污泥产生量与污水处理时间的关系,拟合活性炭的吸附规律等。本节以一案例介绍一类非线性回归分析的具体操作,其他非线性拟合方程在本节就不再赘述,读者可以根据自身的兴趣扩展学习。

例 8.10 为了了解某行业污染处理设施处理废水量与运行费用的关系,现调查了 10 个企业的工业废水处理量与运行费用,如表 8.11 所示。

表 8.11 工业污水处理量与污水处理设施运行费用关系表

污水处理量(万 t)	1.5	4.5	7.5	10.5	13.5	16.5	19.5	22.5	25.5	27.2	30.1	32
运行费用(万元)	2.2	2.3	2.4	2.5	2.7	3.1	3.6	4.8	6.9	7	7.6	7.9

解:具体操作如下:

①制作散点图

在 Excel 表格中输入表 8.11 中的数据,并制作散点图,右键单击选中散点图数据点,菜单中选择增加趋势线,如图 8.45 所示。

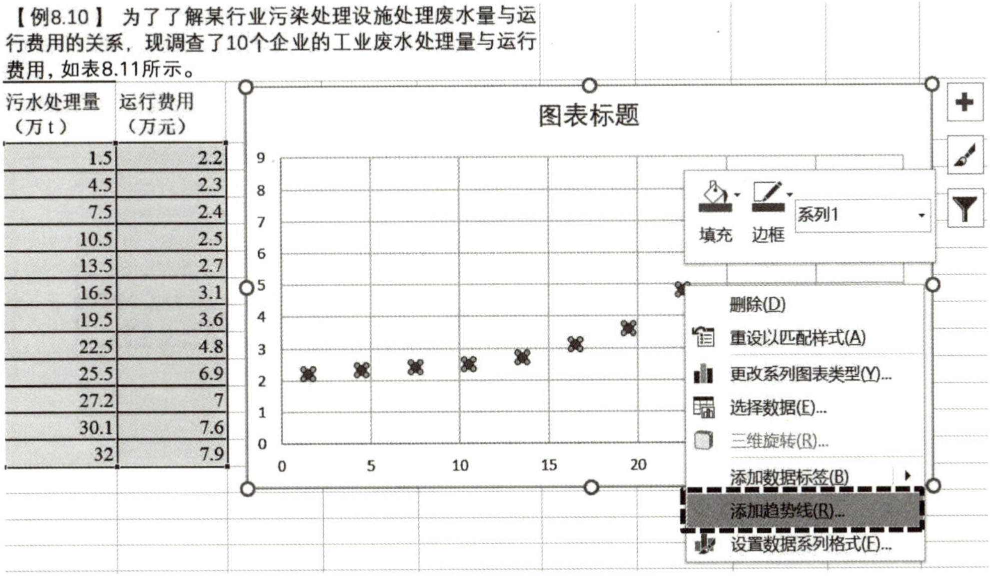

图 8.45 在散点图上增加趋势线

②增加趋势线

选择增加趋势线,2016 版本会在 Excel 窗口右侧出现如图 8.46 所示的对话框,其他版本会以浮窗形式弹出对话框。除了对话框显示方式略有差异外,不同版本的 Excel 增加趋势线对话框的内容基本一致。

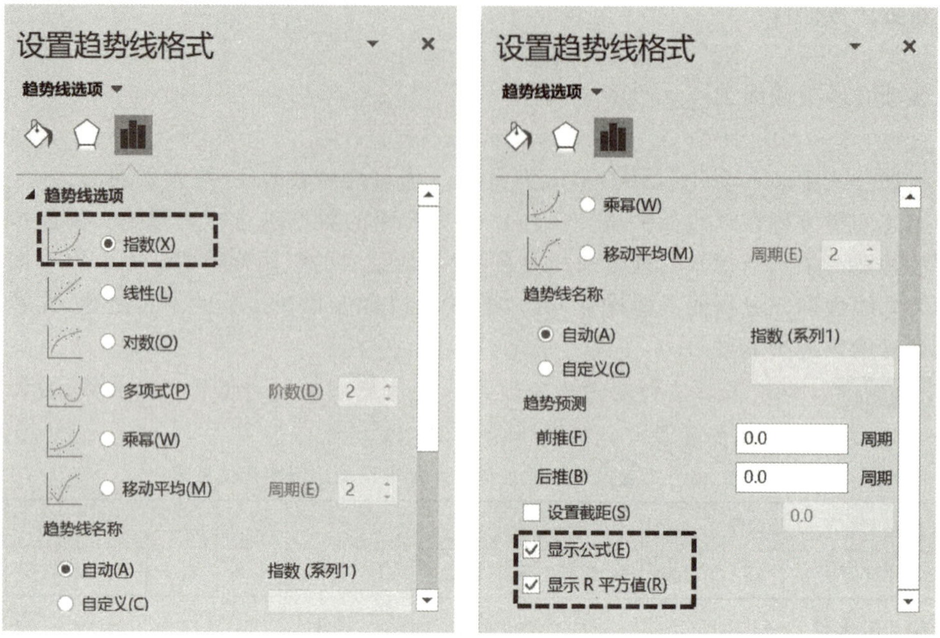

(a) (b)

图 8.46 增加趋势线对话框

③输出结果

在增加趋势线对话框中进行操作。如图 8.46 所示，系统会根据数据类别默认拟合的回归曲线类型，读者也可根据散点图的变化趋势选择其他类别的曲线，并在对话框中勾选“显示公式”“显示 R 平方值”。操作完成后，散点图绘图区会出现决定系数 R^2 和回归方程，如图 8.47 所示。

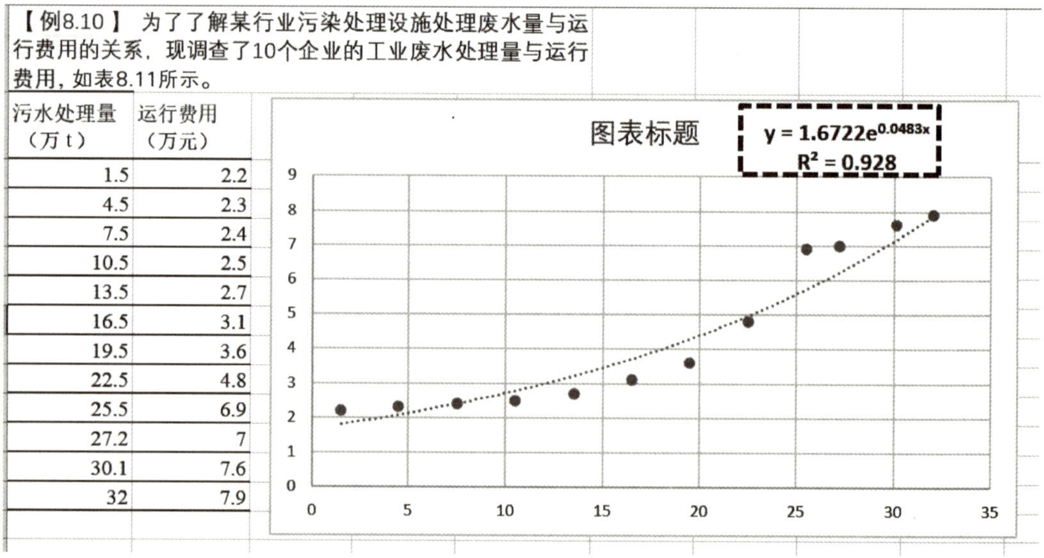
【例8.10】 为了了解某行业污染处理设施处理废水量与运行费用的关系，现调查了10个企业的工业废水处理量与运行费用，如表8.11所示。

污水处理量（万 t）	运行费用（万元）
1.5	2.2
4.5	2.3
7.5	2.4
10.5	2.5
13.5	2.7
16.5	3.1
19.5	3.6
22.5	4.8
25.5	6.9
27.2	7
30.1	7.6
32	7.9

图 8.47 指数回归曲线及拟合方程

从图 8.47 中可以看出，该拟合方程为 $\hat{y}=1.6722e^{0.0483x}$，决定系数 $R^2=0.928$，可以初步判断该回归具有较高的显著性。但回归方程的显著性还需要进行显著性检验才能证明。

④指数曲线回归分析

Excel 无法进行除了线性回归方程之外的显著性检验，因此其他类别的回归方程，若需要用 Excel 进行显著性检验，需要先对回归方程进行“线性化”，以例 8.10 为例，需在指数回归方程左右取对数，使得回归方程呈线性模式，结果如下：

$$\ln y=\ln a+bx \tag{8.6}$$

通过上述“线性化”后，可以利用“统计分析工具库”的“回归”工具对上述数据进行回归分析。在分析中，只需要将 Y 区域数据选择 lny 即可。操作完成可返回统计分析结果，如图 8.48 所示。

【例8.10】 为了了解某行业污染处理设施处理废水量与运行费用的关系，现调查了10个企业的工业废水处理量与运行费用，如表8.11所示。

污水处理量（万 t）	运行费用（万元）	lny
1.5	2.2	0.788457
4.5	2.3	0.832909
7.5	2.4	0.875469
10.5	2.5	0.916291
13.5	2.7	0.993252
16.5	3.1	1.131402
19.5	3.6	1.280934
22.5	4.8	1.568616
25.5	6.9	1.931521
27.2	7	1.94591
30.1	7.6	2.028148
32	7.9	2.066863

SUMMARY OUTPUT

回归统计	
Multiple R	0.963318
R Square	0.927981
Adjusted R Sc	0.920779
标准误差	0.144233
观测值	12

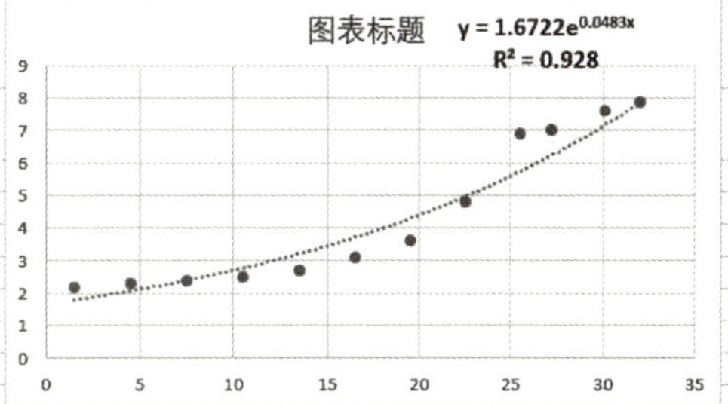

方差分析

	df	SS	MS	F	ignificance F
回归分析	1	2.68051	2.68051	128.8518	4.92E-07
残差	10	0.20803	0.020803		
总计	11	2.88854			

	Coefficient:	标准误差	t Stat	P-value	Lower 95%	Upper 95%	下限 95.0%	上限 95.0%
Intercept	0.514119	0.085617	6.004906	0.000131	0.323354	0.704885	0.323354	0.704885
污水处理量（	0.048341	0.004259	11.35129	4.92E-07	0.038852	0.05783	0.038852	0.05783

图 8.48 指数曲线回归分析及趋势图

如图 8.48 所示，F 检验以及 t 检验的结果都表明该指数方程的回归性具有显著性的意义。其他非线性回归方程的趋势线操作以及对回归进行显著性检验与本例基本相同。

8.7 趋势预测

回归分析中拟合的回归方程，能通过自变量预测因变量的值（或通过因变量反推自变量的值），但回归方程的预测只能局限于曲线范围内的未知点，以例 8.9 拟合的回归方程，只能预测浓度在 0～10 mg/L 范围内的含砷废水。

在环境保护工作中经常会遇到对未来发展趋势的预测，例如根据区域多年人口增长预测未来 5 年的人口增长数量，根据多年污染物排放量预测未来污染物的排放发展趋势等。因此，趋势预测在环境规划工作、区域环境规划制定等环境保护工作中有广泛的应用。

多数的专业统计软件均能实现趋势的预测，如 SPSS、SAS 等能进行多因素影响下的趋势预测。Excel 能进行简单一维（即单因素）的趋势预测，对于一般应用而言，Excel已经能满足相关的工作需求，本节就以 Excel 的相关操作为基础介绍趋势预测。

8.7.1 移动平均法

移动平均法就是把原有时间数列的时距扩大，并逐期推移，依次计算扩大时距后的序时平均数，形成一个新的时间数列，以反映事物现象发展的变化趋势。采用移动平均法修匀时间数列，可以削弱或消除不规则变动的影响。

例如气象意义上的四季节点就是移动平均最好的应用。需要注意的是，因为平均值的求取需要一定的数据量，所以就要求原始数据量不少于要求规定的个数，在 Excel 中规定数据量不少于 4 个。移动平均的预测模型公式为：

$$M_{t+1} = \frac{x_t + x_{t-1} + x_{t-2} + \cdots + x_{t-n+1}}{n} = \frac{1}{n}\sum_{i=t-n+1}^{t} x_i \qquad (8.7)$$

n——跨越期数，即参加平均的历史数据个数。

例 8.11 某乡镇 1990—2009 年生活垃圾产生量如表 8.12 所列，请用 Excel 预测垃圾的产生量。

表 8.12 某乡镇 1990—2009 年生活垃圾产生量(t)

年份	1990	1991	1992	1993	1994	1995	1996	1997	1998	1999
生活垃圾产生量	103.1	103.4	106.4	114.7	124.1	117.1	108.3	102.8	99.2	98.6
年份	2000	2001	2002	2003	2004	2005	2006	2007	2008	2009
生活垃圾产生量	100.4	100.7	99.2	101.2	103.9	101.8	101.5	101.7	102	102.8

解：(1)操作步骤

① 将原始数据输入 Excel 表格，注意预测的数值必须在同一列或同一行内，本例的生活垃圾必须为同一列。

② 点击“工具”选择“数据分析”，弹出“数据分析”对话框。在“数据分析”对话框内，选择“移动平均”，会弹出“移动平均”对话框，如图 8.49 所示。

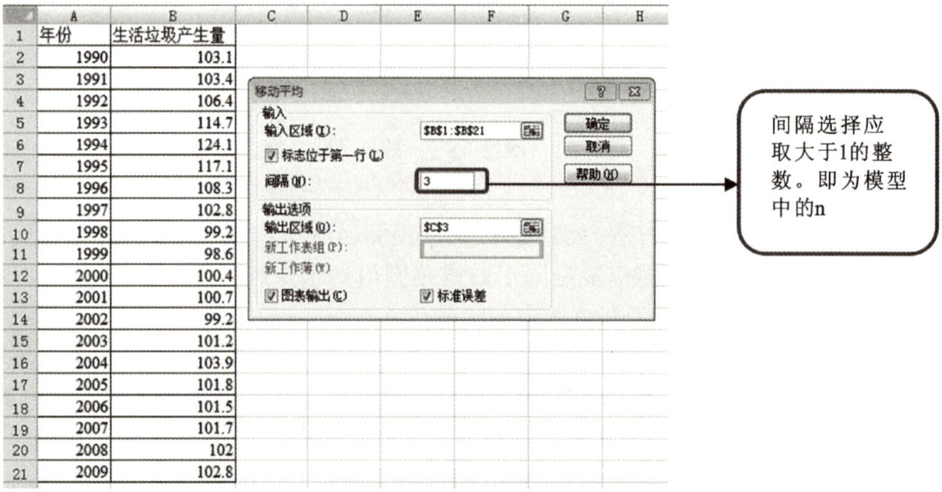

图 8.49 “移动平均”对话框

③ 在输入区域选择生活垃圾产生量数列，在间隔处输入“3”（表示 n=3，即移动平均计算值为前三个数据的平均值），选择合适的输出区域，并选中标准误差与图表输出。

④ 单击“确定”会得到如图 8.50 所示的结果。

(2)结果判断

如图 8.50 所示，结果中包括了垃圾产生量的预测值及其对应的标准差。

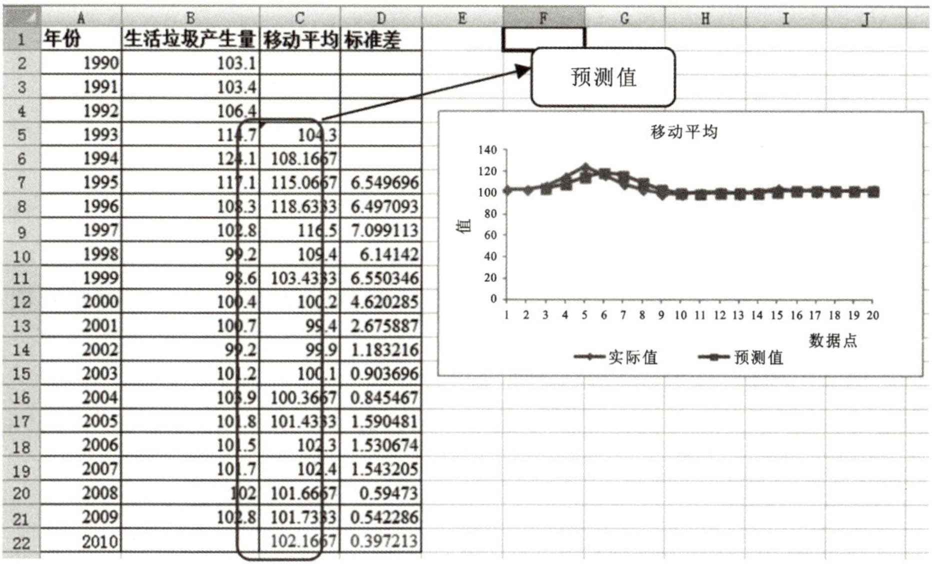

	A	B	C	D
1	年份	生活垃圾产生量	移动平均	标准差
2	1990	103.1		
3	1991	103.4		
4	1992	106.4		
5	1993	114.7	104.3	
6	1994	124.1	108.1667	
7	1995	117.1	115.0667	6.549696
8	1996	108.3	118.6333	6.497093
9	1997	102.8	116.5	7.099113
10	1998	99.2	109.4	6.14142
11	1999	98.6	103.4333	6.550346
12	2000	100.4	100.2	4.620285
13	2001	100.7	99.4	2.675887
14	2002	99.2	99.9	1.183216
15	2003	101.2	100.1	0.903696
16	2004	103.9	100.3667	0.845467
17	2005	101.8	101.4333	1.590481
18	2006	101.5	102.3	1.530674
19	2007	101.7	102.4	1.543205
20	2008	102	101.6667	0.59473
21	2009	102.8	101.7333	0.542286
22	2010		102.1667	0.397213

图 8.50　移动平均结果图表

① 本例题的移动平均的预测公式为：$M_{t+1}=\dfrac{x_t+x_{t-1}+x_{t-2}}{3}=\dfrac{1}{3}\sum_{i=t-3+1}^{t}x_i$，如图中 1993 年的预测值为 1990、1991、1992 三年的平均值。在实际的工作中应选择合理的移动跨期（即 n 值），跨期越大对预测的平滑影响也越大，移动平均数滞后与实际数据的偏差也越大；跨期太小则又不能有效消除偶然因素的影响。跨期取值可在 3～20 间选取。

② 移动平均结果中可以预测到未来年份的特征值，本例预测的 2010 年垃圾产生量为 102.1667t。

③ 上述的操作为一次移动平均，只能预测一个时间序列的值（本例为一年）。在第一次移动平均的预测结果上可以进行二次移动平均，预测 2011 年的垃圾产生量，以此类推，可以在二次移动平均预测结果的基础上进行三次移动平均，预测 2012 年的垃圾产生量。

读者可以在上述案例的基础上，尝试二次移动平均与三次移动平均的计算。

8.7.2　指数平滑法

指数平滑法是生产预测中常用的一种方法。指数平滑法是一种特殊的加权平均法，其加权的特点是对离预测期近的历史数据给予较大的权数，对离预测期远的历史数据给予较小的权数，权数由近到远按指数规律递减，权数之和为 1。所以，这种方法被称为指数平滑法。其特点是对时间数据给予加工，从而获得其变化规律与趋势。

指数平滑法考虑了观察期所有观察值对预测值的影响，这种影响按时间由近及远逐渐减小，按指数递减规律进行加权平均，它的预测效果比移动平均法要好，应用面也广。

根据平滑次数的不同，指数平滑法可以分为一次指数平滑法、二次指数平滑法 、高次指数平滑法。

一次指数平滑模型：

$$s_{t+1}^{(1)} = \alpha x_t + (1-\alpha) s_t \tag{8.8}$$

二次指数平滑模型：

$$s_t^{(2)} = \alpha s_t^{(1)} + (1-\alpha) s_{t-1}^{(2)} \tag{8.9}$$

三次指数平滑模型：

$$s_t^{(3)} = \alpha s_t^{(2)} + (1-\alpha) s_{t-1}^{(3)} \tag{8.10}$$

式中　α——指数平滑的权重。

s_1 的确定方法：若数据量比较多，可设 $s_1 = x_1$；若数据量较少，则采用离预测期最远的几个历史数据的平均值。

下面以一案例来介绍 Excel 指数平滑法的操作。

例 8.12　某地区 2000—2009 年的环保设备运行费用如表 8.13 所示。请用 Excel 预测环保设备的运行费用。

表 8.13　某地区 2000—2009 年的环保设备运行费用表

年份	2000	2001	2002	2003	2004	2005	2006	2007	2008	2009
费用(万元)	265	203	281	301	276	310	298	312	322	351

解：(1)操作步骤

① 将原数据输入 Excel 表中。

② 点击“数据分析”，在“数据分析”对话框里选择“指数平滑”工具库，弹出“指数平滑”对话框，如图 8.51 所示。

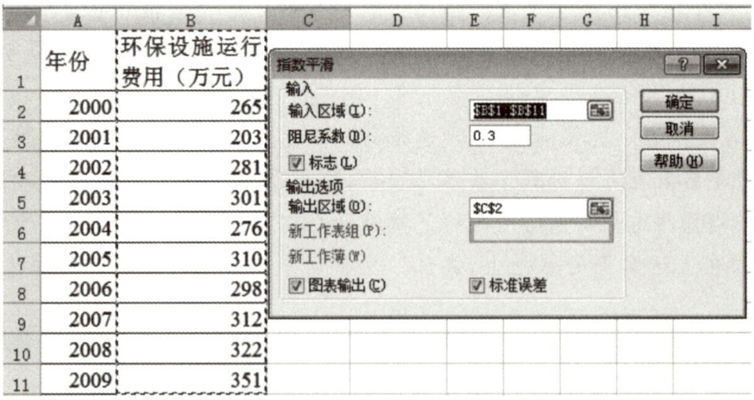

图 8.51　“指数平滑”对话框

③ 在“输入区域”输入原始数据，在阻尼系数中输入权重的 α 值。

在输出区域选择相应的地址，通常选择与第一期数据对应的单元格。

④ 单击“确定”即可，返回如图 8.52 所示的结果表格。

(2)结果判断

指数平滑操作完成后会出现如图 8.52 所示的结果。结果中包含了 2001—2009 年的预测值，通过拖拽方式可以获得 2010 年的预测结果。

	A	B	C	D
1	年份	环保设施运行费用（万元）	预测值	误差平方
2	2000	265		
3	2001	203	265	
4	2002	281	221.6	
5	2003	301	263.18	
6	2004	276	289.654	54.168602
7	2005	310	280.0962	41.413138
8	2006	298	301.0289	28.931075
9	2007	312	298.9087	19.059931
10	2008	322	308.0726	18.927885
11	2009	351	317.8218	11.173328
12	2010		341.0465	
13				

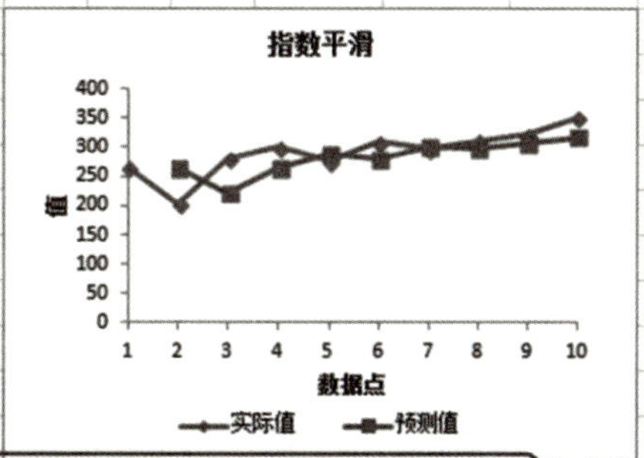

拖拽 C11 单元格可获得 C12 的预测值

图 8.52 指数平滑移动预测结果

指数平滑预测值是否理想很大程度上取决于阻尼系数，在实际的工作中，阻尼系数可以根据时间序列的变化特征来选择，若时间序列波动不大，比较平稳，阻尼系数可以取较小值如 0.1～0.3；若时间序列的变化波动情况较为明显，阻尼系数应该取大值，如 0.6～0.9。在实际的工作中阻尼系数是经验系数，常常通过多个阻尼系数的计算结果进行比较，以误差较小的作为最后结果的判定。

上述案例可以计算多个阻尼系数的预测值，如图 8.53 所示。

	A	B	C	D	E	F	G	H	I	J	K	L	M	N
1	年份	环保设施运行费用（万元）	α=0.2		α=0.3		α=0.4		α=0.5		α=0.6		α=0.7	
2			预测值	误差平	预测值	误差平	预测值	误差平	预测值	误差平	预测值	误差平方		
3	2000	265												
4	2001	203	265		265		265		265		265		265	
5	2002	281	215.4		221.6		227.8		234		240.2		246.4	
6	2003	301	267.88		263.18		259.72		257.5		256.52		256.78	
7	2004	276	294.38	55.511	289.65	54.169	284.49	52.847	279.25	51.463	274.31	49.957	270.05	48.293
8	2005	310	279.68	43.734	280.1	41.413	279.4	39.185	277.63	37.022	274.99	34.861	271.83	32.599
9	2006	298	303.94	28.013	301.03	28.931	297.76	30.071	293.81	31.363	288.99	32.697	283.28	33.9
10	2007	312	299.19	20.756	298.91	19.06	297.9	18.337	295.91	18.941	292.6	20.896	287.7	23.867
11	2008	322	309.44	19.313	308.07	18.928	306.36	19.454	303.95	21.013	300.36	23.689	294.99	27.471
12	2009	351	319.49	10.912	317.82	11.173	315.74	12.157	312.98	14.168	309.01	17.57	303.09	22.633
13	2010		344.7		341.05				331.99		325.81			
14	合计			178.24		173.67		**172.1**		173.97		179.67		188.76

图 8.53 指数平滑预测结果

从图中可以看出误差平方最小的为阻尼系数 α＝0.04 的预测结果，所以在最终确定时应该选择 α＝0.04 计算的预测值。

在一次指数平滑法计算结果的基础上还可以进行多次指数平滑的估算。读者可以根据学习要求进一步扩展学习。

思考题与习题

1. 对全市某主干道288个噪声监测数据进行抽样，获得噪声值数据如表8.14所列。

表8.14　某城市主干道噪声检测值

56	84	68	47	63	62	84	75	100	97	50	62
69	52	89	50	70	99	93	72	40	58	98	96
69	87	98	48	59	84	76	85	72	84	89	84
54	62	49	100	63	93	86	86	82	77	77	67
43	41	69	57	68	42	77	70	64	88	98	62
97	82	76	73	46	72	40	94	49	86	40	84
58	94	85	72	58	82	63	48	93	61	51	66
69	97	95	49	88	56	48	72	96	78	54	78
100	95	90	61	98	70	97	72	81	66	95	80
93	96	47	94	60	99	94	85	45	52	60	61
80	53	88	98	51	50	64	83	70	71	99	68
50	82	99	60	70	52	77	68	55	70	75	91
74	66	92	80	91	61	87	73	65	82	66	88
92	60	99	75	97	43	94	93	82	87	70	48
76	58	85	100	86	62	50	85	66	72	68	98
65	61	60	91	57	93	54	56	66	96	95	98
90	64	47	41	74	47	40	61	78	50	85	49
51	97	67	77	78	55	75	63	86	65	81	41
60	99	85	84	95	60	58	56	69	54	58	42
59	94	51	67	45	56	60	49	53	99	50	81
53	51	78	74	77	58	66	78	64	53	49	74
95	73	60	100	88	76	76	61	41	78	50	56
65	43	76	86	42	43	91	84	91	56	42	64
50	43	79	66	41	98	80	73	48	66	46	40

(1)以上述数据为基础，制作该城市主干道的噪声频数图；

(2)以随机抽样与周期抽样的方式，抽取样本数量为36的样本；

(3)在抽样基础上，计算样本的平均值、样本方差、样本标准差、总体标准差，并对样本进行统计描述。

2. 去年某城市环保局信访办的信访信件情况如表8.15所列，请求出各类来源信访信件数量比率，并作图分析各类信访原因、信访量及其比率，并根据你的判断制作合适的统计图。

表 8.15　某城市信访办来信原因及来信数量

来信原因	来信数量
水污染	125
大气污染	326
固体废物污染	221
噪声污染	144
其他污染	48

3. 某省八个地级市上一季度二氧化硫排放量如表 8.16 所列，请根据你的判断制作统计图。

表 8.16　某省各地级市上一季度二氧化硫排放量

地区	A市	B市	C市	D市	E市	F市	G市	H市
排放量(t)	45.2	116.03	94.97	25.91	44.36	99.9	90.38	34.17

4. 某地区有排放污染物 A 的企业，现监测该地区土壤与其他无 A 污染物排放地区的土壤，检测结果如表 8.17 所列。请判断，该地区土壤中 A 物质是否明显高于别的地区。

表 8.17　某地区与其他地区土壤污染物浓度对比表(mg/kg)

某地区	0.20	0.19	0.18	0.16	0.22	0.19	0.19	0.17	0.16
其他地区	0.16	0.17	0.17	0.15	0.16	0.17	0.18	0.16	0.16

5. 用甲、乙两种方法测定某样品中 A 物质的含量(%)，测定结果如表 8.18 所列。问这两种方法测定的结果有无显著性的差异？

表 8.18　甲、乙两种方法测定物质 A 的含量对比(%)

甲方法	3.29	3.1	3.2	2.9	2.93	3.15
乙方法	3.22	3.15	3.55	2.9	3.1	2.95

6. 某环境监测站研究水中溶解氧与微安值之间的关系，对 7 份水样同时用碘量法测定溶解氧和用极普法测定微安值，测定结果如表 8.19 所列。试用 Excel 求其回归方程，相关系数，回归曲线，并进行回归分析(建议多用几种方法求回归方程与相关系数)。

表 8.19　测定结果表

溶解氧(mg/L)	0.44	0.66	0.79	1.29	1.58	2.07	2.27
微安值(μA)	2.1	2.3	2.4	2.7	2.8	3.1	3.2

9 Python 语言的数据分析

Python 语言数据分析

附　录

附录 1　标准正态分布表

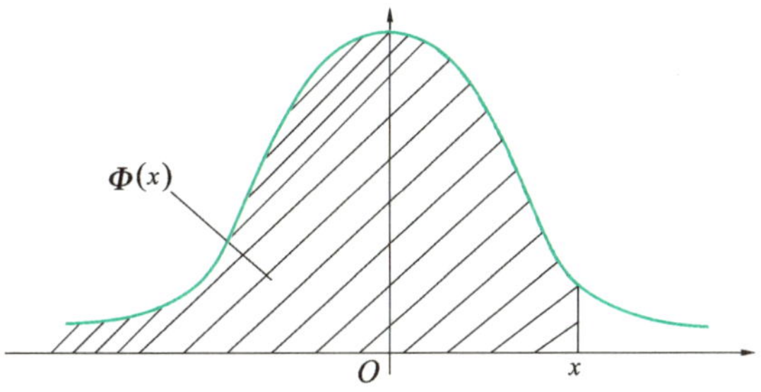

$$\Phi(x)=\int_{-\infty}^{x}\frac{1}{\sqrt{2\pi}}e^{-u^2/2}du=P\{U\leqslant x\}$$

x	0	1	2	3	4	5	6	7	8	9
0.0	0.5000	0.5040	0.5080	0.5120	0.5160	0.5199	0.5239	0.5279	0.5319	0.5359
0.1	0.5398	0.5438	0.5478	0.5517	0.5557	0.5596	0.5636	0.5675	0.5714	0.5753
0.2	0.5793	0.5832	0.5871	0.5910	0.5948	0.5987	0.6026	0.6064	0.6103	0.6141
0.3	0.6179	0.6217	0.6255	0.6293	0.6331	0.6368	0.6406	0.6443	0.6480	0.6517
0.4	0.6554	0.6591	0.6628	0.6664	0.6700	0.6736	0.6772	0.6808	0.6844	0.6879
0.5	0.6915	0.6950	0.6985	0.7019	0.7054	0.7088	0.7123	0.7157	0.7190	0.7224
0.6	0.7257	0.7291	0.7324	0.7357	0.7389	0.7422	0.7454	0.7486	0.7517	0.7549
0.7	0.7580	0.7611	0.7642	0.7673	0.7703	0.7734	0.7764	0.7794	0.7823	0.7852
0.8	0.7881	0.7910	0.7939	0.7967	0.7995	0.8023	0.8051	0.8078	0.8106	0.8133
0.9	0.8159	0.8186	0.8212	0.8238	0.8264	0.8289	0.8315	0.8340	0.8365	0.8389
1.0	0.8413	0.8438	0.8461	0.8485	0.8508	0.8531	0.8554	0.8577	0.8599	0.8621
1.1	0.8643	0.8665	0.8686	0.8708	0.8729	0.8749	0.8770	0.8790	0.8810	0.8830
1.2	0.8849	0.8869	0.8888	0.8907	0.8925	0.8944	0.8962	0.8980	0.8997	0.9015
1.3	0.9032	0.9049	0.9066	0.9082	0.9099	0.9115	0.9131	0.9147	0.9162	0.9177

续表

x	0	1	2	3	4	5	6	7	8	9
1.4	0.9192	0.9207	0.9222	0.9236	0.9251	0.9265	0.9278	0.9292	0.9306	0.9319
1.5	0.9332	0.9345	0.9357	0.9370	0.9382	0.9394	0.9406	0.9418	0.9430	0.9441
1.6	0.9452	0.9463	0.9474	0.9484	0.9495	0.9505	0.9515	0.9525	0.9535	0.9545
1.7	0.9554	0.9564	0.9573	0.9582	0.9591	0.9599	0.9608	0.9616	0.9625	0.9633
1.8	0.9641	0.9648	0.9656	0.9664	0.9671	0.9678	0.9686	0.9693	0.9700	0.9706
1.9	0.9713	0.9719	0.9726	0.9732	0.9738	0.9744	0.9750	0.9756	0.9762	0.9767
2.0	0.9772	0.9778	0.9783	0.9788	0.9793	0.9798	0.9803	0.9808	0.9812	0.9817
2.1	0.9821	0.9826	0.9830	0.9834	0.9838	0.9842	0.9846	0.9850	0.9854	0.9857
2.2	0.9861	0.9864	0.9868	0.9871	0.9874	0.9878	0.9881	0.9884	0.9887	0.9890
2.3	0.9893	0.9896	0.9898	0.9901	0.9904	0.9906	0.9909	0.9911	0.9913	0.9916
2.4	0.9918	0.9920	0.9922	0.9925	0.9927	0.9929	0.9931	0.9932	0.9934	0.9936
2.5	0.9938	0.9940	0.9941	0.9943	0.9945	0.9946	0.9948	0.9949	0.9951	0.9952
2.6	0.9953	0.9955	0.9956	0.9957	0.9959	0.9960	0.9961	0.9962	0.9963	0.9964
2.7	0.9965	0.9966	0.9967	0.9968	0.9969	0.9970	0.9971	0.9972	0.9973	0.9974
2.8	0.9974	0.9975	0.9976	0.9977	0.9977	0.9978	0.9979	0.9979	0.9980	0.9981
2.9	0.9981	0.9982	0.9982	0.9983	0.9984	0.9984	0.9985	0.9985	0.9986	0.9986
3.0	0.9987	0.9990	0.9993	0.9995	0.9997	0.9998	0.9998	0.9999	0.9999	1.0000

注：表中末行系函数值 $\Phi(3.0)$，$\Phi(3.1)$，…，$\Phi(3.9)$。

附录 2 χ^2 分布表

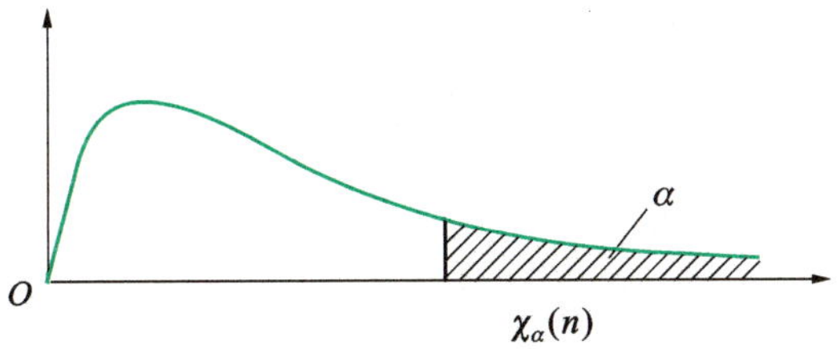

$$P\{\chi^2(n)>\chi^2_\alpha(n)\}=\alpha$$

n	α=0.995	0.99	0.975	0.95	0.90	0.75
1	—	—	0.001	0.004	0.016	0.102
2	0.010	0.020	0.051	0.103	0.211	0.575
3	0.072	0.115	0.216	0.352	0.584	1.213
4	0.207	0.297	0.484	0.711	1.064	1.923
5	0.412	0.554	0.831	1.145	1.610	2.675
6	0.676	0.872	1.237	1.635	2.204	3.455
7	0.989	1.239	1.690	2.167	2.833	4.255
8	1.344	1.646	2.180	2.733	3.490	5.071
9	1.735	2.088	2.700	3.325	4.168	5.899
10	2.156	2.558	3.247	3.940	4.865	6.737
11	2.603	3.053	3.816	4.575	5.578	7.584
12	3.074	3.571	4.404	5.226	6.304	8.438
13	3.565	4.107	5.009	5.892	7.042	9.299
14	4.075	4.660	5.629	6.571	7.790	10.165
15	4.601	5.229	6.262	7.261	8.547	11.037
16	5.142	5.812	6.908	7.962	9.312	11.912
17	5.697	6.408	7.564	8.672	10.085	12.792
18	6.265	7.015	8.231	9.390	10.865	13.675
19	6.844	7.633	8.907	10.117	11.651	14.562
20	7.434	8.260	9.591	10.851	12.443	15.452
21	8.034	8.897	10.283	11.591	13.240	16.344
22	8.643	9.542	10.982	12.338	14.042	17.240
23	9.260	10.196	11.689	13.091	14.848	18.137
24	9.886	10.856	12.401	13.848	15.659	19.037

续表

n	α=0.995	0.99	0.975	0.95	0.90	0.75
25	10.520	11.524	13.120	14.611	16.473	19.939
26	11.160	12.198	13.844	15.379	17.292	20.843
27	11.808	12.879	14.573	16.151	18.114	21.749
28	12.461	13.565	15.308	16.928	18.939	22.657
29	13.121	14.257	16.047	17.708	19.768	23.567
30	13.787	14.954	16.791	18.493	20.599	24.478
31	14.458	15.655	17.539	19.281	21.434	25.390
32	15.134	16.362	18.291	20.072	22.271	26.304
33	15.815	17.074	19.047	20.807	23.110	27.219
34	16.501	17.789	19.806	21.664	23.952	28.136
35	17.192	18.509	20.569	22.465	24.797	29.054
36	17.887	19.233	21.336	23.269	25.613	29.973
37	18.586	19.960	22.106	24.075	26.492	30.893
38	19.289	20.691	22.878	24.884	27.343	31.815
39	19.996	21.426	23.654	25.695	28.196	32.737
40	20.707	22.164	24.433	26.509	29.051	33.660
41	21.421	22.906	25.215	27.326	29.907	34.585
42	22.138	23.650	25.999	28.144	30.765	35.510
43	22.859	24.398	26.785	28.965	31.625	36.430
44	23.584	25.143	27.575	29.787	32.487	37.363
45	24.311	25.901	28.366	30.612	33.350	38.291
n	α=0.25	0.10	0.05	0.025	0.01	0.005
1	1.323	2.706	3.841	5.024	6.635	7.879
2	2.773	4.605	5.991	7.378	9.210	10.597
3	4.108	6.251	7.815	9.348	11.345	12.838
4	5.385	7.779	9.488	11.143	13.277	14.860
5	6.626	9.236	11.071	12.833	15.086	16.750
6	7.841	10.645	12.592	14.449	16.812	18.548
7	9.037	12.017	14.067	16.013	18.475	20.278
8	10.219	13.362	15.507	17.535	20.090	21.955
9	11.389	14.684	16.919	19.023	21.666	23.589
10	12.549	15.987	18.307	20.483	23.209	25.188
11	13.701	17.275	19.675	21.920	24.725	26.757
12	14.845	18.549	21.026	23.337	26.217	28.299

续表

n	$\alpha=0.25$	0.10	0.05	0.025	0.01	0.005
13	15.984	19.812	22.362	24.736	27.688	29.819
14	17.117	21.064	23.685	26.119	29.141	31.319
15	18.245	22.307	24.996	27.488	30.578	32.801
16	19.369	23.542	26.296	28.845	32.000	34.267
17	20.489	24.769	27.587	30.191	33.409	35.718
18	21.605	25.989	28.869	31.526	34.805	37.156
19	22.718	27.204	30.144	32.852	36.191	38.582
20	23.828	28.412	31.410	34.170	37.566	39.997
21	24.935	29.615	32.671	35.479	38.932	41.401
22	26.039	30.813	33.924	36.781	40.289	42.796
23	27.141	32.007	35.172	38.076	41.638	44.181
24	28.241	33.196	36.415	39.364	42.980	45.559
25	29.339	34.382	37.652	40.646	44.314	46.928
26	30.435	35.563	38.885	41.923	45.642	48.290
27	31.528	36.741	40.113	43.194	46.963	49.645
28	32.620	37.916	41.337	44.461	48.278	50.993
29	33.711	39.087	42.557	45.722	49.588	52.336
30	34.800	40.256	43.773	46.979	50.892	53.672
31	35.887	41.422	44.985	48.232	52.191	55.003
32	36.973	42.585	46.194	49.480	53.486	56.328
33	38.053	43.745	47.400	50.725	54.776	57.648
34	39.141	44.903	48.602	51.966	56.061	58.964
35	40.223	46.059	49.802	53.203	57.342	60.275
36	41.304	47.212	50.998	54.437	58.619	61.581
37	42.383	48.363	52.192	55.668	59.892	62.883
38	43.462	49.513	53.384	56.896	61.162	64.181
39	44.539	50.660	54.572	58.120	62.428	65.476
40	45.616	51.805	55.758	59.342	63.691	66.766
41	46.692	52.949	53.942	60.561	64.950	68.053
42	47.766	54.090	58.124	61.777	66.206	69.336
43	48.840	55.230	59.304	62.990	67.459	70.606
44	49.913	56.369	60.481	64.201	68.710	71.893
45	50.985	57.505	61.656	65.410	69.957	73.166

附录 3　t 分布表

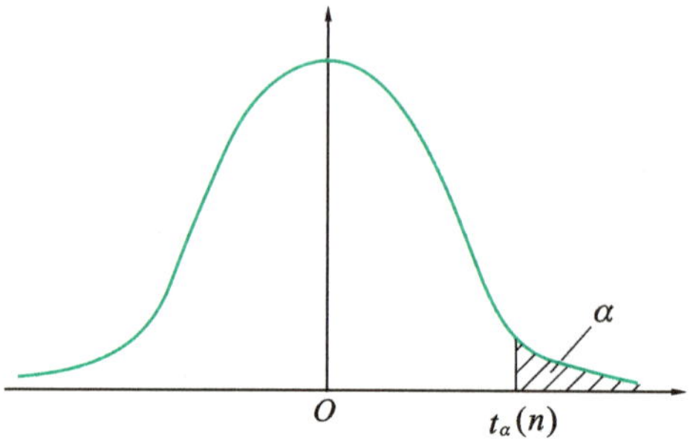

$$P\{t(n) > t_\alpha(n)\} = \alpha$$

n \ α	0.1	0.05	0.025	0.01	0.005	0.0005
1	3.07768	6.31375	12.70620	31.82052	63.65674	636.61925
2	1.88562	2.91999	4.30265	6.96456	9.92484	31.59905
3	1.63774	2.35336	3.18245	4.54070	5.84091	12.92398
4	1.53321	2.13185	2.77645	3.74695	4.60409	8.61030
5	1.47588	2.01505	2.57058	3.36493	4.03214	6.86883
6	1.43976	1.94318	2.44691	3.14267	3.70743	5.95882
7	1.41492	1.89458	2.36462	2.99795	3.49948	5.40788
8	1.39682	1.85955	2.30600	2.89646	3.35539	5.04131
9	1.38303	1.83311	2.26216	2.82144	3.24984	4.78091
10	1.37218	1.81246	2.22814	2.76377	3.16927	4.58689
11	1.36343	1.79588	2.20099	2.71808	3.10581	4.43698
12	1.35622	1.78229	2.17881	2.68100	3.05454	4.31779
13	1.35017	1.77093	2.16037	2.65031	3.01228	4.22083
14	1.34503	1.76131	2.14479	2.62449	2.97684	4.14045
15	1.34061	1.75305	2.13145	2.60248	2.94671	4.07277
16	1.33676	1.74588	2.11991	2.58349	2.92078	4.01500
17	1.33338	1.73961	2.10982	2.56693	2.89823	3.96513
18	1.33039	1.73406	2.10092	2.55238	2.87844	3.92165

续表

n \ α	0.1	0.05	0.025	0.01	0.005	0.0005
19	1.32773	1.72913	2.09302	2.53948	2.86093	3.88341
20	1.32534	1.72472	2.08596	2.52798	2.84534	3.84952
21	1.32319	1.72074	2.07961	2.51765	2.83136	3.81928
22	1.32124	1.71714	2.07387	2.50832	2.81876	3.79213
23	1.31946	1.71387	2.06866	2.49987	2.80734	3.76763
24	1.31784	1.71088	2.06390	2.49216	2.79694	3.74540
25	1.31635	1.70814	2.05954	2.48511	2.78744	3.72514
26	1.31497	1.70562	2.05553	2.47863	2.77871	3.70661
27	1.31370	1.70329	2.05183	2.47266	2.77068	3.68959
28	1.31253	1.70113	2.04841	2.46714	2.76326	3.67391
29	1.31143	1.69913	2.04523	2.46202	2.75639	3.65941
30	1.31042	1.69726	2.04227	2.45726	2.75000	3.64596
40	1.30308	1.68385	2.02108	2.42326	2.70446	3.55097
50	1.29871	1.67591	2.00856	2.40327	2.67779	3.49601
60	1.29582	1.67065	2.00030	2.39012	2.66028	3.46020
70	1.29376	1.66691	1.99444	2.38081	2.64790	3.43501
80	1.29222	1.66412	1.99006	2.37387	2.63869	3.41634
90	1.29103	1.66196	1.98667	2.36850	2.63157	3.40194
100	1.29007	1.66023	1.98397	2.36422	2.62589	3.39049
110	1.28930	1.65882	1.98177	2.36073	2.62126	3.38118
120	1.28865	1.65765	1.97993	2.35782	2.61742	3.37345
∞	1.28155	1.64485	1.95996	2.32635	2.57583	3.29053

附录 4 F 分布表

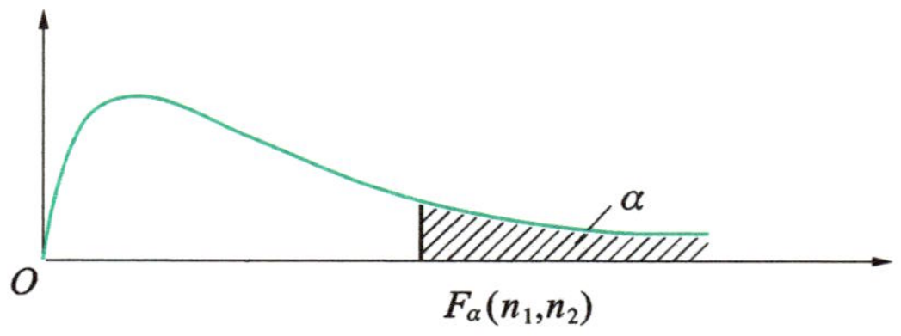

$$P\{F(n_1,n_2) > F_\alpha(n_1,n_2)\} = \alpha$$

$\alpha = 0.10$

n_2 \ n_1	1	2	3	4	5	6	7	8	9	10	12	15	20	24	30	40	60	120	∞
1	39.86	49.50	53.59	55.83	57.24	58.20	58.91	59.44	59.86	60.19	60.71	61.22	61.74	62.00	62.26	62.53	62.79	63.06	63.33
2	8.53	9.00	9.16	9.24	9.29	9.33	9.35	9.37	9.38	9.39	9.41	9.42	9.44	9.45	9.46	9.47	9.47	9.48	9.49
3	5.54	5.46	5.39	5.34	5.31	5.28	5.27	5.25	5.24	5.23	5.22	5.20	5.18	5.18	5.17	5.16	5.15	5.14	5.13
4	4.54	4.32	4.19	4.11	4.05	4.01	3.98	3.95	3.94	3.92	3.90	3.87	3.84	3.83	3.82	3.80	3.79	3.78	4.76
5	4.06	3.78	3.62	3.52	3.45	3.40	3.37	3.34	3.32	3.30	3.27	3.24	3.21	3.19	3.17	3.16	3.14	3.12	3.10
6	3.78	3.46	3.29	3.18	3.11	3.05	3.01	2.98	2.96	2.94	2.90	2.87	2.84	2.82	2.80	2.78	2.76	2.74	2.72
7	3.59	3.26	3.07	2.96	2.88	2.83	2.78	2.75	2.72	2.70	2.67	2.63	2.59	2.58	2.56	2.54	2.51	2.49	2.47
8	3.46	3.11	2.29	2.81	2.73	2.67	2.62	2.59	2.56	2.54	2.50	2.46	2.42	2.40	2.38	2.36	2.34	2.32	2.29
9	3.36	3.01	2.81	2.69	2.61	2.55	2.51	2.47	2.44	2.42	2.38	2.34	2.30	2.28	2.25	2.23	2.21	2.18	2.16
10	3.29	2.92	2.73	2.61	2.52	2.46	2.41	2.38	2.35	2.32	2.28	2.24	2.20	2.18	2.16	2.13	2.11	2.08	2.06
11	3.23	2.86	2.66	2.54	2.45	2.39	2.34	2.30	2.27	2.25	2.21	2.17	2.12	2.10	2.08	2.05	2.03	2.00	1.97
12	3.18	2.81	2.61	2.48	2.39	2.33	2.28	2.24	2.21	2.19	2.15	2.10	2.06	2.04	2.01	1.99	1.96	1.93	1.90

续表

$\alpha=0.10$

n_2 \ n_1	1	2	3	4	5	6	7	8	9	10	12	15	20	24	30	40	60	120	∞
13	3.14	2.76	2.56	2.43	2.35	2.28	2.23	2.20	2.16	2.14	2.10	2.05	2.01	1.98	1.96	1.93	1.90	1.88	1.85
14	3.10	2.73	2.52	2.39	2.31	2.24	2.19	2.15	2.12	2.10	2.05	2.01	1.96	1.94	1.91	1.89	1.86	1.83	1.80
15	3.07	2.70	2.49	2.36	2.27	2.21	2.16	2.12	2.09	2.06	2.02	1.97	1.92	1.90	1.87	1.85	1.82	1.79	1.76
16	3.05	2.67	2.46	2.33	2.24	2.18	2.13	2.09	2.06	2.03	1.99	1.94	1.89	1.87	1.84	1.81	1.78	1.75	1.72
17	3.03	2.64	2.44	2.31	2.22	2.15	2.10	2.06	2.03	2.00	1.96	1.91	1.86	1.84	1.81	1.78	1.75	1.72	1.69
18	3.01	2.62	2.42	2.29	2.20	2.13	2.08	2.04	2.00	1.98	1.93	1.89	1.84	1.81	1.78	1.75	1.72	1.69	1.66
19	2.99	2.61	2.40	2.27	2.18	2.11	2.06	2.02	1.98	1.96	1.91	1.86	1.81	1.79	1.76	1.73	1.70	1.67	1.63
20	2.97	2.59	2.38	2.25	2.16	2.09	2.04	2.00	1.96	1.94	1.89	1.84	1.79	1.77	1.74	1.71	1.68	1.64	1.61
21	2.96	2.57	2.36	2.23	2.14	2.08	2.02	1.98	1.95	1.92	1.87	1.83	1.78	1.75	1.72	1.69	1.66	1.62	1.59
22	2.95	2.56	2.35	2.22	2.13	2.06	2.01	1.97	1.93	1.90	1.86	1.81	1.76	1.73	1.70	1.67	1.64	1.60	1.57
23	2.94	2.55	2.34	2.21	2.11	2.05	1.99	1.95	1.92	1.89	1.84	1.80	1.74	1.72	1.69	1.66	1.62	1.59	1.55
24	2.93	2.54	2.33	2.19	2.10	2.04	1.98	1.94	1.91	1.88	1.83	1.78	1.73	1.70	1.67	1.64	1.61	1.57	1.53
25	2.92	2.53	2.32	2.18	2.09	2.02	1.97	1.93	1.89	1.87	1.82	1.77	1.72	1.69	1.66	1.63	1.59	1.56	1.52
26	2.91	2.52	2.31	2.17	2.08	2.01	1.96	1.92	1.88	1.86	1.81	1.76	1.71	1.68	1.65	1.61	1.58	1.54	1.50
27	2.90	2.51	2.30	2.17	2.07	2.00	1.95	1.91	1.87	1.85	1.80	1.75	1.70	1.67	1.64	1.60	1.57	1.53	1.49
28	2.89	2.50	2.29	2.16	2.06	2.00	1.94	1.90	1.87	1.84	1.79	1.74	1.69	1.66	1.63	1.59	1.56	1.52	1.48
29	2.89	2.50	2.28	2.15	2.06	1.99	1.93	1.89	1.86	1.83	1.78	1.73	1.68	1.65	1.62	1.58	1.55	1.51	1.47
30	2.88	2.49	2.28	2.14	2.05	1.98	1.93	1.88	1.85	1.82	1.77	1.72	1.67	1.64	1.61	1.57	1.54	1.50	1.46
40	2.84	2.44	2.23	2.09	2.00	1.93	1.87	1.83	1.79	1.76	1.71	1.66	1.61	1.57	1.54	1.51	1.47	1.42	1.38
60	2.79	2.39	2.18	2.04	1.95	1.87	1.82	1.77	1.74	1.71	1.66	1.60	1.54	1.51	1.48	1.44	1.40	1.35	1.29
120	2.75	2.35	2.13	1.99	1.90	1.82	1.77	1.72	1.68	1.65	1.60	1.55	1.48	1.45	1.41	1.37	1.32	1.26	1.19
∞	2.71	2.30	2.08	1.94	1.85	1.77	1.72	1.67	1.63	1.60	1.55	1.49	1.42	1.38	1.34	1.30	1.24	1.17	1.00

续表

$\alpha=0.05$

n_2 \ n_1	1	2	3	4	5	6	7	8	9	10	12	15	20	24	30	40	60	120	∞
1	161.4	199.5	215.7	224.6	230.2	234.0	236.8	238.9	240.5	241.9	243.9	245.9	248.0	249.1	250.1	251.1	252.2	253.3	254.3
2	18.51	19.00	19.16	19.25	19.30	19.33	19.35	19.37	19.38	19.40	19.41	19.43	19.45	19.45	19.46	19.47	19.48	19.49	19.50
3	10.13	9.55	9.28	9.12	9.01	8.94	8.89	8.85	8.81	8.79	8.74	8.70	8.66	8.64	8.62	8.59	8.57	8.55	8.53
4	7.71	6.94	6.59	6.39	6.26	6.16	6.09	6.04	6.00	5.96	5.91	5.86	5.80	5.77	5.75	5.72	5.69	5.66	5.63
5	6.61	5.79	5.41	5.19	5.05	4.95	4.88	4.82	4.77	4.74	4.68	4.62	4.56	4.53	4.50	4.46	4.43	4.40	4.36
6	5.99	5.14	4.76	4.53	4.39	4.28	4.21	4.15	4.10	4.06	4.00	3.94	3.87	3.84	3.81	3.77	3.74	3.70	3.67
7	5.59	4.74	4.35	4.12	3.97	3.87	3.79	3.73	3.68	3.64	3.57	3.51	3.44	3.41	3.38	3.34	3.30	3.27	3.23
8	5.32	4.46	4.07	3.84	3.69	3.58	3.50	3.44	3.39	3.35	3.28	3.22	3.15	3.12	3.08	3.04	3.01	2.97	2.93
9	5.12	4.26	3.86	3.63	3.48	3.37	3.29	3.23	3.18	3.14	3.07	3.01	2.94	2.90	2.86	2.83	2.79	2.75	2.71
10	4.96	4.10	3.71	3.48	3.33	3.22	3.14	3.07	3.02	2.98	2.91	2.85	2.77	2.74	2.70	2.66	2.62	2.58	2.54
11	4.84	3.98	3.59	3.36	3.20	3.09	3.01	2.95	2.90	2.85	2.79	2.72	2.65	2.61	2.57	2.53	2.49	2.45	2.40
12	4.75	3.89	3.49	3.26	3.11	3.00	2.91	2.85	2.80	2.75	2.69	2.62	2.54	2.51	2.47	2.43	2.38	2.34	2.30
13	4.67	3.81	3.41	3.18	3.03	2.92	2.83	2.77	2.71	2.67	2.60	2.53	2.46	2.42	2.38	2.34	2.30	2.25	2.21
14	4.60	3.74	3.34	3.11	2.96	2.85	2.76	2.70	2.65	2.60	2.53	2.46	2.39	2.35	2.31	2.27	2.22	2.18	2.13
15	4.54	2.68	3.29	3.06	2.90	2.79	2.71	2.64	2.59	2.54	2.48	2.40	2.33	2.29	2.25	2.20	2.16	2.11	2.07
16	4.49	3.63	3.24	3.01	2.85	2.74	2.66	2.59	2.54	2.49	2.42	2.35	2.28	2.24	2.19	2.15	2.11	2.06	2.01
17	4.45	3.59	3.20	2.96	2.81	2.70	2.61	2.55	2.49	2.45	2.38	2.31	2.23	2.19	2.15	2.10	2.06	2.01	1.96
18	4.41	3.55	3.16	2.93	2.77	2.66	2.58	2.51	2.46	2.41	2.34	2.27	2.19	2.15	2.11	2.06	2.02	1.97	1.92
19	4.38	3.52	3.13	2.90	2.74	2.63	2.54	2.48	2.42	2.38	2.31	2.23	2.16	2.11	2.07	2.03	1.98	1.93	1.88
20	4.35	3.49	3.10	2.87	2.71	2.60	2.51	2.45	2.39	2.35	2.28	2.20	2.12	2.08	2.04	1.99	1.95	1.90	1.84
21	4.32	3.47	3.07	2.84	2.68	2.57	2.49	2.42	2.37	2.32	2.25	2.18	2.10	2.05	2.01	1.96	1.92	1.87	1.81
22	4.30	3.44	3.05	2.82	2.66	2.55	2.46	2.40	2.34	2.30	2.23	2.15	2.07	2.03	1.98	1.94	1.89	1.84	1.78
23	4.28	3.42	3.03	2.80	2.64	2.53	2.44	2.37	2.32	2.27	2.20	2.13	2.05	2.01	1.96	1.91	1.86	1.81	1.76
24	4.26	3.40	3.01	2.78	2.62	2.51	2.42	2.36	2.30	2.25	2.18	2.11	2.03	1.98	1.94	1.89	1.84	1.79	1.73

续表

α=0.05

n_2 \ n_1	1	2	3	4	5	6	7	8	9	10	12	15	20	24	30	40	60	120	∞
25	4.24	3.39	2.99	2.76	2.60	2.49	2.40	2.34	2.28	2.24	2.16	2.09	2.01	1.96	1.92	1.87	1.82	1.77	1.71
26	4.23	3.37	2.98	2.74	2.59	2.47	2.39	2.32	2.27	2.22	2.15	2.07	1.99	1.95	1.90	1.85	1.80	1.75	1.69
27	4.21	3.35	2.96	2.73	2.57	2.46	2.37	2.31	2.25	2.20	2.13	2.06	1.97	1.93	1.88	1.84	1.79	1.73	1.67
28	4.20	3.34	2.95	2.71	2.56	2.45	2.36	2.29	2.24	2.19	2.12	2.04	1.96	1.91	1.87	1.82	1.77	1.71	1.65
29	4.18	3.33	2.93	2.70	2.55	2.43	2.35	2.28	2.22	2.18	2.10	2.03	1.94	1.90	1.85	1.81	1.75	1.70	1.64
30	4.17	3.32	2.92	2.69	2.53	2.42	2.33	2.27	2.21	2.16	2.09	2.01	1.93	1.89	1.84	1.79	1.74	1.68	1.62
40	4.08	3.23	2.84	2.61	2.45	2.34	2.25	2.18	2.12	2.08	2.00	1.92	1.84	1.79	1.74	1.69	1.64	1.58	1.51
60	4.00	3.15	2.76	2.53	2.37	2.25	2.17	2.10	2.04	1.99	1.92	1.84	1.75	1.70	1.65	1.59	1.53	1.47	1.39
120	3.92	3.07	2.68	2.45	2.29	2.17	2.09	2.02	1.96	1.91	1.83	1.75	1.66	1.61	1.55	1.50	1.43	1.35	1.25
∞	3.84	3.00	2.60	2.37	2.21	2.10	2.01	1.94	1.88	1.83	1.75	1.67	1.57	1.52	1.46	1.39	1.32	1.22	1.00

α=0.025

n_2 \ n_1	1	2	3	4	5	6	7	8	9	10	12	15	20	24	30	40	60	120	∞
1	647.8	799.5	864.2	899.6	921.8	937.1	948.2	956.7	963.3	968.6	976.7	984.9	993.1	997.2	1001	1006	1010	1014	1018
2	38.51	39.00	39.17	39.25	39.30	39.33	39.36	39.37	39.39	39.40	39.41	39.43	39.45	39.46	39.46	39.47	39.48	39.49	39.50
3	17.44	16.04	15.44	15.10	14.88	14.73	14.62	14.54	14.47	14.42	14.34	14.25	14.17	14.12	14.08	14.04	13.99	13.95	13.90
4	12.22	10.65	9.98	9.60	9.36	9.20	9.07	8.98	8.90	8.84	8.75	8.66	8.56	8.51	8.46	8.41	8.36	8.31	8.26
5	10.01	8.43	7.76	7.39	7.15	6.98	6.85	6.76	6.68	6.62	6.52	6.34	6.33	6.28	6.23	6.18	6.12	6.07	6.02
6	8.81	7.26	6.60	6.23	5.99	5.82	5.70	5.60	5.52	5.46	5.37	5.27	5.17	5.12	5.07	5.01	4.96	4.90	4.85
7	8.07	6.54	5.89	5.52	5.29	5.12	4.99	4.90	4.82	4.76	4.67	4.57	4.47	4.42	4.36	4.31	4.25	4.20	4.14
8	7.57	6.06	5.42	5.05	4.82	4.65	4.53	4.43	4.36	4.30	4.20	4.10	4.00	3.95	3.89	3.84	3.78	3.73	3.67
9	7.21	5.71	5.08	4.72	4.48	4.23	4.20	4.10	4.03	3.96	3.87	3.77	3.67	3.61	3.56	3.51	3.45	3.39	3.33
10	6.94	5.46	4.83	4.47	4.24	4.07	3.95	3.85	3.78	3.72	3.62	3.52	3.42	3.37	3.31	3.26	3.20	3.14	3.08

续表

$\alpha=0.025$

n_2 \ n_1	1	2	3	4	5	6	7	8	9	10	12	15	20	24	30	40	60	120	∞
11	6.72	5.26	4.63	4.28	4.04	3.88	3.76	3.66	3.59	3.53	3.43	3.33	3.23	3.17	3.12	3.06	3.00	2.94	2.88
12	6.55	5.10	4.47	4.12	3.89	3.73	3.61	3.51	3.44	3.37	3.28	3.18	3.07	3.02	2.96	2.91	2.85	2.79	2.72
13	6.41	4.97	4.35	4.00	3.77	3.60	3.48	3.39	3.31	3.25	3.15	3.05	2.95	2.89	2.84	2.78	2.72	2.66	2.60
14	6.30	4.86	4.24	3.89	3.66	3.50	3.38	3.29	3.21	3.15	3.05	2.95	2.84	2.79	2.73	2.67	2.61	2.55	2.49
15	6.20	4.77	4.15	3.80	3.58	3.41	3.29	3.20	3.12	3.06	2.96	2.86	2.76	2.70	2.64	2.59	2.52	2.46	2.40
16	6.12	4.69	4.08	3.73	3.50	3.34	3.22	3.12	3.05	2.99	2.89	2.79	2.68	2.63	2.57	2.51	2.45	2.38	2.32
17	6.04	4.62	4.01	3.66	3.44	3.28	3.16	3.06	2.98	2.92	2.82	2.72	2.62	2.56	2.50	2.44	2.38	2.32	2.25
18	5.98	4.56	3.95	3.61	3.38	3.22	3.10	3.01	2.93	2.87	2.77	2.67	2.56	2.50	2.44	2.38	2.32	2.26	2.19
19	5.92	4.51	3.90	3.56	3.33	3.17	3.05	2.96	2.88	2.82	2.72	2.62	2.51	2.45	2.39	2.33	2.27	2.20	2.13
20	5.87	4.46	3.86	3.51	3.29	3.13	3.01	2.91	2.84	2.77	2.68	2.57	2.46	2.41	2.35	2.29	2.22	2.16	2.09
21	5.83	4.42	3.82	3.48	3.25	3.09	2.97	2.87	2.80	2.73	2.64	2.53	2.42	2.37	2.31	2.25	2.18	2.11	2.04
22	5.79	4.38	3.78	3.44	3.22	3.05	2.93	2.84	2.76	2.70	2.60	2.50	2.39	2.33	2.27	2.21	2.14	2.08	2.00
23	5.75	4.35	3.75	3.41	3.18	3.02	2.90	2.81	2.73	2.67	2.57	2.47	2.36	2.30	2.24	2.18	2.11	2.04	1.97
24	5.72	4.32	3.72	3.38	3.15	2.99	2.87	2.78	2.70	2.64	2.54	2.44	2.33	2.27	2.21	2.15	2.08	2.01	1.94
25	5.69	4.29	3.69	3.35	3.13	2.97	2.85	2.75	2.68	2.61	2.51	2.41	2.30	2.24	2.18	2.12	2.05	1.98	1.91
26	5.66	4.27	3.67	3.33	3.10	2.94	2.82	2.73	2.65	2.59	2.49	2.39	2.28	2.22	2.16	2.09	2.03	1.95	1.88
27	5.63	4.24	3.65	3.31	3.08	2.92	2.80	2.71	2.63	2.57	2.47	2.36	2.25	2.19	2.13	2.07	2.00	1.93	1.85
28	5.61	4.22	3.63	3.29	3.06	2.90	2.78	2.69	2.61	2.55	2.45	2.34	2.23	2.17	2.11	2.05	1.98	1.91	1.83
29	5.59	4.20	3.61	3.27	3.04	2.88	2.76	2.67	2.59	2.53	2.43	2.32	2.21	2.15	2.09	2.03	1.96	1.89	1.81
30	5.57	4.18	3.59	3.25	3.03	2.87	2.75	2.65	2.57	2.51	2.41	2.31	2.20	2.14	2.07	2.01	1.94	1.87	1.79
40	5.42	4.05	3.46	3.13	2.90	2.74	2.62	2.53	2.45	2.39	2.29	2.18	2.07	2.01	1.94	1.88	1.80	1.72	1.64
60	5.29	3.93	3.34	3.01	2.79	2.63	2.51	2.41	2.33	2.27	2.17	2.06	1.94	1.88	1.82	1.74	1.67	1.58	1.48
120	5.15	3.80	3.23	2.89	2.67	2.52	2.39	2.30	2.22	2.16	2.05	1.94	1.82	1.76	1.69	1.61	1.53	1.43	1.31
∞	5.02	3.69	3.12	2.79	2.57	2.41	2.29	2.19	2.11	2.05	1.94	1.83	1.71	1.64	1.57	1.48	1.39	1.27	1.00

续表

$\alpha = 0.01$

n_2 \ n_1	1	2	3	4	5	6	7	8	9	10	12	15	20	24	30	40	60	120	∞
1	4052	4999. 5	5403	5625	5764	5859	5928	5982	6022	6056	6106	6157	6209	6235	6261	6287	6313	6339	6366
2	98. 50	99. 00	99. 17	99. 25	99. 30	99. 33	99. 36	99. 37	99. 39	99. 40	99. 42	99. 43	99. 45	99. 46	99. 47	99. 47	99. 48	99. 49	99. 50
3	34. 12	30. 82	29. 46	28. 71	28. 24	27. 91	27. 67	27. 49	27. 35	27. 23	27. 05	26. 87	26. 69	26. 60	26. 50	26. 41	26. 32	26. 22	26. 13
4	21. 20	18. 00	16. 69	15. 98	15. 52	15. 21	14. 98	14. 80	14. 66	14. 55	14. 37	14. 20	14. 02	13. 93	13. 84	13. 75	13. 65	13. 56	13. 46
5	16. 26	13. 37	12. 06	11. 39	10. 97	10. 67	10. 46	10. 29	10. 16	10. 05	9. 89	9. 72	9. 55	9. 47	9. 38	9. 29	9. 20	9. 11	9. 02
6	13. 75	10. 92	9. 78	9. 15	8. 75	8. 47	8. 26	8. 10	7. 98	7. 87	7. 72	7. 56	7. 40	7. 31	7. 23	7. 14	7. 06	6. 97	6. 88
7	12. 25	9. 55	8. 45	7. 85	7. 46	7. 19	6. 99	6. 84	6. 72	6. 62	6. 47	6. 31	6. 16	6. 07	5. 99	5. 91	5. 82	5. 74	5. 65
8	11. 26	8. 65	7. 59	7. 01	6. 63	6. 37	6. 18	6. 03	5. 91	5. 81	5. 67	5. 52	5. 36	5. 28	5. 20	5. 12	5. 03	4. 95	4. 86
9	10. 56	8. 02	6. 99	6. 42	6. 06	5. 80	5. 61	5. 47	5. 35	5. 26	5. 11	4. 96	4. 81	4. 73	4. 65	4. 57	4. 48	4. 40	4. 31
10	10. 04	7. 56	6. 55	5. 99	5. 64	5. 39	5. 20	5. 06	4. 94	4. 85	4. 71	4. 56	4. 41	4. 33	4. 25	4. 17	4. 08	4. 00	3. 91
11	9. 65	7. 21	6. 22	5. 67	5. 32	5. 07	4. 89	4. 74	4. 63	4. 54	4. 40	4. 25	4. 10	4. 02	3. 94	3. 86	3. 78	3. 69	3. 60
12	9. 33	6. 93	5. 95	5. 41	5. 06	4. 82	4. 64	4. 50	4. 39	4. 30	4. 16	4. 01	3. 86	3. 78	3. 70	3. 62	3. 54	3. 45	3. 36
13	9. 07	6. 70	5. 74	5. 21	4. 86	4. 62	4. 44	4. 30	4. 19	4. 10	3. 96	3. 82	3. 66	3. 59	3. 51	3. 43	3. 34	3. 25	3. 17
14	8. 86	6. 51	5. 56	5. 04	4. 69	4. 46	4. 28	4. 14	4. 03	3. 94	3. 80	3. 66	3. 51	3. 43	3. 35	3. 27	3. 18	3. 09	3. 00
15	8. 68	6. 36	5. 42	4. 89	4. 56	4. 32	4. 14	4. 00	3. 89	3. 80	3. 67	3. 52	3. 37	3. 29	3. 21	3. 13	3. 05	2. 96	2. 87
16	8. 53	6. 23	5. 29	4. 77	4. 44	4. 20	4. 03	3. 89	3. 78	3. 69	3. 55	3. 41	3. 26	3. 18	3. 10	3. 02	2. 93	2. 84	2. 75
17	8. 40	6. 11	5. 18	4. 67	4. 34	4. 10	3. 93	3. 79	3. 68	3. 59	3. 46	3. 31	3. 16	3. 08	3. 00	2. 92	2. 83	2. 75	2. 65
18	8. 29	6. 01	5. 09	4. 58	4. 25	4. 01	3. 84	3. 71	3. 60	3. 51	3. 37	3. 23	3. 08	3. 00	2. 92	2. 84	2. 75	2. 66	2. 57
19	8. 18	5. 93	5. 01	4. 50	4. 17	3. 94	3. 77	3. 63	3. 52	3. 43	3. 30	3. 15	3. 00	2. 92	2. 84	2. 76	2. 67	2. 58	2. 49
20	8. 10	5. 85	4. 94	4. 43	4. 10	3. 87	3. 70	3. 56	3. 46	3. 37	3. 23	3. 09	2. 94	2. 86	2. 78	2. 69	2. 61	2. 52	2. 42
21	8. 02	5. 78	4. 87	4. 37	4. 04	3. 81	3. 64	3. 51	3. 40	3. 31	3. 17	3. 03	2. 88	2. 80	2. 72	2. 64	2. 55	2. 46	2. 36
22	7. 95	5. 72	4. 82	4. 31	3. 99	3. 76	3. 59	3. 45	3. 35	3. 26	3. 12	2. 98	2. 83	2. 75	2. 67	2. 58	2. 50	2. 40	2. 31

续表

$\alpha=0.01$

n_2 \ n_1	1	2	3	4	5	6	7	8	9	10	12	15	20	24	30	40	60	120	∞
23	7.88	5.66	4.76	4.26	3.94	3.71	3.54	3.41	3.30	3.21	3.07	2.93	2.78	2.70	2.62	2.54	2.45	2.35	2.26
24	7.82	5.61	4.72	4.22	3.90	3.67	3.50	3.36	3.26	3.17	3.03	2.89	2.74	2.66	2.58	2.49	2.40	2.31	2.21
25	7.77	5.57	4.68	4.18	3.85	3.63	3.46	3.32	3.22	3.13	2.99	2.85	2.70	2.62	2.54	2.45	2.36	2.27	2.17
26	7.72	5.53	4.64	4.14	3.82	3.59	3.42	3.29	3.18	3.09	2.96	2.81	2.66	2.58	2.50	2.42	2.33	2.23	2.13
27	7.68	5.49	4.60	4.11	3.78	3.56	3.39	3.26	3.15	3.06	2.93	2.78	2.63	2.55	2.47	2.38	2.29	2.20	2.10
28	7.64	5.45	4.57	4.07	3.75	3.53	3.36	3.23	3.12	3.03	2.90	2.75	2.60	2.52	2.44	2.35	2.26	2.17	2.06
29	7.60	5.42	4.54	4.04	3.73	3.50	3.33	3.20	3.09	3.00	2.87	2.73	2.57	2.49	2.41	2.33	2.23	2.14	2.03
30	7.56	5.39	4.51	4.02	3.70	3.47	3.30	3.17	3.07	2.98	2.84	2.70	2.55	2.47	2.39	2.30	2.21	2.11	2.01
40	7.31	5.18	4.31	3.83	3.51	3.29	3.12	2.99	2.89	2.80	2.66	2.52	2.37	2.29	2.20	2.11	2.02	1.92	1.80
60	7.08	4.98	4.13	3.65	3.34	3.12	2.95	2.82	2.72	2.63	2.50	2.35	2.20	2.12	2.03	1.94	1.84	1.73	1.60
120	6.85	4.79	3.95	3.48	3.17	2.96	2.79	2.66	2.56	2.47	2.34	2.19	2.03	1.95	1.86	1.76	1.66	1.53	1.38
∞	6.63	4.61	3.78	3.32	3.02	2.80	2.64	2.51	2.41	2.32	2.18	2.04	1.88	1.79	1.70	1.59	1.47	1.32	1.00

$\alpha=0.005$

n_2 \ n_1	1	2	3	4	5	6	7	8	9	10	12	15	20	24	30	40	60	120	∞
1	16211	20000	21615	22500	23056	23437	23715	23925	24091	24224	24426	24630	24836	24940	25044	25148	25253	25359	25465
2	198.5	199.0	199.2	199.2	199.3	199.3	199.4	199.4	199.4	199.4	199.4	199.4	199.4	199.5	199.5	199.5	199.5	199.5	199.5
3	55.55	49.80	47.47	46.19	45.39	44.84	44.43	44.13	43.88	43.69	43.39	43.08	42.78	42.62	42.47	42.31	42.15	41.99	41.83
4	31.33	26.28	24.26	23.15	22.46	21.97	21.62	21.35	21.14	20.97	20.70	20.44	20.17	20.03	19.89	19.75	19.61	19.47	19.32
5	22.78	18.31	16.53	15.56	14.94	14.51	14.20	13.96	13.77	13.62	13.38	13.15	12.90	12.78	12.66	12.53	12.40	12.27	12.14
6	18.63	14.54	12.92	12.03	11.46	11.07	10.79	10.57	10.39	10.25	10.03	9.81	9.59	9.47	9.36	9.24	9.12	9.00	8.88
7	16.24	12.40	10.88	10.05	9.52	9.16	8.89	8.68	8.51	8.38	8.18	7.97	7.75	7.65	7.53	7.42	7.31	7.19	7.08
8	14.69	11.04	9.60	8.81	8.30	7.95	7.69	7.50	7.34	7.21	7.01	6.81	6.61	6.50	6.40	6.29	6.18	6.06	5.95
9	13.61	10.11	8.72	7.96	7.47	7.13	6.88	6.69	6.54	6.42	6.23	6.03	5.83	5.73	5.62	5.52	5.41	5.30	5.19
10	12.83	9.43	8.08	7.34	6.87	6.54	6.30	6.12	5.97	5.85	5.66	5.47	5.27	5.17	5.07	4.97	4.86	4.75	4.64

续表

$\alpha=0.005$

n_2 \ n_1	1	2	3	4	5	6	7	8	9	10	12	15	20	24	30	40	60	120	∞
11	12.23	8.91	7.60	6.88	6.42	6.10	5.86	5.68	5.54	5.42	5.24	5.05	4.86	4.76	4.65	4.55	4.44	4.34	4.23
12	11.75	8.51	7.23	6.52	6.07	5.76	5.52	5.35	5.20	5.09	4.91	4.72	4.53	4.43	4.33	4.23	4.12	4.01	3.90
13	11.37	8.19	6.93	6.23	5.79	5.48	5.25	5.08	4.94	4.82	4.64	4.46	4.27	4.17	4.07	3.97	3.87	3.76	3.65
14	11.06	7.92	6.68	6.00	5.56	5.26	5.03	4.86	4.72	4.60	4.43	4.25	4.06	3.96	3.86	3.76	3.66	3.55	3.44
15	10.80	7.70	6.48	5.80	5.37	5.07	4.85	4.67	4.54	4.42	4.25	4.07	3.88	3.79	3.69	3.58	3.48	3.37	3.26
16	10.58	7.51	6.30	5.64	5.21	4.91	4.69	4.52	4.38	4.27	4.10	3.92	3.73	3.64	3.54	3.44	3.33	3.22	3.11
17	10.38	7.35	6.16	5.50	5.07	4.78	4.56	4.39	4.25	4.14	3.97	3.79	3.61	3.51	3.41	3.31	3.21	3.10	2.98
18	10.22	7.21	6.03	5.37	4.96	4.66	4.44	4.28	4.14	4.03	3.86	3.68	3.50	3.40	3.30	3.20	3.10	2.99	2.87
19	10.07	7.09	5.92	5.27	4.85	4.56	4.34	4.18	4.04	3.93	3.76	3.59	3.40	3.31	3.21	3.11	3.00	2.89	2.78
20	9.94	6.99	5.82	5.17	4.76	4.47	4.26	4.09	3.96	3.85	3.68	3.50	3.32	3.22	3.12	3.02	2.92	2.81	2.69
21	9.83	6.89	5.73	5.09	4.68	4.39	4.18	4.01	3.88	3.77	3.60	3.43	3.24	3.15	3.05	2.95	2.84	2.73	2.61
22	9.73	6.81	5.65	5.02	4.61	4.32	4.11	3.94	3.81	3.70	3.54	3.36	3.18	3.08	2.98	2.88	2.77	2.66	2.55
23	9.63	6.73	5.58	4.95	4.54	4.26	4.05	3.88	3.75	3.64	3.47	3.30	3.12	3.02	2.92	2.82	2.71	2.60	2.48
24	9.55	6.66	5.52	4.89	4.49	4.20	3.99	3.83	3.69	3.59	3.42	3.25	3.06	2.97	2.87	2.77	2.66	2.55	2.43
25	9.48	6.60	5.46	4.84	4.43	4.15	3.94	3.78	3.64	3.54	3.37	3.20	3.01	2.92	2.82	2.72	2.61	2.50	2.38
26	9.41	6.54	5.41	4.79	4.38	4.10	3.89	3.73	3.60	3.49	3.33	3.15	2.97	2.87	2.77	2.67	2.56	2.45	2.33
27	9.34	6.49	5.36	4.74	4.34	4.06	3.85	3.69	3.56	3.45	3.28	3.11	2.93	2.83	2.73	2.63	2.52	2.41	2.29
28	9.28	6.44	5.32	4.70	4.30	4.02	3.81	3.65	3.52	3.41	3.25	3.07	2.89	2.79	2.69	2.59	2.48	2.37	2.25
29	9.23	6.40	5.28	4.66	4.26	3.98	3.77	3.61	3.48	3.38	3.21	3.04	2.86	2.76	2.66	2.56	2.45	2.33	2.21
30	9.18	6.35	5.24	4.62	4.23	3.95	3.74	3.58	3.45	3.34	3.18	3.01	2.82	2.73	2.63	2.52	2.42	2.30	2.18
40	8.83	6.07	4.98	4.37	3.99	3.71	3.51	3.35	3.22	3.12	2.95	2.78	2.60	2.50	2.40	2.30	2.18	2.06	1.93
60	8.49	5.79	4.73	4.14	3.76	3.49	3.29	3.13	3.01	2.90	2.74	2.57	2.39	2.29	2.19	2.08	1.96	1.83	1.69
120	8.18	5.54	4.50	3.92	3.55	3.28	3.09	2.93	2.81	2.71	2.54	2.37	2.19	2.09	1.98	1.87	1.75	1.61	1.43
∞	7.88	5.30	4.28	3.72	3.35	3.09	2.90	2.74	2.62	2.52	2.36	2.19	2.00	1.90	1.79	1.67	1.53	1.36	1.00

附录 5　秩和检验表

$P(T_1<T<T_2)=1-\alpha$

n_1	n_2	$\alpha=0.025$		$\alpha=0.05$	
		T_1	T_2	T_1	T_2
2	4			3	11
	5			3	13
	6	3	15	4	14
	7	3	17	4	16
	8	3	19	4	18
	9	3	21	4	20
	10	4	22	5	21
3	3			6	15
	4	6	18	7	17
	5	6	21	7	20
	6	7	23	8	22
	7	8	25	9	24
	8	8	28	9	27
	9	9	30	10	29
	10	9	33	11	31
4	4	11	25	12	24
	5	12	28	13	27
	6	12	32	14	30
	7	13	35	15	33
	8	14	38	16	36
	9	15	41	17	39
	10	16	44	18	42

续表

n_1	n_2	$\alpha=0.025$		$\alpha=0.05$	
		T_1	T_2	T_1	T_2
5	5	18	37	19	36
	6	19	41	20	40
	7	20	45	22	43
	8	21	49	23	47
	9	22	53	25	50
	10	24	56	26	54
6	6	26	52	28	50
	7	28	56	30	54
	8	29	61	32	58
	9	31	65	33	63
	10	33	69	35	67
7	7	37	68	39	66
	8	39	73	41	71
	9	41	78	43	76
	10	43	83	46	80
8	8	49	87	52	84
	9	51	93	54	90
	10	54	98	57	95
9	9	63	108	66	105
	10	66	114	69	111
10	10	79	131	83	127

附录 6　Excel 常用数学函数

1. AVEDEV：返回一组数据与其平均值的绝对偏差的平均值，该函数可以评测数据（例如学生的某科考试成绩）的离散度。

语法：AVEDEV(number1，number2，…)

参数：number1，number2，…是用来计算绝对偏差平均值的一组参数，其个数可以在 1～30 之间。

2. AVERAGE：计算所有参数的算术平均值。

语法：AVERAGE(number1，number2，…)。

参数：number1，number2，…是要计算平均值的 1～30 个参数。

3. AVERAGEA：计算参数清单中数值的平均值。它与 AVERAGE 函数的区别在于不仅数字，而且文本和逻辑值（如 TRUE 和 FALSE）也参与计算。

语法：AVERAGEA(value1，value2，…)

参数：value1，value2，…为需要计算平均值的 1～30 个单元格、单元格区域或数值。

4. BETADIST：返回 Beta 分布累积函数的函数值。Beta 分布累积函数通常用于研究样本集合中某些事物的发生和变化情况。例如，人们一天中看电视的时间比率。

语法：BETADIST(x，alpha，beta，A，B)

参数：x 用来进行函数计算的值，须居于可选性上下界（A 和 B）之间。alpha 为分布的参数。beta 为分布的参数。A 是数值 x 所属区间的可选下界，B 是数值 x 所属区间的可选上界。

5. BETAINV：返回 Beta 分布累积函数的逆函数值。即如果 probability＝BETADIST(x，…)，则 BETAINV(probability，…)＝x。Beta 分布累积函数可用于项目设计，在给出期望的完成时间和变化参数后，模拟可能的完成时间。

语法：BETAINV(probability，alpha，beta，A，B)

参数：probability 为 Beta 分布的概率值，alpha 为分布的参数，beta 为分布的参数，A 为数值 x 所属区间的可选下界，B 为数值 x 所属区间的可选上界。

6. BINOMDIST：返回一元二项式分布的概率值。BINOMDIST 函数适用于固定次数的独立试验，试验的结果只包含成功或失败两种情况，且成功的概率在试验期间固定不变。例如，它可以计算掷 10 次硬币时正面朝上 6 次的概率。

语法：BINOMDIST(number_s，trials，probability_s，cumulative)

参数：number_s 为试验成功的次数，trials 为独立试验的次数，probability_s 为一次试验中成功的概率，cumulative 是一个逻辑值，用于确定函数的形式。如果 cumulative 为 TRUE，则 BINOMDIST 函数返回累积分布函数，即至多 number_s 次成功的概率；如果为 FALSE，返回概率密度函数，即 number_s 次成功的概率。

7. CHIDIST：返回 χ^2 分布的单尾概率。χ^2 分布与 χ^2 检验相关。使用 χ^2 检验可以比

较观察值和期望值。例如，某项遗传学试验假设下一代植物将呈现出某一组颜色。使用此函数比较观测结果和期望值，可以确定初始假设是否有效。

语法：CHIDIST(x,degrees_freedom)

参数：x 是用来计算χ^2 分布单尾概率的数值，degrees_freedom 是自由度。

8. CHIINV：返回χ^2 分布单尾概率的逆函数。如果 probability＝CHIDIST(x,?)，则 CHIINV(probability,?)＝x。使用此函数比较观测结果和期望值，可以确定初始假设是否有效。

语法：CHIINV(probability,degrees_freedom)

参数：probability 为χ^2 分布的单尾概率，degrees_freedom 为自由度。

9. CHITEST：返回相关性检验值，即返回χ^2 分布的统计值和相应的自由度，可使用χ^2 检验确定假设值是否被实验所证实。

语法：CHITEST(actual_range,expected_range)

参数：actual_range 是包含观察值的数据区域，expected_range 是包含行列汇总的乘积与总计值之比的数据区域。

10. CONFIDENCE：返回总体平均值的置信区间，它是样本平均值任意一侧的区域。例如，某班学生参加考试，依照给定的置信度，可以确定该次考试的最低和最高分数。

语法：CONFIDENCE(alpha,standard_dev,size)。

参数：alpha 是用于计算置信度(它等于 100 * (1－alpha)%，如果 alpha 为 0.05，则置信度为 95%)的显著水平参数，standard_dev 是数据区域的总体标准偏差，size 为样本容量。

实例：假设样本取自 46 名学生的考试成绩，他们的平均分为 60，总体标准偏差为 5 分，则平均分在下列区域内的置信度为 95%。公式"＝CONFIDENCE(0.05,5,46)"返回 1.44，即考试成绩为 60±1.44 分。

11. CORREL：返回单元格区域 array1 和 array2 之间的相关系数。它可以确定两个不同事物之间的关系，例如检测学生的物理与数学成绩之间是否关联。

语法：CORREL(array1,array2)

参数：array1 为第一组数值单元格区域。array2 为第二组数值单元格区域。

12. COUNT：返回数字参数的个数。它可以统计数组或单元格区域中含有数字的单元格个数。

语法：COUNT(value1,value2,…)。

参数：value1,value2,…是包含或引用各种类型数据的参数(1～30 个)，其中只有数字类型的数据才能被统计。

13. COUNTA：返回参数组中非空值的数目。利用函数 COUNTA 可以计算数组或单元格区域中数据项的个数。

语法：COUNTA(value1,value2,…)

说明：value1,value2,…为所要计数的值，参数个数为 1～30 个。在这种情况下的参数可以是任何类型，它们包括空格但不包括空白单元格。如果参数是数组或单元格引用，则数组或引用中的空白单元格将被忽略。如果不需要统计逻辑值、文字或错误值，则应该使用 COUNT 函数。

14. COUNTBLANK:计算某个单元格区域中空白单元格的数目。

语法:COUNTBLANK(range)

参数:range 为需要计算其中空白单元格数目的区域。

15. COUNTIF:计算区域中满足给定条件的单元格的个数。

语法:COUNTIF(range,criteria)

参数:range 为需要计算其中满足条件的单元格数目的单元格区域。criteria 为确定哪些单元格将被计算在内的条件,其形式可以为数字、表达式或文本。

16. COVAR:返回协方差,即每对数据点的偏差乘积的平均数。利用协方差可以研究两个数据集合之间的关系。

语法:COVAR(array1,array2)

参数:array1 是第一个所含数据为整数的单元格区域,array2 是第二个所含数据为整数的单元格区域。

17. CRITBINOM:返回使累积二项式分布大于或等于临界值的最小值,其结果可以用于质量检验。例如决定最多允许出现多少个有缺陷的部件,才可以保证当整个产品在离开装配线时检验合格。

语法:CRITBINOM(trials,probability_s,alpha)

参数:trials 是伯努利实验的次数,probability_s 是一次试验中成功的概率,alpha 是临界值。

18. DEVSQ:返回数据点与各自样本平均值的偏差的平方和。

语法:DEVSQ(number1,number2,…)

参数:number1,number2,…是用于计算偏差平方和的 1～30 个参数。它们可以是用逗号分隔的数值,也可以是数组的引用。

19. EXPONDIST:返回指数分布。该函数可以建立事件之间的时间间隔模型,如估计银行的自动取款机支付一次现金所花费的时间,从而确定此过程最长持续 1min 的发生概率。

语法:EXPONDIST(x,lambda,cumulative)。

参数:x 函数的数值,lambda 为参数值,cumulative 为确定指数函数形式的逻辑值。如果 cumulative 为 TRUE,EXPONDIST 返回累积分布函数;如果 cumulative 为 FALSE,则返回概率密度函数。

20. FDIST:返回 F 概率分布,它可以确定两个数据系列是否存在变化程度上的不同。例如,通过分析某一班级男、女生的考试分数,确定女生分数的变化程度是否与男生不同。

语法:FDIST(x,degrees_freedom1,degrees_freedom2)

参数:x 是用来计算概率分布的区间点,degrees_freedom1 是分子自由度,degrees_freedom2 是分母自由度。

21. FINV:返回 F 概率分布的逆函数值,即 F 分布的临界值。如果 p=FDIST(x,…),则 FINV(p,…)=x。

语法:FINV(probability,degrees_freedom1,degrees_freedom2)

参数:probability 是累积 F 分布的概率值,degrees_freedom1 是分子自由度,degrees_freedom2 是分母自由度。

22. FISHER:返回点 x 的 Fisher 变换。该变换生成一个近似正态分布而非偏斜的函数,使用此函数可以完成相关系数的假设性检验。

语法:FISHER(x)

参数:x 为一个数字,在该点进行变换。

23. FISHERINV:返回 Fisher 变换的逆函数值,如果 y=FISHER(x),则 FISHERINV(y)=x。上述变换可以分析数据区域或数组之间的相关性。

语法:FISHERINV(y)

参数:y 为一个数值,在该点进行反变换。

24. FORECAST:根据一条线性回归拟合线返回一个预测值。使用此函数可以对未来销售额、库存需求或消费趋势进行预测。

语法:FORECAST(x,known_y's,known_x's)。

参数:x 为需要进行预测的数据点的 x 坐标(自变量值)。known_y's 是从满足线性拟合直线 y=kx+b 的点集合中选出的一组已知的 y 值,known_x's 是从满足线性拟合直线 y=kx+b 的点集合中选出的一组已知的 x 值。

25. FREQUENCY:以一列垂直数组返回某个区域中数据的频率分布。它可以计算出在给定的值域和接收区间内,每个区间包含的数据个数。

语法:FREQUENCY(data_array,bins_array)

参数:data_array 是用来计算频率的一个数组,或对数组单元区域的引用。bins_array 是数据接收区间,为一个数组或对数组区域的引用,设定对 data_array 进行频率计算的分段点。

26. FTEST:返回 F 检验的结果。它返回的是当数组 1 和数组 2 的方差无明显差异时的单尾概率,可以判断两个样本的方差是否不同。例如,给出两个班级同一学科考试成绩,从而检验是否存在差别。

语法:FTEST(array1,array2)

参数:array1 是第一个数组或数据区域,array2 是第二个数组或数据区域。

27. GAMMADIST:返回 γ 分布。可用它研究具有偏态分布的变量,通常用于排队分析。

语法:GAMMADIST(x,alpha,beta,cumulative)。

参数:x 为用来计算 γ 分布的数值,alpha 是 γ 分布参数,beta 是 γ 分布的另一个参数。如果 beta=1,GAMMADIST 函数返回标准 γ 分布。Cumulative 为一逻辑值,决定函数的形式。如果 cumulative 为 TRUE,GAMMADIST 函数返回累积分布函数;如果为 FALSE,则返回概率密度函数。

28. GAMMAINV:返回具有给定概率的 γ 分布的区间点,用来研究出现分布偏斜的变量。如果 P=GAMMADIST(x,…),则 GAMMAINV(p,…)=x。

语法:GAMMAINV(probability,alpha,beta)

参数：probability 为 γ 分布的概率值，alpha 为 γ 分布参数，beta 为 γ 分布参数。如果 beta=1，函数 GAMMAINV 返回标准 γ 分布。

29. GAMMALN：返回 γ 函数的自然对数 Γ(x)。

语法：GAMMALN(x)

参数：x 为需要计算 GAMMALN 函数的数值。

30. GEOMEAN：返回正数数组或数据区域的几何平均值。可用于计算可变复利的平均增长率。

语法：GEOMEAN(number1，number2，…)

参数：number1，number2，…为需要计算其平均值的 1～30 个参数，除了使用逗号分隔数值的形式外，还可使用数组或对数组的引用。

31. GROWTH：给定的数据预测指数增长值。根据已知的 x 值和 y 值，函数 GROWTH 返回一组新的 x 值对应的 y 值。通常使用 GROWTH 函数拟合满足给定 x 值和 y 值的指数曲线。

语法：GROWTH(known_y's，known_x's，new_x's，const)

参数：known_y's 是满足指数回归拟合曲线 y=b*m^x 的一组已知的 y 值；known_x's 是满足指数回归拟合曲线 y=b*m^x 的一组已知的 x 值的集合(可选参数)；new_x's 是一组新的 x 值，可通过 GROWTH 函数返回各自对应的 y 值；const 为一逻辑值，指明是否将系数 b 强制设为 1，如果 const 为 TRUE 或省略，b 将参与正常计算。如果 const 为 FALSE，b 将被设为 1，m 值将被调整使得 y=m^x。

32. HARMEAN：返回数据集合的调和平均值。调和平均值与倒数的算术平均值互为倒数。调和平均值总小于几何平均值，而几何平均值总小于算术平均值。

语法：HARMEAN(number1，number2，…)

参数：number1，number2，…是需要计算其平均值的 1～30 个参数。可以使用逗号分隔参数的形式，还可以使用数组或对数组的引用。

33. HYPGEOMDIST：返回超几何分布。给定样本容量、样本总体容量和样本总体中成功的次数，HYPGEOMDIST 函数返回样本取得给定成功次数的概率。

语法：HYPGEOMDIST(sample_s，number_sample，population_s，number_population)

参数：sample_s 为样本中成功的次数，number_sample 为样本容量，population_s 为样本总体中成功的次数，number_population 为样本总体的容量。

34. INTERCEPT：利用已知的 x 值与 y 值计算直线与 y 轴的截距。当已知自变量为零时，利用截距可以求得因变量的值。

语法：INTERCEPT(known_y's，known_x's)

参数：known_y's 是一组因变量数据或数据组，known_x's 是一组自变量数据或数据组。

35. KURT：返回数据集的峰值。它反映与正态分布相比时某一分布的尖锐程度或平坦程度，正峰值表示相对尖锐的分布，负峰值表示相对平坦的分布。

语法：KURT(number1，number2，…)

参数：number1，number2，…为需要计算其峰值的 1～30 个参数。它们可以使用逗号分隔参数的形式，也可以使用单一数组，即对数组单元格的引用。

36. LARGE：返回某一数据集中的某个最大值。可以使用 LARGE 函数查询考试分数集中第一、第二、第三等的得分。

语法：LARGE(array，k)

参数：array 为需要从中查询第 k 个最大值的数组或数据区域，K 为返回值在数组或数据单元格区域里的位置(即名次)。

37. LINEST：使用最小二乘法对已知数据进行最佳直线拟合，并返回描述此直线的数组。

语法：LINEST(known_y's，known_x's，const，stats)

参数：known_y's 是表达式 y＝mx＋b 中已知的 y 值集合，known_x's 是关系表达式 y＝mx＋b 中已知的可选 x 值集合，const 为一逻辑值，指明是否强制使常数 b 为 0，如果 const 为 TRUE 或省略，b 将参与正常计算。如果 const 为 FALSE，b 将被设为 0，并同时调整 m 值使得 y＝mx。stats 为一逻辑值，指明是否返回附加回归统计值。如果 stats 为 TRUE，函数 LINEST 返回附加回归统计值。如果 stats 为 FALSE 或省略，函数 LINEST 只返回系数 m 和常数项 b。

38. LOGEST：在回归分析中，计算最符合观测数据组的指数回归拟合曲线，并返回描述该曲线的数组。

语法：LOGEST(known_y's，known_x's，const，stats)

参数：known_y's 是一组符合 y＝b＊m^x 函数关系的 y 值的集合，known_x's 是一组符合 y＝b＊m^x 运算关系的可选 x 值集合，const 是指定是否要设定常数 b 为 1 的逻辑值，如果 const 设定为 TRUE 或省略，则常数项 b 将通过计算求得。

39. LOGINV：返回 x 的对数正态分布累积函数的逆函数，此处的 ln(x)是含有 mean(平均数)与 standard－dev(标准差)参数的正态分布。如果 p＝LOGNORMDIST(x，…)，那么 LOGINV(p，…)＝x。

语法：LOGINV(probability，mean，standard_dev)

参数：probability 是与对数正态分布相关的概率，mean 为 ln(x)的平均数，standard_dev 为 ln(x)的标准偏差。

40. LOGNORMDIST：返回 x 的对数正态分布的累积函数，其中 ln(x)是服从参数为 mean 和 standard_dev 的正态分布。使用此函数可以分析经过对数变换的数据。

语法：LOGNORMDIST(x，mean，standard_dev)

参数：x 是用来计算函数的数值，mean 是 ln(x)的平均值，standard_dev 是 ln(x)的标准偏差。

41. MAX：返回数据集中的最大数值。

语法：MAX(number1，number2，…)

参数：number1，number2，…是需要找出最大数值的 1～30 个数值。

42. MAXA：返回数据集中的最大数值。它与 MAX 的区别在于文本值和逻辑值(如 TRUE 和 FALSE)作为数字参与计算。

语法：MAXA(value1,value2,…)

参数：value1,value2,…为需要从中查找最大数值的1～30个参数。

43. MEDIAN：返回给定数值集合的中位数(它是在一组数据中居于中间的数。换句话说，在这组数据中，有一半的数据比它大，有一半的数据比它小)。

语法：MEDIAN(number1,number2,…)

参数：number1,number2,…是需要找出中位数的1～30个数字参数。

44. MIN：返回给定参数表中的最小值。

语法：MIN(number1,number2,…)。

参数：number1,number2,…是要从中找出最小值的1～30个数字参数。

45. MINA：返回参数清单中的最小数值。它与MIN函数的区别在于文本值和逻辑值(如TRUE和FALSE)也作为数字参与计算。

语法：MINA(value1,value2,…)

参数：value1,value2,…为需要从中查找最小数值的1～30个参数。

46. MODE：返回在某一数组或数据区域中的众数。

语法：MODE(number1,number2,…)。

参数：number1,number2,…是用于众数计算的1～30个参数。

47. NEGBINOMDIST：返回负二项式分布。当成功概率为常数probability_s时，函数NEGBINOMDIST返回在到达number_s次成功之前，出现number_f次失败的概率。此函数与二项式分布相似，只是它的成功次数固定，试验总数为变量。与二项式分布类似的是，试验次数被假设为自变量。

语法：NEGBINOMDIST(number_f,number_s,probability_s)

参数：number_f是失败次数，number_s为成功的临界次数，probability_s是成功的概率。

48. NORMDIST：返回给定平均值和标准偏差的正态分布的累积函数。

语法：NORMDIST(x,mean,standard_dev,cumulative)

参数：x为用于计算正态分布函数的区间点，mean是分布的算术平均值，standard_dev是分布的标准方差；cumulative为一逻辑值，指明函数的形式。如果cumulative为TRUE，则NORMDIST函数返回累积分布函数；如果为FALSE，则返回概率密度函数。

49. NORMSINV：返回标准正态分布累积函数的逆函数。该分布的平均值为0，标准偏差为1。

语法：NORMSINV(probability)

参数：probability是正态分布的概率值。

50. NORMSDIST：返回标准正态分布的累积函数，该分布的平均值为0，标准偏差为1。

语法：NORMSDIST(z)

参数：z为需要计算其分布的数值。

51. NORMSINV：返回标准正态分布累积函数的逆函数。该分布的平均值为0，标准偏差为1。

语法:NORMSINV(probability)

参数:probability 是正态分布的概率值。

52. PEARSON:返回 pearson(皮尔生)乘积矩相关系数 r,它是一个范围在－1.0 到 1.0 之间(包括－1.0 和 1.0 在内)的无量纲指数,反映了两个数据集合之间的线性相关程度。

语法:PEARSON(array1,array2)

参数:array1 为自变量集合,array2 为因变量集合。

53. PERCENTILE:返回数值区域的 k 百分比数值点。例如确定考试排名在 80 个百分点以上的分数。

语法:PERCENTILE(array,k)

参数:array 为定义相对位置的数值数组或数值区域,k 为数组中需要得到其排位的值。

54. PERCENTRANK:返回某个数值在一个数据集合中的百分比排位,可用于查看数据在数据集中所处的位置。例如计算某个分数在所有考试成绩中所处的位置。

语法:PERCENTRANK(array,x,significance)

参数:array 为彼此间相对位置确定的数据集合,x 为其中需要得到排位的值,significance 为可选项,表示返回的百分数值的有效位数。如果省略,函数 PERCENTRANK 保留 3 位小数。

55. PERMUT:返回从给定数目的元素集合中选取的若干元素的排列数。

语法:PERMUT(number,number_chosen)

参数:number 为元素总数,number_chosen 是每个排列中的元素数目。

56. POISSON:返回泊松分布。泊松分布通常用于预测一段时间内事件发生的次数,比如一分钟内通过收费站的轿车的数量。

语法:POISSON(x,mean,cumulative)

参数:x 是某一事件出现的次数,mean 是期望值,cumulative 为确定返回的概率分布形式的逻辑值。

57. PROB:返回一概率事件组中落在指定区域内的事件所对应的概率之和。

语法:PROB(x_range,prob_range,lower_limit,upper_limit)

参数:x_range 是具有各自相应概率值的 x 数值区域,prob_range 是与 x_range 中的数值相对应的一组概率值,lower_limit 是用于概率求和计算的数值下界,upper_limit 是用于概率求和计算的数值可选上界。

58. QUARTILE:返回一组数据的四分位点。四分位数通常用于在考试成绩之类的数据集中对总体进行分组,如求出一组分数中前 25%的分数。

语法:QUARTILE(array,quart)

参数:array 为需要求得四分位数值的数组或数字引用区域,quart 决定返回哪一个四分位值。如果 qurart 取 0、1、2、3 或 4,则函数 QUARTILE 返回最小值、第一个四分位数(第 25 个百分排位)、中分位数(第 50 个百分排位)、第三个四分位数(第 75 个百分排位)和最大数值。

59. RANK：返回一个数值在一组数值中的排位（如果数据清单已经排过序了，则数值的排位就是它当前的位置）。

语法：RANK(number,ref,order)

参数：number 是需要计算其排位的一个数字；ref 是包含一组数字的数组或引用（其中的非数值型参数将被忽略）；order 为一数字，指明排位的方式。如果 order 为 0 或省略，则按降序排列的数据清单进行排位。如果 order 不为零，ref 当作按升序排列的数据清单进行排位。

注意：函数 RANK 对重复数值的排位相同。但重复数的存在将影响后续数值的排位。如在一列整数中，若整数 60 出现两次，其排位为 5，则 61 的排位为 7（没有排位为 6 的数值）。

60. RSQ：返回给定数据点的 pearson 乘积矩相关系数的平方。

语法：RSQ(known_y's,known_x's)

参数：known_y's 为一个数组或数据区域，known_x's 也是一个数组或数据区域。

61. SKEW：返回一个分布的不对称度。它反映以平均值为中心的分布的不对称程度，正不对称度表示不对称边的分布更趋向正值。负不对称度表示不对称边的分布更趋向负值。

语法：SKEW(number1,number2,…)。

参数：number1,number2…是需要计算不对称度的 1～30 个参数。包括逗号分隔的数值、单一数组和名称等。

62. SLOPE：返回经过给定数据点的线性回归拟合线方程的斜率（它是直线上任意两点的垂直距离与水平距离的比值，也就是回归直线的变化率）。

语法：SLOPE(known_y's,known_x's)

参数：known_y's 为数字型因变量数组或单元格区域，known_x's 为自变量数据点集合。

63. SMALL：返回数据集中第 k 个最小值，从而得到数据集中特定位置上的数值。

语法：SMALL(array,k)

参数：array 是需要找到第 k 个最小值的数组或数字型数据区域，k 为返回的数据在数组或数据区域里的位置（从小到大）。

64. STANDARDIZE：返回以 mean 为平均值，以 standard－dev 为标准偏差的分布的正态化数值。

语法：STANDARDIZE(x,mean,standard_dev)

参数：x 为需要进行正态化的数值，mean 分布的算术平均值，standard_dev 为分布的标准偏差。

65. STDEV：估算样本的标准偏差。它反映了数据相对于平均值（mean）的离散程度。

语法：STDEV(number1,number2,…)

参数：number1,number2,…为对应于总体样本的 1～30 个参数。可以使用逗号分隔的参数形式，也可使用数组，即对数组单元格的引用。

注意：STDEV 函数假设其参数是总体中的样本。如果数据是全部样本总体，则应该使用 STDEVP 函数计算标准偏差。同时，函数忽略参数中的逻辑值（TRUE 或 FALSE）和文本。如果不能忽略逻辑值和文本，应使用 STDEVA 函数。

66. STDEVA：计算基于给定样本的标准偏差。它与 STDEV 函数的区别是文本值和逻辑值（TRUE 或 FALSE）也将参与计算。

语法：STDEVA(value1，value2，…)

参数：value1，value2，…是作为总体样本的 1～30 个参数。可以使用逗号分隔参数的形式，也可以使用单一数组，即对数组单元格的引用。

67. STDEVP：返回整个样本总体的标准偏差。它反映了样本总体相对于平均值（mean）的离散程度。

语法：STDEVP(number1，number2，…)

参数：number1，number2，…为对应于样本总体的 1～30 个参数。可以使用逗号分隔参数的形式，也可以使用单一数组，即对数组单元格的引用。

注意：STDEVP 函数在计算过程中忽略逻辑值（TRUE 或 FALSE）和文本。如果逻辑值和文本不能忽略，应当使用 STDEVPA 函数。

同时 STDEVP 函数假设其参数为整个样本总体。如果数据代表样本总体中的样本，应使用函数 STDEV 来计算标准偏差。当样本数较多时，STDEV 和 STDEVP 函数的计算结果相差很小。

68. STDEVPA：计算样本总体的标准偏差。它与 STDEVP 函数的区别是文本值和逻辑值（TRUE 或 FALSE）参与计算。

语法：STDEVPA(value1，value2，…)

参数：value1，value2，…作为样本总体的 1～30 个参数。可以使用逗号分隔参数的形式，也可以使用单一数组，即对数组单元格的引用。

注意：STDEVPA 函数假设参数为样本总体。如果数据代表的是总体的部分样本，则必须使用 STDEVA 函数来估算标准偏差。

69. STEYX：返回通过线性回归法计算 y 预测值时所产生的标准误差。标准误差用来度量根据单个 x 变量计算出的 y 预测值的误差量。

语法：STEYX(known_y's，known_x's)

参数：known_y's 为因变量数据点数组或区域，known_x's 为自变量数据点数组或区域。

70. TDIST：返回学生氏 t 分布的百分点（概率），t 分布中的数值（x）是 t 的计算值（将计算其百分点）。t 分布用于小样本数据集合的假设检验，使用此函数可以代替 t 分布的临界值表。

语法：TDIST(x，degrees_freedom，tails)

参数：x 为需要计算分布的数字，degrees_freedom 为表示自由度的整数，tails 指明返回的分布函数是单尾分布还是双尾分布；如果 tails＝1，函数 TDIST 返回单尾分布。如果 tails＝2，函数 TDIST 返回双尾分布。

71. TINV：返回作为概率和自由度函数的学生氏 t 分布的 t 值。

语法:TINV(probability,degrees_freedom)

参数:probability 为对应于双尾学生氏 t 分布的概率,degrees_freedom 为分布的自由度。

72. TREND:返回一条线性回归拟合线的一组纵坐标值(y 值)。即找到适合给定的数组 known_y's 和 known_x's 的直线(用最小二乘法),并返回指定数组 new_x's 值在直线上对应的 y 值。

语法:TREND(known_y's,known_x's,new_x's,const)

参数:known_y's 为已知关系 y=mx+b 中的 y 值集合,known_x's 为已知关系 y=mx+b中可选的 x 值的集合,new_x's 为需要函数 TREND 返回对应 y 值的新 x 值,Const 为逻辑值指明是否强制常数项 b 为 0。

73. TRIMMEAN:返回数据集的内部平均值。TRIMMEAN 函数先从数据集的头部和尾部除去一定百分比的数据点,然后再求平均值。当希望在分析中剔除一部分数据的计算时,可以使用此函数。

语法:TRIMMEAN(array,percent)

参数:array 为需要进行筛选并求平均值的数组或数据区域,percent 为计算时所要除去的数据点的比例。如果 percent=0.2,则在 20 个数据中除去 4 个,即头部除去 2 个尾部除去 2 个。如果 percent=0.1,30 个数据点的 10%等于 3 个数据点。函数 TRIMMEAN 将对称地在数据集的头部和尾部各除去一个数据。

74. TTEST:返回与学生氏 t 检验相关的概率。它可以判断两个样本是否来自两个具有相同均值的总体。

语法:TTEST(array1,array2,tails,type)

参数:array1 是第一个数据集,array2 是第二个数据集,tails 指明分布曲线的尾数。如果 tails=1,TTEST 函数使用单尾分布。如果 tails=2,TTEST 函数使用双尾分布。type 为 t 检验的类型。如果 type 等于(1、2、3)检验方法(成对、等方差双样本检验、异方差双样本检验)

75. VAR:估算样本方差。

语法:VAR(number1,number2,…)

参数:number1,number2,…为对应于总体样本的 1~30 个参数。

76. VARA:用来估算给定样本的方差。它与 VAR 函数的区别在于文本和逻辑值(TRUE 和 FALSE)也将参与计算。

语法:VARA(value1,value2,…)

参数:value1,value2,…作为总体的一个样本的 1~30 个参数。

77. VARP:计算样本总体的方差。

语法:VARP(number1,number2,…)

参数:number1,number2,…为对应于样本总体的 1~30 个参数。其中的逻辑值(TRUE 和 FALSE)和文本将被忽略。

78. VARPA:计算样本总体的方差。它与 VARP 函数的区别在于文本和逻辑值(TRUE 和 FALSE)也将参与计算。

语法：VARPA(value1,value2,…)

参数：value1,value2,…作为样本总体的 1～30 个参数。

79. WEIBULL：返回韦伯分布。使用此函数可以进行可靠性分析，如设备的平均无故障时间。

语法：WEIBULL(x,alpha,beta,cumulative)

参数：x 为用来计算函数值的数值，alpha 为分布参数，beta 为分布参数，cumulative 指明函数的形式。

80. ZTEST：返回 z 检验的双尾 P 值。z 检验根据数据集或数组生成 x 的标准得分，并返回正态分布的双尾概率。可以使用此函数返回从某总体中抽取特定观测值的似然估计。

语法：ZTEST(array,x,sigma)

参数：array 为用来检验 x 的数组或数据区域。x 为被检验的值。sigma 为总体(已知)标准偏差，如果省略，则使用样本标准偏差。

附录 7 相关系数 r 界值表

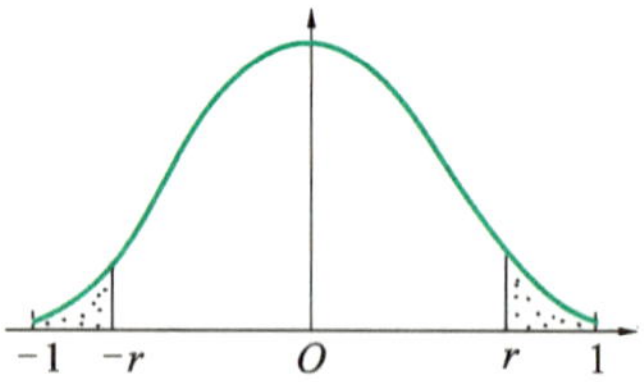

ν	P(2):	0.50	0.20	0.10	0.05	0.02	0.01	0.005	0.002	0.001
	P(1):	0.25	0.10	0.05	0.025	0.01	0.005	0.0025	0.001	0.0005
1		0.707	0.951	0.988	0.997	1.000	1.000	1.000	1.000	1.000
2		0.500	0.800	0.900	0.950	0.980	0.990	0.995	0.998	0.999
3		0.404	0.687	0.805	0.878	0.934	0.959	0.974	0.986	0.991
4		0.347	0.608	0.729	0.811	0.882	0.917	0.942	0.963	0.974
5		0.309	0.551	0.669	0.755	0.833	0.875	0.906	0.935	0.951
6		0.281	0.507	0.621	0.707	0.789	0.834	0.870	0.905	0.925
7		0.260	0.472	0.582	0.666	0.750	0.798	0.836	0.875	0.898
8		0.242	0.443	0.549	0.632	0.715	0.765	0.805	0.847	0.872
9		0.228	0.419	0.521	0.602	0.685	0.735	0.776	0.820	0.847
10		0.216	0.398	0.497	0.576	0.658	0.708	0.750	0.795	0.823
11		0.206	0.380	0.476	0.553	0.634	0.684	0.726	0.772	0.801
12		0.197	0.365	0.457	0.532	0.612	0.661	0.703	0.750	0.780
13		0.189	0.351	0.441	0.514	0.592	0.641	0.683	0.730	0.760
14		0.182	0.338	0.426	0.497	0.574	0.623	0.664	0.711	0.742
15		0.176	0.327	0.412	0.482	0.558	0.606	0.647	0.694	0.725
16		0.170	0.317	0.400	0.468	0.542	0.590	0.631	0.678	0.708
17		0.165	0.308	0.389	0.456	0.529	0.575	0.616	0.662	0.693
18		0.160	0.299	0.378	0.444	0.515	0.561	0.602	0.648	0.679
19		0.156	0.291	0.369	0.433	0.503	0.549	0.589	0.635	0.665
20		0.152	0.284	0.360	0.423	0.492	0.537	0.576	0.622	0.652
21		0.148	0.277	0.352	0.413	0.482	0.526	0.565	0.610	0.640
22		0.145	0.271	0.344	0.404	0.472	0.515	0.554	0.599	0.629
23		0.141	0.265	0.337	0.396	0.462	0.505	0.543	0.588	0.618
24		0.138	0.260	0.330	0.388	0.453	0.496	0.534	0.578	0.607
25		0.136	0.255	0.323	0.381	0.445	0.487	0.524	0.568	0.597
26		0.133	0.250	0.317	0.374	0.437	0.479	0.515	0.559	0.588
27		0.131	0.245	0.311	0.367	0.430	0.471	0.507	0.550	0.579
28		0.128	0.241	0.306	0.361	0.423	0.463	0.499	0.541	0.570
29		0.126	0.237	0.301	0.355	0.416	0.456	0.491	0.533	0.562
30		0.124	0.233	0.296	0.349	0.409	0.449	0.484	0.526	0.554

续表

ν	P(2): / P(1):	0. 50 / 0. 25	0. 20 / 0. 10	0. 10 / 0. 05	0. 05 / 0. 025	0. 02 / 0. 01	0. 01 / 0. 005	0. 005 / 0. 0025	0. 002 / 0. 001	0. 001 / 0. 0005
31		0. 122	0. 229	0. 291	0. 344	0. 403	0. 442	0. 477	0. 518	0. 546
32		0. 120	0. 225	0. 287	0. 339	0. 397	0. 436	0. 470	0. 511	0. 539
33		0. 118	0. 222	0. 283	0. 334	0. 392	0. 430	0. 464	0. 504	0. 532
34		0. 116	0. 219	0. 279	0. 329	0. 386	0. 424	0. 458	0. 498	0. 525
35		0. 115	0. 126	0. 275	0. 325	0. 381	0. 418	0. 452	0. 492	0. 519
36		0. 113	0. 213	0. 271	0. 320	0. 376	0. 413	0. 446	0. 486	0. 513
37		0. 111	0. 210	0. 267	0. 316	0. 371	0. 408	0. 441	0. 480	0. 507
38		0. 110	0. 207	0. 264	0. 312	0. 367	0. 403	0. 435	0. 474	0. 501
39		0. 108	0. 204	0. 261	0. 308	0. 362	0. 398	0. 430	0. 469	0. 488
40		0. 107	0. 202	0. 257	0. 304	0. 358	0. 393	0. 425	0. 463	0. 490
41		0. 106	0. 199	0. 254	0. 301	0. 354	0. 389	0. 420	0. 458	0. 484
42		0. 104	0. 197	0. 251	0. 297	0. 350	0. 384	0. 416	0. 453	0. 479
43		0. 103	0. 195	0. 248	0. 294	0. 346	0. 380	0. 411	0. 449	0. 474
44		0. 102	0. 192	0. 246	0. 291	0. 342	0. 376	0. 407	0. 444	0. 469
45		0. 101	0. 190	0. 243	0. 288	0. 338	0. 372	0. 403	0. 439	0. 465
46		0. 100	0. 188	0. 240	0. 285	0. 335	0. 368	0. 399	0. 435	0. 460
47		0. 099	0. 186	0. 238	0. 282	0. 331	0. 365	0. 395	0. 431	0. 456
48		0. 098	0. 181	0. 235	0. 279	0. 328	0. 361	0. 391	0. 427	0. 451
49		0. 097	0. 182	0. 233	0. 276	0. 325	0. 358	0. 387	0. 423	0. 447
50		0. 096	0. 181	0. 231	0. 273	0. 322	0. 354	0. 384	0. 419	0. 443
52		0. 094	0. 177	0. 226	0. 268	0. 316	0. 348	0. 377	0. 411	0. 435
54		0. 092	0. 174	0. 222	0. 263	0. 310	0. 341	0. 370	0. 404	0. 428
56		0. 090	0. 171	0. 218	0. 259	0. 305	0. 336	0. 364	0. 398	0. 421
58		0. 089	0. 168	0. 214	0. 254	0. 300	0. 330	0. 358	0. 391	0. 414
60		0. 087	0. 165	0. 211	0. 250	0. 295	0. 325	0. 352	0. 385	0. 408
62		0. 086	0. 162	0. 207	0. 246	0. 290	0. 320	0. 347	0. 379	0. 402
64		0. 084	0. 160	0. 204	0. 242	0. 286	0. 315	0. 342	0. 374	0. 396
66		0. 083	0. 157	0. 201	0. 239	0. 282	0. 310	0. 337	0. 368	0. 390
68		0. 082	0. 155	0. 198	0. 235	0. 278	0. 306	0. 332	0. 363	0. 385
70		0. 081	0. 153	0. 195	0. 232	0. 274	0. 302	0. 327	0. 358	0. 380
72		0. 080	0. 151	0. 193	0. 229	0. 270	0. 298	0. 323	0. 354	0. 375
74		0. 079	0. 149	0. 190	0. 226	0. 266	0. 294	0. 319	0. 349	0. 370
76		0. 078	0. 147	0. 188	0. 223	0. 263	0. 290	0. 315	0. 345	0. 365
78		0. 077	0. 145	0. 185	0. 220	0. 260	0. 286	0. 311	0. 340	0. 361
80		0. 076	0. 143	0. 183	0. 217	0. 257	0. 283	0. 307	0. 336	0. 357

续表

ν										
	$P(2)$:	0.50	0.20	0.10	0.05	0.02	0.01	0.005	0.002	0.001
	$P(1)$:	0.25	0.10	0.05	0.025	0.01	0.005	0.0025	0.001	0.0005
82		0.075	0.141	0.181	0.215	0.253	0.280	0.304	0.333	0.328
84		0.074	0.140	0.179	0.212	0.251	0.276	0.300	0.329	0.349
86		0.073	0.138	0.177	0.210	0.248	0.273	0.297	0.325	0.345
88		0.072	0.136	0.174	0.207	0.245	0.270	0.293	0.321	0.341
90		0.071	0.135	0.173	0.205	0.242	0.267	0.290	0.318	0.338
92		0.070	0.133	0.171	0.203	0.240	0.264	0.287	0.315	0.334
94		0.070	0.132	0.169	0.201	0.237	0.262	0.284	0.312	0.331
96		0.069	0.131	0.167	0.199	0.235	0.259	0.281	0.308	0.327
98		0.068	0.129	0.165	0.197	0.232	0.256	0.279	0.305	0.324
100		0.068	0.128	0.164	0.195	0.230	0.254	0.276	0.303	0.321
105		0.066	0.125	0.160	0.190	0.225	0.248	0.270	0.296	0.314
110		0.064	0.122	0.156	0.186	0.220	0.242	0.264	0.289	0.307
115		0.063	0.119	0.153	0.182	0.215	0.237	0.258	0.283	0.300
120		0.062	0.117	0.150	0.178	0.210	0.232	0.253	0.277	0.294
125		0.060	0.114	0.147	0.174	0.206	0.228	0.248	0.272	0.289
130		0.059	0.112	0.144	0.171	0.202	0.223	0.243	0.267	0.283
135		0.058	0.110	0.141	0.168	0.199	0.219	0.239	0.262	0.278
140		0.057	0.108	0.139	0.165	0.195	0.215	0.234	0.257	0.273
145		0.056	0.106	0.136	0.162	0.192	0.212	0.230	0.253	0.269
150		0.055	0.105	0.134	0.159	0.189	0.208	0.227	0.249	0.264
160		0.053	0.101	0.130	0.154	0.183	0.202	0.220	0.241	0.256
170		0.052	0.098	0.126	0.150	0.177	0.196	0.213	0.234	0.249
180		0.050	0.095	0.122	0.145	0.172	0.190	0.207	0.228	0.242
190		0.049	0.093	0.119	0.142	0.168	0.185	0.202	0.222	0.236
200		0.048	0.091	0.116	0.138	0.164	0.181	0.197	0.216	0.230
250		0.043	0.081	0.104	0.124	0.146	0.162	0.176	0.194	0.206
300		0.039	0.074	0.095	0.113	0.134	0.148	0.161	0.177	0.188
350		0.036	0.068	0.088	0.105	0.124	0.137	0.149	0.164	0.175
400		0.034	0.064	0.082	0.098	0.116	0.128	0.140	0.154	0.164
450		0.032	0.060	0.077	0.092	0.109	0.121	0.132	0.145	0.154
500		0.030	0.057	0.074	0.088	0.104	0.115	0.125	0.138	0.146
600		0.028	0.052	0.067	0.080	0.095	0.105	0.114	0.126	0.134
700		0.026	0.048	0.062	0.074	0.088	0.097	0.106	0.116	0.124
800		0.024	0.045	0.058	0.069	0.082	0.091	0.099	0.109	0.116
900		0.022	0.043	0.055	0.065	0.077	0.086	0.093	0.103	0.109
1000		0.021	0.041	0.052	0.062	0.073	0.081	0.089	0.098	0.104

附录 8　全国主要原煤（统配煤矿）成分表

省名	矿名	全硫分(%)	灰分(%)	可燃体挥发分(%)	低位发热值(kcal/kg)
河北	北京矿务局	0.5	14.5	10.0	6300
	开滦煤矿	1.3	26.5	35.0	4400
	峰峰矿务局	1.25	29.5	16.5	5200
	井径矿务局	1.0	31.0	24.0	5000
	兴隆矿务局	2.7	42.5	35.5	3600
	下花园煤矿	0.55	28.0	19.0	5600
	八宝山煤矿	0.55	28.0	19.0	5600
	邢台矿务局	1.0	28.0	34.0	5800
	邯郸矿务局	2.25	24.0	28.0	5700
内蒙古	乌达矿务局	2.5	25.0	32.0	5500
	渤海湾矿务局	1.6	26.0	27.5	5550
	包头矿务局	0.75	24.0	27.0	5450
山西	大同矿务局	1.5	10.0	31.0	6250
	阳泉矿务局	1.0	29.0	10.0	5350
	西山矿务局	1.75	24.0	15.5	6550
	汾西矿务局	0.5	22.0	28.5	6050
	轩岗矿务局	1.2	30.5	34.0	5300
	潞安矿务局	0.45	17.0	18.0	7100
	晋城矿务局	0.4	—	8.0	7000
	霍县矿务局	0.5	20.0	32.0	6800
河南	焦作矿务局	2.5	—	8.0	—
	平顶山矿务局	0.6	29.5	35.0	5250
	鹤壁矿务局	1.7	23.5	15.0	5800
	新密矿务局	0.45	24.0	11.5	6150
	义马矿务局	1.75	29.5	33.5	4400

续表

省名	矿名	全硫分(%)	灰分(%)	可燃体挥发分(%)	低位发热值(kcal/kg)
黑龙江	鸡西矿务局	0.4	29.5	29.5	5050
	鹤岗矿务局	0.4	28.5	37.0	4950
	双鸭山矿务局	0.5	24.5	25.0	5500
	七台河矿务局	0.3	20.0	33.0	6100
	大雁矿务局	0.5	28.0	43.0	2950
	扎喷诺尔矿务局	0.5	25.5	43.0	2900
辽宁	抚顺矿务局	0.8	28.5	47.5	4200
	埠新矿务局	1.7	27.0	40.0	4250
	本溪矿务局	3.0	26.0	10.0	5450
	北票矿务局	0.5	—	35.0	—
	铁法矿务局	0.7	34.5	42.0	3750
	南票矿务局	1.0	38.5	40.0	4250
	平庄矿务局	1.8	28.0	43.0	3400
	沈阳矿务局	0.6	34.0	49.0	3650
	八道壕煤矿	2.0	31.0	40.0	4200
	烟台煤矿	—	31.0	10.0	5250
吉林	辽源矿务局	0.7	31.5	47.0	4200
	通化矿务局	0.75	35.5	22.0	4450
	舒兰矿务局	0.25	39.5	55.0	2800
	蛟河煤矿	0.4	43.5	45	3350
	营城煤矿	0.8	39.5	40.0	3700
	和龙煤矿	0.9	38.0	43.5	3850
	衫松岗煤矿	0.65	36.0	25.5	4800
	延边煤矿	0.8	43.0	40.0	3500
江苏	徐州矿务局	2.25	28.0	41.0	5100
	大钝煤矿	0.8	18.0	37.0	5800
浙江	长广煤矿公司	5.0	35.5	46.5	4800
安徽	淮南矿务局	1.0	23.0	36.0	5900
	淮北矿务局	0.5	24.0	22.0	5250

续表

省名	矿名	全硫分(%)	灰分(%)	可燃体挥发分(%)	低位发热值(kcal/kg)
江西	萍乡矿务局	1.0	35.0	23.0	4900
	丰城矿务局	3.0	28.0	21.5	5550
	英岭岗煤矿	3.0	25.0	9.0	5400
宁夏	石炭井矿务局	2.0	33.0	27.0	5100
	石嘴山矿务局	1.75	30.0	37.0	6950
山东	淄博矿务局	2.6	30.5	17.5	5000
	枣庄矿务局	3.0	25.5	34.0	4550
	肥城矿务局	2.3	34.5	42.0	4800
	新汶矿务局	3.8	24.0	41.5	5250
	兖州矿务局	3.55	14.0	38.0	5700
	坊子煤矿	2.0	16.0	42.5	5600
	莱芜矿务局	1.43	40.5	13.0	4200
青海	大通矿务局	0.5	28.0	34.0	4300
新疆	乌鲁木齐矿务局	1.0	13.0	30.0	6950
陕西	铜川矿务局	3.65	31.5	23.0	5950
	澄合矿务局	2.85	22.0	18.0	6250
	蒲白矿务局	2.0	23.0	18.0	5500
	韩城矿务局	1.95	22.0	18.0	5750
	崔家沟煤矿	1.5	20.0	37.0	5600
湖南	涟邵矿务局	1.5	24.0	17.5	6200
	资兴矿务局	0.7	29.0	28.0	4800
	白沙矿务局	1.0	20.5	7.0	6350
甘肃	窑街矿务局	0.5	41.0	38.0	4500
	靖远矿务局	1.0	22.0	32.0	5900
	阿干镇煤矿	0.8	16.5	30.0	5900
	山丹煤矿	1.8	23.0	26.0	5700

续表

省名	矿名	全硫分(%)	灰分(%)	可燃体挥发分(%)	低位发热值 (kcal/kg)
四川	南桐煤矿	5.0	35.5	23.0	4600
	永荣煤矿	2.0	35.5	37.0	4900
	松藻煤矿	3.5	27.0	10.0	6000
	中梁山煤矿	4.1	30.0	21.0	5550
	广旺矿务局	0.75	35.0	28.5	5050
	芙蓉矿务局	5.0	36.0	10.0	5050
	渡口矿务局	1.0	30.0	21.0	5300
	天府矿务局	4.0	34.0	22.5	4600
贵州	水城矿务局	2.9	26.0	30.0	5500
	盘江矿务局	3.0	31.5	35.0	5200
	六枝矿务局	4.0	28.0	16.5	5450
	林东矿务局	5.0	22.0	17.0	6250
云南	一平浪煤矿	2.0	37.5	30.0	5300
	羊场煤矿	1.0	38.0	30.0	5800
	来宾煤矿	0.5	40.5	28.0	5350
	田坝煤矿	0.5	24.0	28.0	3600

注：* 1kcal＝4.1840kJ

参考文献

[1] 盛骤,谢式千,潘承毅.概率论与数理统计[M].2版.北京:高等教育出版社,2000.
[2] 蔡宝森.环境统计[M].武汉:武汉理工大学出版社,2009.
[3] 沈浩,李亦兰,王迎迎. Excel高级应用与数据分析[M].北京:电子工业出版社,2008.
[4] 陈剑虹,杨保华.环境统计应用[M].2版.北京:化学工业出版社,2010.
[5] 谢有亮,麦爱华. Excel在环境监测数据统计分析中的应用[J]. 内蒙古环境科学,2008,20(3):34-36.
[6] 蒋昌军. Excel环境下指数平滑预测法最优平滑系数的确定[J].中国管理信息化,2012(2):12-15.
[7] 宇传华,颜杰. Excel与数据分析(配光盘)[M].北京:电子工业出版社,2002.
[8] 国家环境保护总局《水和废水监测分析方法》编委会.水和废水监测分析方法[M].北京:环境科学出版社,2002.
[9] 张德培,罗蕴玲.应用概率统计[M].北京:高等教育出版社,2000.
[10] 甘健胜,概率论与数理统计[M].北京:清华大学出版社,2005.
[11]《环境水质监测质量保证手册》编写组.环境水质监测质量保证手册[M].2版.北京:化学工业出版社,1994.
[12] 杨婵.主要污染源基础污染物核算实务[M].北京:中国环境出版集团,2019.